高职高专机电类专业课改教材

数 控 机 床

主　编　刘宝珠

副主编　王荪馨　刘保朝

参　编　陶　静　张世亮

西安电子科技大学出版社

内 容 简 介

　　本书根据当前职业教育发展的要求，以技能培养为主线来设计项目和实训内容，按照项目教学的形式来组织编写。全书由 3 个学习情境数控机床的认识、数控机床的结构、数控机床的选用)和 7 个项目(数控机床概述、数控车床、数控铣床、加工中心、数控特种加工机床、数控机床的典型机械结构及功能部件、数控机床的应用)组成。

　　本书可作为高职高专数控、机械制造、机电一体化、模具、自动化、设备等专业的教材，也可作为中职、技校相关专业的教学用书及从事机械制造的工程技术人员的参考、学习、培训用书。

图书在版编目(CIP)数据

数控机床/刘宝珠主编. —西安：西安电子科技大学出版社，2011.8 (2012.11 重印)
高职高专机电类专业课改教材
ISBN 978–7–5606–2622–2
Ⅰ. ① 数…　　Ⅱ. ① 刘…　　Ⅲ. ① 数控机床—高等职业教育—教材　　Ⅳ. ① TG659

中国版本图书馆 CIP 数据核字(2011)第 126197 号

策　　划　秦志峰
责任编辑　张　玮　秦志峰
出版发行　西安电子科技大学出版社（西安市太白南路 2 号）
电　　话　(029)88242885　88201467　邮　编　710071
网　　址　www.xduph.com　　　　电子邮箱　xdupfxb001@163.com
经　　销　新华书店
印刷单位　陕西华沐印刷科技有限责任公司
版　　次　2011 年 8 月第 1 版　　2012 年 11 月第 2 次印刷
开　　本　787 毫米×1092 毫米　1/16　印张 15
字　　数　350 千字
印　　数　3001～5000 册
定　　价　28.00 元

ISBN 978 – 7 – 5606 – 2622 – 2 / TG · 0029
XDUP 2914001–2

前　言

为了适应数控技术和国民经济发展的需要以及职业技术院校的教学要求，编者组织了多年从事数控机床教学与实践的老师编写了本书。

本书的编写思路充分体现出以"应用"为主旨，以"必需、够用"为度，以就业为导向，以全面的素质培养为基础，以能力为本位的教学目标。"双证制"是高等职业教育的特色所在，本书的内容与劳动部门和行业管理部门颁发的职业资格证书或职业技能证书实现了有效的衔接。

当前职业教育课程改革的主流方向是构建项目课程，开展项目教学，并把项目课程作为职业教育课程体系的主体。为此，本书根据当前职业教育发展的要求，以技能培养为主线来设计项目和实训内容，按照项目教学的形式来组织编写。实践性教学接近总学时数的三分之一，力求紧密联系生产实际，突出实用性，理论浅显、图文并茂、通俗易懂、易教易学。

本书以生产实际为背景，以不同类型数控机床所加工的典型零件为项目的引出，由浅入深、由简单到复杂，将 7 个项目连接起来，分别介绍数控机床的概况、结构和应用。每个项目又按照该类型数控机床的产生和发展、用途和分类、结构和原理、实训和自测题的顺序排列，并结合实际应用和职业技能鉴定来介绍数控机床。每个项目既相互联系，又有一定的独立性。

本书以服务为宗旨、以就业为导向、以岗位需求为标准、以提高质量为重点，在体现教材的科学性、先进性、启发性的基础上突出体现教材的适用性、实用性、针对性、创新性和前瞻性，更加贴近当前职业院校的学生现状，贴近当前社会和职业岗位的需求，贴近职业资格考试的要求，以增强学生适应职业岗位变换的能力，并有利于学生形成可持续发展的能力。

本书由晋中职业技术学院的刘宝珠担任主编，负责全书的统稿，由西安理工大学高等技术学院的王荪馨和陕西工业职业技术学院的刘保朝担任副主编。其中，刘保朝编写了项目 1 和项目 4，刘宝珠编写了项目 2 和项目 6，王荪馨编写了项目 3，陕西工业职业技术学院的陶静编写了项目 5，甘肃武威职业技术学院的张世亮编写了项目 7。

本书在编写过程中参考了兄弟院校、相关企业和科研院所的一些教材、资料和文献，在此向有关作者一并致谢。

本书是编者多年从事数控机床实践与教学的工作总结，由于水平有限，加之数控机床发展迅速，尽管投入了很大精力，力图使本书编排合理，内容正确，但还是难免有不当之处，恳请广大读者批评指正。

编　者

2011 年 4 月

目　　录

学习情境一　　数控机床的认识

学习情境二　　数控机床的结构

学习情境三　　数控机床的选用

学习情境一

数控机床的认识

****

项目1　数控机床概述

1.1　技　能　解　析

(1) 了解国际、国内数控机床的产生、发展水平及未来发展趋势。

(2) 熟悉数控机床的组成和工作过程，掌握数控机床的分类、性能指标与功能、加工特点及其应用。

1.2　项目的引出

随着生产和科学技术的飞速发展，社会对机械产品多样化的要求日益强烈，产品更新越来越快，多品种、中小批量生产的比重明显增加，同时，随着汽车工业和轻工业消费品的高速增长，机械产品的结构日趋复杂，其精度日趋提高，性能不断改善，产品研制生产周期越来越短，传统的加工设备和制造方法已难以适应这种多样化、柔性化、高效和高质量的复杂零件加工要求。因此，制造机械产品的生产设备——机床，也必然要适应高效率、高精度和高自动化("三高")的要求。

在机械产品中，单件与小批量产品占到 70%～80%。生产这类产品的机床不仅要满足"三高"要求，而且还要具有较强的适应产品变化的能力。特别是一些由曲线、曲面组成的复杂零件，若采用通用机床加工，则只能借助画线和样板等用手工操作的方法，或利用靠模和仿形机床来加工，其加工精度和生产效率都受到了很大的限制。

为了解决单件、小批量，特别是高精度、复杂型面零件加工的自动化问题并保证质量要求，数控机床产生了。

数控机床是综合应用计算机、自动控制、自动检测及精密机械等高新技术的产物，是典型的机电一体化产品。在数控机床上，工件加工全过程由数字指令控制，它不仅能提高产品质量和生产效率，降低生产成本，还能大大改善工人的劳动条件。因此，发展数控机床是当前我国机械制造业技术改造的必由之路，是未来工厂自动化的基础。

1.3 数控机床的产生和发展

1.3.1 数控机床的诞生

1947 年，美国帕森斯(PARSONS)公司为了精确制造直升飞机机翼、桨叶和框架，开始研究用三坐标曲线数据控制机床运动，并通过实验加工飞机零件；1948 年，在研制加工直升飞机叶片轮廓检验用样板的机床时，首先提出了应用电子计算机控制机床来加工样板曲线的设想。后来受美国空军委托，帕森斯公司与麻省理工学院伺服机构研究所合作进行研制工作。1952 年，麻省理工学院(MIT)伺服机构研究所用实验室制造的控制装置与辛辛那提(Cincinnati)Hydrotel 公司的立式铣床成功地实现了三轴联动数控运动，以及控制铣刀连续空间曲面加工。该设备综合应用了电子计算机、自动控制、伺服驱动、精密检测与新型机械结构等多方面的技术成果，是一种新型的机床，可用于加工复杂曲面零件。该铣床的研制成功是机械制造行业中的一次技术革命，使机械制造业的发展进入了一个崭新的阶段，由此揭开了数控加工技术的序幕。

1952 年试制成功的第一台三坐标立式数控铣床，又经过改进并开展自动编程技术的研究，于 1955 年进入实际应用阶段，这对于加工复杂曲面和促进美国飞机制造业的发展起了重要作用。

1.3.2 数控机床的发展过程

1946 年世界上第一台电子计算机诞生了，它为人类进入信息社会奠定了基础。六年后，即 1952 年，计算机技术应用到了机床上，在美国出现了第一台数控机床。从此，传统机床产生了质的变化。半个世纪以来，数控机床经历了两个阶段六代的发展。

1. 数控阶段(1952—1970 年)

早期计算机的运算速度较低，显然对当时的科学计算和数据处理影响不大，但却不能适应机床实时控制的要求。人们不得不采用数字逻辑电路制成一台机床专用的计算机作为数控系统，被称为硬件连接数控(Hard-Wired NC)，简称为数控(NC)。随着元器件的发展，这个阶段经历了三代，即 1952 年开始第一代数控系统——电子管、继电器、模拟电路元件；1959 年开始第二代数控系统——晶体管、数字电路元件；1965 年开始第三代数控系统——小规模集成电路。

2. 计算机数控阶段(1970 至今)

直到 1970 年，通用小型计算机已出现并成批生产，其运算速度比 20 世纪五六十年代有了大幅度的提高，且比逻辑电路专用计算机的成本低、可靠性高，于是将它移植过来作为数控系统的核心部件，从此进入了计算机数控(简称 CNC)阶段。1971 年，美国 Intel 公司在世界上第一次将计算机的两个最核心的部件——运算器和控制器，采用大规模集成电路技术集成在一块芯片上，称之为微处理器(Micro-Processor)，又称为中央处理单元(简称

CPU)。1974 年，微处理器被应用于数控系统。这是因为小型计算机的强大功能，对于控制一台机床绰绰有余，故不及采用微处理器经济合理，而且当时小型计算机的可靠性也不理想。虽然早期微处理器的速度和功能都还不够高，但可以通过多处理器来解决。

因为微处理器是通用计算机的核心部件，故仍称该技术为计算机数控。到了 1990 年，PC 机(个人计算机，国内习惯称为微机)的性能已发展到很高的阶段，可满足作为数控系统核心部件的要求，而且 PC 机的生产批量很大，价格便宜，可靠性高，数控系统从此进入了基于 PC 的阶段。

总之，计算机数控阶段也经历了三代，即 1970 年第四代——小型计算机；1974 年第五代——微处理器；1990 年第六代——基于 PC(国外称为 PC-Based)。

1.3.3　我国数控机床的发展过程

我国数控技术的发展起步于 20 世纪 50 年代，由一批科研院所、高等学校和少数机床厂开始进行数控系统的研制和开发。1958 年北京第一机床厂与清华大学合作研制出我国第一台电子管电路的 X53K 型数控立式升降台铣床。

我国数控技术的发展过程大致可分为两大阶段。

1958 至 1979 年为第一阶段，由于我国微电子、计算机等基础理论薄弱，机、电、液、气各种元件技术不过关，在第一阶段中对数控机床的特点、发展条件缺乏认识，因而数控机床的研究举步维艰。1958 年我国开始研制数控机床，1975 年研制出第一台加工中心。

1979 年至今为第二阶段，我国从西方国家引进数控机床先进技术进行合作、合资生产，通过边仿、边学、边造、边用，逐步掌握了数控机床的一些技术、特点与发展规律，发展比较迅速。经过"六五"期间引进数控技术，"七五"期间组织消化吸收"科技攻关"，我国的数控技术和数控产业取得了相当大的成绩。2006 年，国家又提出大力加强自主创新，中国的数控机床生产研发渐入佳境。"十五"期间，中国数控机床行业实现了超高速发展，平均年增长 39%。"十一五"期间，中国数控机床产业步入了快速发展期。

尽管如此，进口机床的发展势头依然强劲。这主要是因为长期以来，国产数控机床始终处于低档迅速膨胀、中档进展缓慢、高档依靠进口的局面，特别是国家重点工程需要的关键设备主要依靠进口，技术受制于人。

统计数据表明，数控机床的核心技术——数控系统，由显示器、伺服控制器、伺服电动机和各种开关、传感器构成。国内能制造的中、高端数控机床，更多处于组装和制造环节，普遍未掌握核心技术。国产数控机床的关键零部件和关键技术主要依赖于进口。

我们应看清形势，充分认识国产数控机床的不足，努力发展先进技术，加大技术创新与培训服务力度，以缩短与发达国家之间的差距，实现由制造大国向制造强国迈进。

1.3.4　数控机床的发展趋势

为了满足市场和科学技术发展的需要，达到现代制造技术对数控技术提出的更高要求，当前，数控技术及其装备的发展趋势主要体现在以下几个方面。

1. 高速、高效、高精度、高可靠性

要提高加工效率，首先必须提高切削速度和进给速度，同时还要缩短加工时间；要确保加工质量，就必须提高机床部件运动轨迹的精度，而可靠性则是上述目标的基本保证。为此，必须要有高性能的数控装置作保证。

高速、高效：机床向高速化方向发展，可充分发挥现代刀具材料的性能，不但可大幅度提高加工效率、降低加工成本，而且还可提高零件的表面加工质量和精度。新一代数控机床(含加工中心)只有通过高速化大幅度缩短切削工时才可能进一步提高生产率。超高速加工(特别是超高速铣削)与新一代高速数控机床(特别是高速加工中心)的开发应用紧密相关。随着超高速切削机理、超硬耐磨长寿命刀具材料和磨料磨具、大功率高速电主轴、高加/减速度直线电机驱动进给部件以及高性能控制系统(含监控系统)和防护装置等一系列技术领域中关键技术问题的解决，新一代高速数控机床也在投入到开发及应用中。

目前，数控机床主轴转数可以达到 30 000 r/min(有的高达 100 000 r/min)以上；工作台的移动速度(进给速度)，在分辨率为 1 μm 时可达到 100 m/min(有的达到 200 m/min)以上；在分辨率为 0.1 μm 时可达到 24 m/min 以上；自动换刀速度在 1 s 以内；小线段插补进给速度达到 12 m/min。

高精度：为了满足用户的需要，近十多年来，普通级数控机床的加工精度已由 ±10 μm 提高到 ±5 μm，精密级加工中心的加工精度则从 ±3～ ±5 μm 提高到 ±1～ ±1.5 μm。

高可靠性：高可靠性是指数控系统的可靠性要高于被控设备的可靠性在一个数量级以上。对于每天工作两班的无人工厂而言，如果要求在 16 小时内连续正常工作，无故障率 $P(t)=99\%$ 以上的话，则数控机床的平均无故障运行时间(Mean Time Between Failure，MTBF)就必须大于 3000 小时。当前国外数控装置的平均无故障运行时间 MTBF 值已达 6000 小时以上，驱动装置达 30 000 小时以上。

2. 模块化、智能化和柔性化

模块化：人们按照各种不同的功能开发出不同的数控机床组合，并使之像标准件一样有着互换性，这种方式叫做模块化。为了适应数控机床多品种、小批量的特点，机床结构模块化，数控功能专门化，机床性能价格比显著提高并加快优化。个性化是近几年来数控机床特别明显的发展趋势。

智能化：微机的引入使得数控机床具有拟人智能特征和"智能成分"。智能数控系统通过对影响加工精度和效率的物理量进行检测、建模、提取特征、自动感知加工系统的内部状态及外部环境，快速作出实现最佳目标的智能决策，对进给速度、切削深度、坐标移动、主轴转速等工艺参数进行实时控制，使机床的加工过程处于最佳状态。

智能化的内容包括在数控系统中的各个方面，分别如下：为追求加工效率和加工质量的智能化，如自适应控制、工艺参数自动生成；为提高驱动性能及连接方便的智能化，如前馈控制、电机参数的自适应运算、自动识别负载和自动选定模型、自整定等；简化编程及操作方面的智能化，如智能化的自动编程、智能化的人机界面等；智能诊断、智能监控方面的智能化，如方便而系统的诊断及维修等。

柔性化：也就是灵活性，是指数控机床具备更好的应对加工对象经常变化的能力。与普通机床相比，数控机床工艺能力更强，加工对象变更时，不需要改变机床硬件(或稍作调

整),只需要改变数控程序就可完成加工。数控机床向柔性自动化系统发展的趋势是:从点(数控单机、加工中心和数控复合加工机床)、线(FMC 柔性制造单元(Flexible Manufacturing Cell)、FMS 柔性制造系统(Flexible Manufacturing System)、FTL 模糊拓扑线(Fuzzy Topological Linear)、FML 柔性制造线(Flexible Manufacturing Line))向面(工段车间独立制造岛、FA 工厂生产自动化(Factory Automation))、体(CIMS 计算机集成制造(Computer Integrated Manufacturing System)、分布式网络集成制造系统)的方向发展。柔性自动化技术是制造业适应动态市场需求及产品迅速更新的主要手段,是各国制造业发展的主流趋势,是先进制造领域的基础技术。

3．开放性

开放性是指人们可以通过增加硬件设备和开发软件功能来扩充数控系统的功能。为了适应数控进线、联网、普及型个性化、多品种、小批量、柔性化及数控迅速发展的要求,最重要的发展趋势是体系结构的开放性,设计并生产开放式的数控系统。开放式数控系统以其极大的优越性,已经成为未来数控系统的发展趋势。

1.4   数控机床的组成和工作过程

1.4.1   数控机床的组成

数控机床是利用数控技术,准确地按照事先编制好的程序,自动加工出所需工件的机电一体化设备。在现代机械制造中,特别是在航空、造船、国防、汽车模具及计算机工业中,该设备得到了广泛应用。数控机床的组成通常包括程序载体、CNC 装置、伺服系统、检测与反馈装置、辅助装置、机床本体等,如图 1-1 所示。

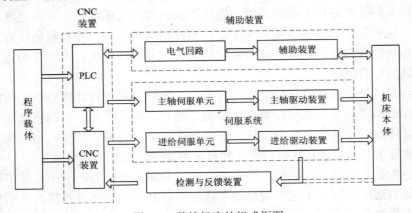

图 1-1   数控机床的组成框图

1．程序载体

程序载体又称控制介质,是用于存取零件加工程序的装置。用数控机床加工零件时,首先要根据图纸的要求,将要加工的过程编制成加工程序,加工程序以特殊的格式和代码可直接输入到数控装置的存储器,也可存储在某种信息载体上。早期常用的信息载体为穿孔带,现在常用的有磁盘、磁带、硬盘和闪存卡等。随着时代发展，现代已经采用 DNC 直接数控输入方式，把零件程序保存在上级计算机中，CNC 系统一边加工一边接收来自计算机的后续程序段。DNC 方式多用于采用 CAD/CAM 软件设计的复杂工件并直接生成零件程序的情况。

2. CNC 装置

CNC 装置又称计算机数控装置，是数控机床的核心，由硬件和软件组成。它主要包括微处理器(CPU)、存储器、局部总线、外围逻辑电路和输入/输出控制等。CNC 装置接受的是输入装置送来的脉冲信号，信号经过数控装置的系统软件或逻辑电路进行编译、运算和逻辑处理后，输出各种信号和指令，控制机床的各系统，使其进行规定的、有序的动作。硬件由输入/输出接口电路、微处理器、存储器等组成。软件是为了实现数控系统各项控制功能而开发的专用软件，又称系统软件。数控装置的工作是在硬件支持下执行软件的全过程，它接受输入装置送来的脉冲信号，经过数控装置的控制软件和逻辑电路进行编译、运算和逻辑处理，然后将各种信息指令输出给伺服系统使机床各部分按照指令进行动作。这些指令有经过插补运算决定的进给速度、进给方向和位移量，主运动的变速、换向、启动和停止的指令信号，选择和交换刀具的指令信号，工件的夹紧放松信号，分度工作台的转位信号，冷却液的开停信号等。

3. 伺服系统

数控机床的伺服系统是数控机床的重要组成部分，包括进给驱动、主轴驱动，用于实现数控机床的进给伺服控制和主轴伺服控制。伺服系统的作用是把来自数控装置的运动指令信息，经功率放大、整形处理后，转换成机床执行部件的直线位移或角位移运动，驱动机床移动部件的运动，使工作台和主轴按规定的轨迹运动，加工出符合要求的产品。它的伺服精度和动态响应是影响数控机床加工精度、表面质量和生产率的重要因素之一。

由于伺服系统是数控机床的最后环节，其性能将直接影响数控机床的精度和速度等技术指标，因此，对数控机床的伺服驱动装置，要求具有良好的快速反应性能，准确而灵敏地跟踪数控装置发出的数字指令信号，并能忠实地执行来自数控装置的指令，提高系统的动态跟随特性和静态跟踪精度。

伺服系统包括驱动装置和执行机构两大部分。驱动装置由主轴驱动单元、进给驱动单元和主轴伺服电动机、进给伺服电动机组成。步进电动机、直流伺服电动机和交流伺服电动机是常用的驱动装置。

每个进给运动的部件都配有一套伺服驱动系统，相对于每一个脉冲信号，执行部件都有一个相应的位移量，称之为脉冲当量，脉冲当量值越小，加工精度就越高。

4. 检测与反馈装置

检测反馈装置的作用是对运动部件的实际位移和速度进行检测，将检测结果通过模数转换变成数字信号，并反馈到数控装置中，数控装置通过比较，得出实际运动结果与指令的误差，再发出纠正误差指令，纠正所产生的误差。常用检测反馈装置有以下几种：

速度检测元件：速度检测元件的作用是测量执行部件的运动速度。一般采用安装在电机轴上的测速发电机或光电编码器来作为速度检测元件。测速发电机的输出电压与电动机的转速成正比。光电编码器通过检测单位时间光电编码器所发出的脉冲数或检测所发出脉冲的周期来完成数字化的速度检测，测速精度高。

位置检测元件：位置检测元件可分为直接测量和间接测量。对机床工作台的直线位移采用直线检测的装置称为直线测量，是闭环控制；通过回转型检测装置测量伺服电机或滚珠丝杠的回转角间接地测量出移动部件的实际位移称为间接测量，是半闭环控制。

5．辅助装置

数控机床要实现全自动化控制，还需配备其他辅助装置。辅助装置是把计算机传送来的辅助控制指令经机床接口转换成强电信号，用来控制主轴电动机起停、冷却液的开关及工作台的转位和换刀等动作。辅助装置主要包括自动换刀装置 ATC(Automatic Tool Changer)、自动交换工作台装置 APC(Automatic Pallet Changer)、自动对刀装置、工件夹紧放松机构、回转工作台、液压控制系统、润滑装置、切削液装置、排屑装置、过载和保护装置等。下面介绍其中几种重要的装置。

(1) 自动换刀装置。自动换刀装置有三种基本类型，一种自动换刀装置是由刀库、选刀装置、刀具自动装卸机构、刀具交换机构等部分组成，常用于加工中心；另一种自动换刀装置是回转刀架换刀，常用于数控车床；还有一种自动换刀装置是多主轴转塔头换刀，常用于数控钻床、数控镗床。

(2) 自动交换工作台装置。自动交换工作台装置常有回转式和往复式，能大幅度节省工件的装卸时间。

(3) 自动对刀装置。自动对刀装置用于测量刀具的几何尺寸和参数，进行刀具长度和直径的补偿。自动对刀装置能节省机床校刀的时间。自动对刀装置可分为数控车床对刀仪、数控镗铣床对刀仪和加工中心对刀仪。

(4) 自动排屑装置。自动排屑装置常有传送带式或螺旋式，可迅速排除切屑，实现长时间无人看管的自动加工。

6．机床本体

机床本体是数控机床的机械结构实体。它包括床身、底座、立柱、横梁、滑座、工作台、主轴箱、进给机构、刀架及自动换刀装置等机械部件。它是在数控机床上自动地完成各种切削加工的机械部分。与传统的机床相比，数控机床本体具有如下结构特点：

(1) 采用具有高刚度、高抗震性及较小热变形的机床新结构。通常用提高结构系统的静刚度、增加阻尼、调整结构件质量和固有频率等方法来提高机床主机的刚度和抗震性，使机床主体能适应数控机床连续自动地进行切削加工的需要。采取改善机床结构布局、减少发热、控制温升及热位移补偿等措施，可减少热变形对机床主机的影响。

(2) 广泛采用高性能的主轴伺服驱动和进给伺服驱动装置，使数控机床的传动链缩短，简化了机床机械传动系统的结构。

(3) 采用高传动效率、高精度、无间隙的传动装置和运动部件，如滚珠丝杠螺母副、塑料滑动导轨、直线滚动导轨、静压导轨等。

1.4.2　数控机床的工作过程

数控机床是用数字指令进行控制的机床，机床的所有运动，包括主运动、进给运动与各种辅助运动都是用输入数控装置的数字信号来控制的,其加工过程可用如图 1-2 所示的框图来描述。

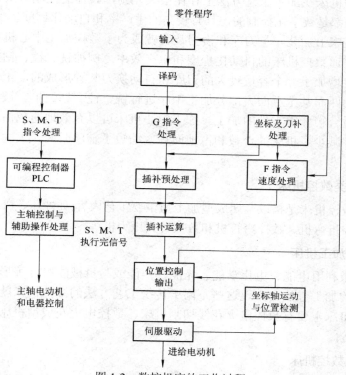

图 1-2　数控机床的工作过程

　　具体地说,首先必须将工件的几何数据和工艺数据等加工信息按规定的代码和格式编制成数控加工程序并记录在程序介质上,然后输入数控装置,经过译码、数据处理、插补处理,发出控制指令(包括各坐标轴的进给速度、进给方向和进给位移量,各状态控制的 I/O 信号等),各指令经过伺服驱动系统,经过转换、放大去驱动伺服电动机,带动各轴运动,并进行反馈控制,使各轴精确走到要求的位置,从而控制机床各部分按规定有序地动作,实现机床上的刀具与工件之间规定的相对运动,最终加工出形状、尺寸与精度符合要求的零件。

1.5　数控机床的分类

　　由于制造业中零件的形状多种多样,而且精度要求高,根据零件的功能和结构需要各种类型的数控机床来适应其加工的需要,因此数控机床的种类非常多,可以从以下几个角度对其进行分类。

1.5.1　按工艺用途分类

1. 金属切削类数控机床

金属切削类数控机床是指以切除多余金属材料为主要工艺方法并用数字信息控制加工

过程的机床，主要有数控车床、数控铣床、数控钻床、数控镗床、数控磨床和加工中心等。

尽管这些数控机床在加工工艺方法上存在很大差别，具体的控制方式也各不相同，但机床的动作和运动都是数字化控制的，具有较高的生产率和自动化程度。

在普通数控机床上加装一个刀库和换刀装置就成为了数控加工中心机床。加工中心机床进一步提高了普通数控机床的自动化程度和生产效率。例如铣、镗、钻加工中心，它是在数控铣床基础上增加了一个容量较大的刀库和自动换刀装置形成的，工件一次装夹后，可以对箱体零件的四面甚至五面大部分加工工序进行铣、镗、钻、扩、铰以及攻螺纹等多工序加工，特别适合箱体类零件的加工。加工中心机床可以有效地避免由于工件多次安装造成的定位误差，减少了机床的台数和占地面积，缩短了辅助时间，大大提高了生产效率和加工质量。

2．金属成型类数控机床

金属成型类数控机床是指以金属成型加工为主要工艺内容(如冲压、弯管、裁剪)的数控机床。主要有数控折弯机、数控弯管机和数控转头压力机等。

3．数控特种加工机床

特种加工是指利用电能、电化学能、光能、声能或与机械能组合等形式，去除毛坯或工件上多余材料的加工方法。实现这些不同于传统工艺方法的数控机床就是数控特种加工机床。特种加工机床主要有数控电火花线切割机床、数控电火花成型机床、数控冲床和数控激光切割机床等。

4．其他类型数控机床

其他类型数控机床是指一些采用数控技术的非加工设备，如自动装配机、多坐标测量机、自动绘图机和工业机器人等。

1.5.2 按控制运动的方式分类

1．点位控制数控机床

点位控制数控机床的特点是在刀具相对于工件移动的过程中，不进行切削加工，它对运动的轨迹没有严格要求，只需实现一点到另一点坐标位置的准确移动，几个坐标轴之间的运动没有任何联系。如图 1-3(a)所示为点位控制数控机床加工示意图。

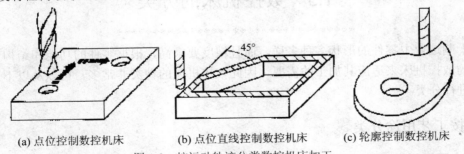

(a) 点位控制数控机床   (b) 点位直线控制数控机床   (c) 轮廓控制数控机床

图 1-3   按运动轨迹分类数控机床加工

具有点位控制功能的机床主要有数控钻床、数控铣床、数控冲床等。随着数控技术的发展和数控系统价格的降低，单纯用于点位控制的数控系统已不多见。

2. 点位直线控制数控机床

点位直线控制数控机床不仅要求具有准确的定位功能，还要求从一点到另一点按直线运动进行切削加工，刀具相对于工件移动的轨迹是平行机床各坐标轴的直线或两轴同时移动构成45°的斜线(因为两轴进给速度相同，所以不能沿任意斜率方向)。如图 1-3(b)所示为点位直线控制数控机床加工示意图。

点位直线控制功能的机床主要有比较简单的数控车床、数控铣床、加工中心和数控磨床等。这种机床的数控系统也称为点位直线控制数控系统。单纯用于点位直线控制的数控机床已不多见。

3. 轮廓控制数控机床

轮廓控制数控机床能够对两个或两个以上的坐标轴进行连续的切削加工控制，它不仅能控制机床移动部件的起点和终点坐标，而且能按需要严格控制刀具移动的轨迹，以加工出任意斜线、圆弧、抛物线及其他函数关系的曲线或曲面。如图 1-3(c)所示为轮廓控制数控机床加工示意图。属于这类机床的有数控车床、数控铣床、数控磨床、数控电火花线切割机床和加工中心等。

1.5.3 按控制轴数分类

数控机床工作时要对多个坐标轴进行控制。数控系统能够控制的坐标轴数目称为可控轴数。该指标与数控系统的运算能力、运算速度以及内存容量等有关。

数控系统控制几个坐标轴按需要的函数关系同时协调运动称为坐标联动。数控机床的联动轴数是指机床数控装置控制的坐标轴同时达到空间某一点的坐标数目。目前有两轴联动、三轴联动、四轴联动、五轴联动等。三轴联动数控机床可以加工空间复杂曲面；四轴联动、五轴联动数控机床可以加工叶轮、螺旋桨等零件。

1.5.4 按伺服系统分类

1. 开环控制数控机床

开环控制数控机床结构简单，没有测量反馈装置，数控装置发出的指令信号流是单向的，所以不存在系统稳定性问题。因为无位置反馈，所以精度不高，其精度主要取决于伺服驱动系统的性能。

开环控制数控机床的工作原理如图 1-4 所示。开环控制数控机床是将控制机床工作台或刀架运动的位移距离、位移速度、位移方向和位移轨迹等参量通过输入装置输入 CNC 装置，CNC 装置根据这些参量指令计算出进给脉冲序列，并进行功率放大，形成驱动装置的控制信号。最后，由驱动装置驱动工作台或刀架按所要求的速度、轨迹、方向和移动距离，加工出形状、尺寸与精度符合要求的零件。

图 1-4 开环控制数控机床工作原理框图

2．半闭环控制数控机床

半闭环控制数控机床的工作原理如图 1-5 所示，利用伺服电动机采样的旋转角度进行控制而不检测工作台的实际位置。因此，丝杠的螺距误差和齿轮或同步带轮等引起的误差难以消除。半闭环控制数控系统环路内不包括或只包括少量机械传动环节，因此控制性能稳定。而机械传动环节的误差，大部分可用误差补偿的方法消除，因而仍可获得满意的精度。目前，大部分数控机床采用半闭环控制。

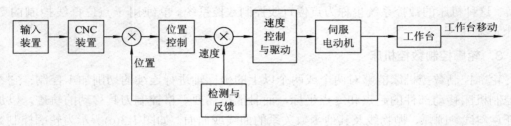

图 1-5   半闭环控制数控机床工作原理框图

3．全闭环控制数控机床

全闭环控制数控机床的工作原理如图 1-6 所示，其采样点从机床的运动部件上直接引出，通过采样工作台运动部件对实际位置进行检测，可以消除整个传动环节的误差和间隙，因而具有很高的位置控制精度。但是由于位置环内的许多机械环节的摩擦特性、刚性和间隙都是非线性的，因此故障容易造成系统的不稳定，造成调试困难。这类系统主要用于精度要求很高的镗铣床、超精车床和螺纹车床等。

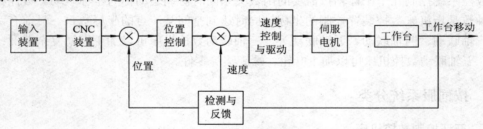

图 1-6   全闭环控制数控机床工作原理框图

1.5.5   按功能水平分类

1．经济型数控机床

经济型数控机床是指采用步进电动机驱动的开环控制的数控机床。这种机床一般精度较低、价格便宜、功能简单，适用于自动化程度要求不高的场合。

2．全功能型数控机床

全功能型数控机床的功能齐全、价格较贵，适用于加工复杂的零件。

3．精密型数控机床

精密型数控机床采用闭环控制，它不仅具有全功能型数控机床的全部功能，而且机械系统的动态响应较快，适用于精密和超精密加工。

1.6 数控机床的性能指标与功能

1.6.1 数控机床的主要性能指标

1. 数控机床的精度

精度是数控机床的重要技术指标之一。数控机床的精度主要是指定位精度和重复定位精度，精度的高低主要由分辨率与脉冲当量决定。

1) 定位精度和重复定位精度

定位精度是指数控机床工作台等移动部件的实际运动位置与指令位置的一致程度，其不一致的差量即为定位误差。定位误差包括伺服系统、检测系统、进给系统等误差，还包括移动部件导轨的几何误差等。定位误差将直接影响零件加工的位置精度。

重复定位精度是指在同一台数控机床上，应用相同程序、相同代码加工一批零件，所得到的连续结果的一致程度。

重复定位精度受伺服系统特性、进给系统的间隙与刚性以及摩擦特性等因素的影响。一般情况下，重复定位精度是成正态分布的偶然性误差，它影响一批零件加工的一致性，是一项非常重要的性能指标。

2) 分辨率与脉冲当量

分辨率是指可以分辨的最小位移间隔。对于测量系统而言，分辨率是可以测量的最小位移；对控制系统而言，分辨率是可以控制的最小位移增量，即数控装置每发出一个脉冲信号，反映到机床移动部件上的移动量，一般称为脉冲当量。脉冲当量是设计数控机床的原始数据之一，其数值的大小决定数控机床的加工精度和表面质量。脉冲当量越小，数控机床的加工精度和加工表面质量越高。

2. 数控机床的运动性能指标

数控机床的运动性能指标主要包括主轴转速、进给速度及加速度、坐标行程、刀库容量及换刀时间等。

1) 主轴转速

目前，随着刀具、轴承、冷却、润滑及数控系统等相关技术的发展，数控机床主轴转速已普遍提高。以中等规格的数控机床为例，数控车床从过去的 1000～2000 r/min 提高到 4000～6000 r/min，加工中心从过去的 2000～3000 r/min 提高到现在的 10 000 r/min 以上。在高速加工的数控机床上，通常采用电动机转子和主轴一体的电主轴，可以使主轴达到每分钟数万转。这样对各种小孔加工以及提高零件加工质量和表面质量都极为有利。

2) 进给速度和加速度

数控机床的进给速度和切削速度一样，是影响零件加工质量、加工效率和刀具寿命的主要因素。目前国内数控机床的进给速度可达 10～15 m/min，国外一般可达 15～30 m/min。

进给加速度是反映进给速度提速能力的性能指标，也是反映机床加工效率的重要指标。

国外厂家生产的加工中心加速度可达 $2g$。

3) 坐标行程

数控机床坐标轴 X、Y、Z 的行程大小，构成数控机床的空间加工范围，即加工零件的大小。

4) 刀库容量和换刀时间

刀库容量是指刀库能存放加工所需要的刀具数量。目前常见的中小型加工中心多为 16～60 把，大型加工中心达 100 把以上。换刀时间指有自动换刀系统的数控机床，将主轴上使用的刀具与装在刀库上的下一工序需用的刀具进行交换所需要的时间。目前国内生产的数控机床的换刀时间可达到 4～5 s。刀库容量和换刀时间对数控机床的生产率有直接影响。

1.6.2　数控机床的主要功能

不同档次的数控机床的功能有较大的差别，但都应具备以下主要功能。

1．准备功能

准备功能也称为 G 功能，它是确定数控机床工作方式或控制系统工作方式的一种命令。准备功能包括数控轴的基本移动、程序暂停、平面选择、坐标设定、刀具补偿、基准点返回、固定循环、公英制转换等。

2．辅助功能

辅助功能也叫 M 功能，它是控制机床或系统的开关功能的一种命令。各种型号的数控装置具有的辅助功能差别很大，常用的辅助功能有程序停、主轴正/反转、冷却液接通和断开、换刀等。

3．插补功能

要进行轨迹加工，数控系统必须从一条已知起点和终点的曲线上自动进行"数据点密化"的工作，这就是插补。

数控系统根据工件加工程序中提供的数据，如曲线的种类、起点、终点等进行运算。根据运算结果，分别向各坐标轴发出进给脉冲。进给脉冲通过伺服系统驱动工作台或刀具做相应的运动，加工出零件的轮廓。插补功能包括直线插补功能、圆弧插补功能等。

4．进给速度、主轴转速功能

进给功能、主轴转速功能用来设定进给速度和主轴转速。另外，数控机床控制面板上一般设有进给速度、主轴转速的倍率开关，用来在程序执行中根据加工状态和程序设定值随时调整实际进给速度和主轴实际转速，以达到最佳的切削效果。

5．刀具功能

刀具功能使数控机床可以实现刀具的自动选择和自动换刀。

6．补偿功能

补偿功能是通过输入到 CNC 系统存储器的补偿量，根据编程轨迹重新计算刀具的运动轨迹和坐标尺寸，从而加工出符合要求的工件。补偿功能主要有以下种类：

(1) 刀具的尺寸补偿：如刀具长度补偿、刀具半径补偿和刀尖圆弧补偿。这些功能可以补偿刀具磨损以及换刀时对准正确位置，简化编程。

(2) 丝杠的螺距误差补偿和反向间隙补偿或者热变形补偿：通过事先检测出丝杠螺距误差和反向间隙，并输入到 CNC 系统中，在实际加工中进行补偿，从而提高数控机床的加工精度。

7. 程序管理功能

程序管理功能是指对加工程序的检索、编制、修改、插入、删除、更名、锁住、在线编辑(即后台编辑，在执行自动加工的同时进行编辑)以及程序的存储、通信等。

8. 自诊断功能

为了防止故障的发生或在发生故障后可以迅速查明故障的类型和部位，以减少停机时间，CNC 系统中设置了各种诊断程序，对其软件、硬件故障进行自我诊断。诊断程序一般可以包含在系统程序中，在系统运行过程中进行检查和诊断；也可以作为服务性程序，在系统运行前或故障停机后进行诊断，查找故障的部位，有的 CNC 可以进行远程通信诊断。这项功能可以用于监视整个机床和整个加工过程是否正常，并在发生异常时及时报警。

9. 通信功能

为了适应柔性制造系统(FMS)和计算机集成制造系统(CIMS)的需求，CNC 装置通常具有 RS232C 通信接口，有的还备有 DNC 接口，也有的 CNC 还可以通过制造自动化协议(MAP)接入工厂的通信网络。

10. 字符、图形显示功能

CNC 控制器可以配置单色或彩色 CRT、LCD，通过软件和硬件接口实现字符和图形的显示。该功能通常可以显示程序、参数、各种补偿量、坐标位置、故障信息、人机对话编程菜单、零件图形及刀具实际移动轨迹的坐标等。

1.7 数控机床的特点及其应用

1.7.1 数控机床的特点

数控机床具有普通机床无法比拟的优点：

(1) 对加工对象的适应性强。在数控机床上改变加工零件时，只需重新编制(更换)程序，输入新的程序就能实现对新零件的加工，这就为复杂结构的单件、小批量生产以及试制新产品提供了极大的便利。

(2) 加工精度高。数控机床是按数字形式给出的指令进行加工的。目前数控机床的脉冲当量普遍达到了 0.001 mm，而且进给传动链的反向间隙与丝杠螺距误差等均可由数控装置进行补偿，因此，数控机床能达到很高的加工精度。

(3) 生产效率高。数控机床主轴的转速和进给量的变化范围比普通机床大，因此，数控机床的每一道工序都选用最有利的切削用量。由于数控机床的结构刚性好，因此允许进行大切削量的强力切削，这就提高了数控机床的切削功率，节省了机动时间。

数控机床更换被加工零件时几乎不需要重新调整机床，故节省了零件安装、调整时间。

数控机床加工质量稳定，一般只做首件检验和工序间关键尺寸的抽样检验，因此节省了停机检验时间。

(4) 经济效益好。在单件、小批量生产的情况下，使用数控机床加工，可节省划线工时，减少调整、加工和检验时间，节省了直接生产费用；使用数控机床加工零件时一般不需要制作专用夹具，节省了工艺装备费用；数控机床加工精度稳定，减少了废品率，使生产成本进一步下降。

(5) 自动化程度高，劳动强度低。数控机床对零件的加工是按事先编好的程序自动完成的，操作者除了安放穿孔带或操作键盘、装卸工件、关键工序的中间检测以及观察机床运行之外，不需要进行繁杂的重复性手工操作，劳动强度与紧张程度均可大为减轻，加上数控机床一般都具有较好的安全防护、自动排屑、自动冷却和自动润滑装置，操作者的劳动条件也大为改善。数控机床加工是自动进行的，工件加工过程不需要人工干预，且自动化程度较高，大大改善了操作者的劳动强度。

(6) 有利于生产管理的现代化。采用数控机床加工，能准确地计算出零件加工工时和费用，并有效地简化了检验夹具、半成品的管理工作，这些特点都有利于规范化、现代化的生产管理。数控机床使用数字信息与标准代码处理、传递信息，通过计算机控制方法，为计算机辅助设计、制造及管理一体化奠定了基础。

与普通机床相比，数控机床价格昂贵，养护与维修费用较高。

1.7.2　数控机床的应用

数控机床具有加工灵活、通用性强、能适应产品品种和规格频繁变化的特点，能够满足新产品的开发和多品种、小批量、生产自动化的要求，因此，被广泛应用于机械制造业，应用范围正在不断扩大。但目前它并不能完全代替普通机床，也不能以最经济的方式解决机械加工中的所有问题。在选用数控机床时要注意以下几个方面。

1. 数控机床的应用范围

不同类型的数控机床有着不同的用途，在选用数控机床之前应对其类型、规格、性能、特点、用途和应用范围有所了解，才能选择最适合加工零件的数控机床。根据数控加工的特点和国内外大量应用实践，数控机床通常最适合加工具有以下特点的零件：

(1) 多品种、小批量生产的零件或新产品试制中的零件。

(2) 形状复杂、加工精度要求高、通用机床无法加工或很难保证加工质量的零件。

(3) 在普通机床加工时，需要昂贵的工装设备(工具、夹具和模具)的零件。

(4) 具有难测量、难控制进给、难控制尺寸型腔的壳体或盒型零件。

(5) 必须在一次装夹中完成铣、镗、锪、铰或攻丝等多工序的零件。

(6) 价格昂贵、加工中不允许报废的关键零件。

(7) 需要较短生产周期的急需零件。

从数控机床的类型方面考虑，数控车床适用于加工具有回转特征的轴类和盘类零件；数控镗铣床、立式加工中心适用于加工箱体类零件、板类零件、具有平面复杂轮廓的零件；卧式加工中心较立式加工中心用途要广一些，适宜复杂箱体、泵体、阀体类零件的加工；多轴联动的数控机床、加工中心可以用来加工复杂的曲型面、叶轮螺旋桨以及模具。

2．把握好技术经济尺度，选择数控机床

在数控机床上加工零件时，通常有两种情况：一是根据被加工零件来选择合适的加工设备，二是根据数控机床来选择适合的加工零件。无论哪种情况，通常都要根据被加工零件的精度、材质、形状、尺寸、数量和热处理等因素来选择。是选用普通机床加工，还是数控机床加工，或者选用专用机床来加工，究竟如何选择，概括起来主要要考虑以下三个方面的因素：

(1) 要保证被加工零件的技术要求，加工出合格的产品。

(2) 有利于提高生产率。

(3) 尽可能降低生产成本(加工费用)。

1.8 实 训

1．实训的目的与要求

(1) 通过在实验基地及工厂参观，了解数控机床的分类、组成及布局。

(2) 通过实训，理解并掌握数控机床的工作过程、数控加工的特点。

2．实训仪器与设备

数控实验实训基地及数控加工车间。

3．相关知识概述

(1) 数控机床的分类组成及布局。

(2) 数控机床的工作原理。

(3) 数控机床的性能指标与功能。

4．实训内容

(1) 感受数控机床所处的工业环境，观看各类数控机床的整体外形、布局。

(2) 拆除数控机床防护罩，仔细观察不同类型数控机床的机械组成部分，记下名称，标注其功用。

(3) 学习数控机床操作面板和数控系统面板的组成及功用。

(4) 观察指导教师、实训师傅进行各种类型零件的数控机床加工演示，掌握数控机床的工作原理和工作过程。

5．实训报告

(1) 分析数控机床的组成及各部分的功能。

(2) 分析数控机床适宜加工的零件类型，以及在什么样的条件下选用数控机床。

(3) 写一篇论文，总结对数控机床的初步认知。

1.9 自 测 题

1．判断题(请将判断结果填入括号中，正确的填"√"，错误的填"×")

(1) 能进行轮廓控制的数控机床，一般也能进行点位控制和直线控制。( )

(2) 多坐标联动就是将多个坐标轴联系起来控制，相互协调运动。（ ）

(3) 加工沿着与坐标轴成 45º 的斜线可采用点位直线控制数控机床。（ ）

(4) 数控机床是一种程序控制机床。（ ）

(5) 加工中心是最早发展的数控机床品种。（ ）

(6) 数控机床的通信功能就是为了输入数控程序方便。（ ）

(7) 数控机床功能强大，加工精度高，适宜大批量生产。（ ）

(8) 加工平面任意直线应采用点位控制数控机床。（ ）

(9) 数控机床大体由输入装置、数控装置、伺服系统和机床本体组成。（ ）

(10) 数控机床按工艺用途可分为点位控制、直线控制和轮廓控制。（ ）

2. 选择题(请将正确答案的序号填写在括号中)

(1) 数控机床成功地解决了(   )生产自动化问题并提高了生产效率。

　　A. 单件、小批　　　　　　　　B. 大量

　　C. 中批　　　　　　　　　　　D. 大批大量

(2) 在数控机床的闭环控制系统中，其检测环节具有两个作用：一个是检测出被测信号的大小，另一个是把被测信号转换成可与(   )进行比较的物理量，从而构成反馈通道。

　　A. 指令信号　　　　　　　　　B. 反馈信号

　　C. 偏差信号　　　　　　　　　D. 频率信号

(3) 数控机床由五个基本部分组成：(   )、数控装置、伺服机构、机床本体、辅助装置。

　　A. 数控程序　　　B. 数控介质　　　　C. 数控键盘　　　D. 数控装置

(4) 全闭环控制系统的位置检测装置装在(   )。

　　A. 传动丝杠上　　　　　　　　B. 伺服电动机轴上

　　C. 机床移动部件上　　　　　　D. 数控装置中

(5) 世界上第一台数控机床是(   )年研制出来的。

　　A. 1930　　　　B. 1947　　　　C. 1952　　　　D. 1958

(6) 按照机床运动的控制轨迹分类，加工中心属于(   )。

　　A. 点位控制　　　B. 直线控制　　　C. 轮廓控制　　　D. 远程控制

3. 名词解释

(1) 可控轴数和联动轴数

(2) 定位精度和重复定位精度

(3) 分辨率和脉冲当量

4. 问答题

(1) 试述数控机床发展阶段和数控系统的主要元件。

(2) 数控系统的发展趋势主要有哪些？

(3) 数控加工的高精化体现在哪些方面？

(4) 控制智能化体现在哪些方面？

(5) 何谓点位直线控制？

(6) 何谓轮廓控制？

学习情境二

数控机床的结构

****

项目 2　数 控 车 床

2.1　技 能 解 析

（1）熟悉数控车床的分类、组成、布局及工艺范围，掌握数控车床主传动系统、进给传动系统及液压控制系统的结构和原理，了解车削中心及几种典型的数控车床。

（2）通过实训熟悉数控车床的组成。

2.2　项 目 的 引 出

典型零件 1：

如图 2-1 所示的零件为典型的轴类零件，主要由圆柱面、圆弧面、端面、外螺纹面、倒角及沟槽等表面组成，并有尺寸精度、形状精度、位置精度及表面粗糙度等要求。该零件适于采用卧式数控车床加工。

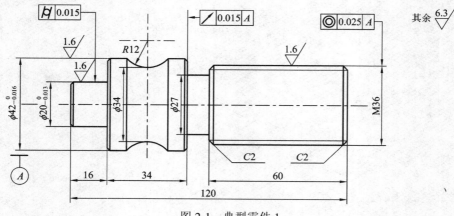

图 2-1　典型零件 1

典型零件 2：

如图 2-2 所示的零件为典型的盘类零件，主要由内外圆柱面、内圆弧面、端面、倒角及沟槽等表面组成，并有尺寸精度及表面粗糙度等要求。该零件适于采用卧式数控车床加工。

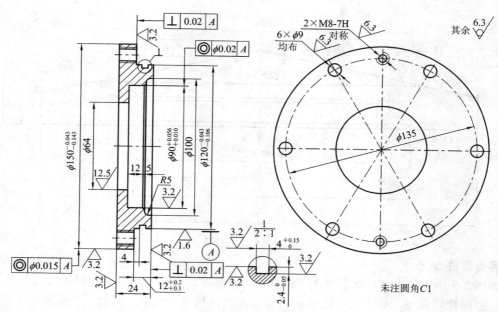

图 2-2 典型零件 2

典型零件 3：

如图 2-3 所示的零件为典型的套类零件，主要由内外圆柱面、内外圆弧面、端面、倒角及沟槽等表面组成，并有尺寸精度、形状精度、位置精度及表面粗糙度等要求。该零件适于采用卧式数控车床加工。

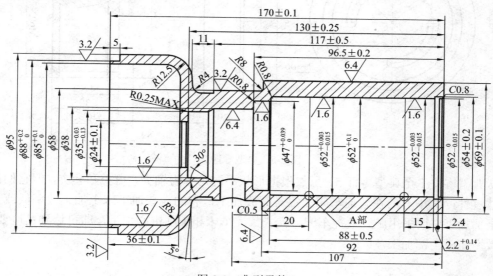

图 2-3 典型零件 3

典型零件 4：

如图 2-4 所示的零件为径向尺寸较大的盘类零件，主要由内外圆柱面、圆锥面、端面、倒角及端面槽等表面组成，并有尺寸精度、形状精度及表面粗糙度等要求。该零件适于采用立式数控车床加工。

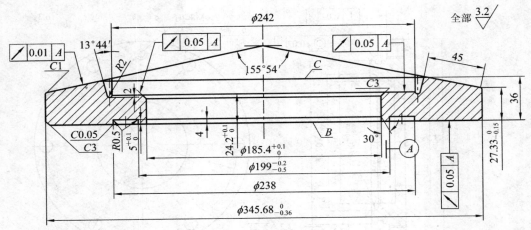

图 2-4　典型零件 4

典型零件 5：

如图 2-5 所示的零件，除了要加工圆柱面、圆弧面、端面、倒角及沟槽等表面之外，还要加工径向孔以及与工件不同心的轴向孔和端面圆弧槽等。为了提高加工精度和加工效率，该零件适于采用车削中心，一次装夹完成全部加工。

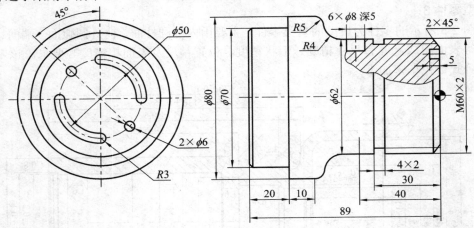

图 2-5　典型零件 5

从典型零件 1 至典型零件 5，虽然根据形状不同可分为轴类、盘类和套类，但它们都是回转体零件，其中有的在普通车床上很难完成加工，有的在普通车床上加工效率低或无法完成全部加工。而采用卧式数控车床、立式数控车床和车削中心加工，即可达到精度要求，以高效率完成全部加工。

2.3　数控车床概述

2.3.1　数控车床的工艺范围

数控车床是目前使用最广泛的数控机床之一。数控车床主要用于加工轴类、盘类等回转体零件。通过数控加工程序的运行，可自动完成内外圆柱面、圆锥面、成型表面和圆柱、圆锥螺纹、多头螺纹以及端面等工序的切削加工，并能进行切槽、钻孔、扩孔、铰孔及镗孔等切削加工。

数控车床使用的刀具主要有车刀、钻头、铰刀、镗刀及螺纹刀具等，其加工零件的尺寸精度可达 IT5～IT6，表面粗糙度可达 1.6 μm。

由于数控车床具有加工精度高、能进行直线和圆弧插补以及在加工过程中能自动变速的特点，因此数控车床加工的工艺范围较普通车床宽得多。数控车削中心可在一次装夹中完成更多的加工工序，提高了加工精度和生产效率，特别适合于复杂形状的回转类零件的加工。

数控车床与普通车床相比，其加工对象具有以下特点。

1．精度要求高的回转体零件

由于数控车床具有刚性好，制造和对刀精度高，可方便精确地进行人工补偿甚至自动补偿的特点，所以能加工尺寸精度要求较高的零件。在有些场合可以以车代磨。此外，由于数控车削时刀具运动是通过高精度插补运算和伺服驱动来实现的，再加上机床的刚性好、制造精度高，所以它能加工直线度、圆度、圆柱度等形状精度要求高的零件。数控车削的工序集中，减少了工件的装夹次数，还有利于提高零件的位置精度。

2．表面质量要求高的回转体零件

数控车床能加工出表面质量高的零件，不仅是因为车床的刚性和制造精度高，还由于它具有恒线速度切削功能。在材质、精车留量和刀具已定的情况下，表面粗糙度取决于进给量和切削速度。在普通车床上车削端面时，由于转速在切削过程中恒定，理论上只有某一直径处的粗糙度最小。使用数控车床的恒线速度切削功能，就可选用最佳线速度来切削锥面和端面，这样切出的粗糙度 Ra 值既小又一致。数控车床还适合于车削各部位表面粗糙度要求不同的零件。粗糙度小的部位可以用减小进给量的方法来达到，而这在传统车床上是做不到的。

3．轮廓形状复杂的回转体零件

由于数控车床具有直线和圆弧插补功能，部分车床数控装置还有某些非圆曲线插补功能，所以可以车削由任意直线和平面曲线组成的形状复杂的回转体零件和普通车床难以控制尺寸的零件。如具有封闭内成型面的壳体零件，其封闭内腔的成型面"口小肚大"，在普通车床上是无法加工的，而在数控车床上则很容易加工出来。

组成零件轮廓的曲线可以是数学方程式描述的曲线，也可以是列表曲线。对于由直线或圆弧组成的轮廓，可以直接利用车床的直线或圆弧插补功能。对于由非圆曲线组成的轮廓，可以用非圆曲线插补功能；若所选车床没有曲线插补功能，则应先用直线或圆弧去逼近，然后再用直线或圆弧插补功能进行插补切削。如果说车削圆弧零件和圆锥零件既可选用传统车床也可选用数控车床，那么车削复杂形状的回转体零件就只能使用数控车床了。

4．带特殊螺纹的回转体零件

普通车床所能切削的螺纹相当有限，它只能加工等导程的圆柱(圆锥)面公(英)制螺纹，而且一台车床只限定加工若干种导程。数控车床不但能加工任何等导程的直、锥面，公、英制和端面螺纹,而且能加工增导程、减导程,以及要求等导程、变导程之间平滑过渡的螺纹。数控车床加工螺纹时主轴转向不必像传统车床那样交替变换,它可以一刀又一刀循环切削,直至完成,所以它车削螺纹的效率很高。数控车床可配备精密螺纹切削功能,再加上采用硬质合金成型刀片,以及使用较高的转速,所以车削出来的螺纹精度高、表面粗糙度 *Ra* 值小。可以说,包括丝杠在内的螺纹零件很适合在数控车床上加工。

5. 超精密、超低表面粗糙度的零件

磁盘、录像机磁头、激光打印机的多面反射体、复印机的回转鼓、照相机等光学设备的透镜及其模具,以及隐形眼镜等要求超高的轮廓精度和超低的表面粗糙度值,适合于在高精度、高功能的数控车床上加工。以往很难加工的塑料散光用的透镜,现在也可以用数控车床来加工。超精加工的轮廓精度可达到 0.1 μm,表面粗糙度可达 0.02 μm。

数控车床具有加工灵活、通用性强、能适应产品的品种和规格频繁变化的特点,被广泛应用于机械制造业。

2.3.2 数控车床的分类

随着数控车床制造技术的不断发展,数控车床形成了多品种、多规格的局面,因而也出现了多种不同的分类方法。

1. 按数控系统功能分类

1) 经济型数控车床

采用步进电动机和单片机对普通车床的进给系统进行改造后形成的经济型数控车床,成本较低,但自动化程度和功能都比较差,车削加工精度也不高,适用于要求不高的回转体零件的车削加工,如图 2-6 所示。

2) 全功能型数控车床

全功能型数控车床是根据车削加工的要求,在结构上进行专门设计并配备通用数控系统的数控车床,如图 2-7 所示。全功能数控车床一般采用半闭环控制系统,具有数控系统功能强、自动化程度高和加工精度高等特点,适用于加工精度要求高、形状复杂的回转体零件的车削加工。

图 2-6　经济型数控车床

图 2-7　全功能型数控车床

3）精密型数控车床

精密型数控车床采用闭环控制，不但具有全功能型数控车床的全部功能，而且机械系统的动态响应较快，适用于精密和超精密加工。

2．按数控车床主轴位置分类

1）立式数控车床

立式数控车床简称为数控立车，其主轴垂直于水平面，具有一个直径很大的圆形工作台，用来装夹工件，如图 2-8 所示。这类数控车床主要用于加工径向尺寸大、轴向尺寸相对较小的大型复杂回转体零件。

本项目中的典型零件 4 就属于直径尺寸较大的盘类零件，上端面及内孔都带有锥度，适合选用立式数控车床进行加工。

2）卧式数控车床

卧式数控车床是指主轴轴线处于水平位置的数控车床，如图 2-9 所示。目前，我国使用最多的是中小规格两轴联动的卧式数控车床。

图 2-8　立式数控车床

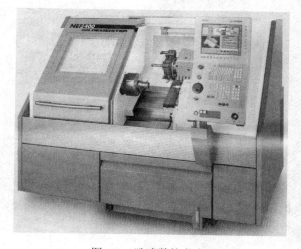

图 2-9　卧式数控车床

本项目中的典型零件 1、典型零件 2 和典型零件 3 都适合采用卧式数控车床来加工。

3．按数控系统控制的轴数分类

1）两轴控制的数控车床

这类数控车床配置有各种形式的单刀架，如四工位立式回转刀架或多工位卧式回转刀架，可实现 X、Z 两坐标轴控制。如图 2-6 和图 2-9 所示即为两轴控制的数控车床。

2）三轴控制的车削中心

车削中心是在全功能数控车床的基础上，增加了 C 轴和自驱动刀具，更高级的还带有刀库，可控制 X、Z 和 C 三个坐标轴，联动控制轴可以是(X、Z)、(X、C)或(Z、C)。由于增加了 C 轴和自驱动刀具，这种数控车床的加工功能大大增强，除可以进行一般车削加工外，还可以进行径向和轴向铣削、曲面铣削、中心线不在回转中心的孔和径向孔的钻削等加工。

如图 2-10 所示，车削中心回转刀架上安装有平行于主轴轴线(Z 轴)的自驱动刀具，主轴的 C 轴做圆周进给运动，自驱动刀具进行铣削加工。

本项目中的典型零件 5，其外圆表面上有 6 个均布的径向孔，右端面上有 2 段圆弧槽和 2 个与工件中心不同心的轴向孔，该零件适合采用车削中心进行加工，利用自驱动刀具铣削右端面上的 2 段圆弧槽和 2 个轴向孔，铣削外圆表面上 6 个均布的径向孔。

3) 四轴控制的数控车床

这类数控车床配置有两个独立的回转刀架，可实现四个坐标轴的控制。其每个刀架的切削进给量都是分别控制的，因此两刀架可以同时切削同一工件的不同部位，既扩大了加工范围，又提高了加工效率，适合于加工曲轴、飞机零件等形状复杂、批量较大的零件。如图 2-11 所示为四轴控制的双刀架数控车床，它的一个回转架为前置刀架，另一个回转刀架为后置刀架。

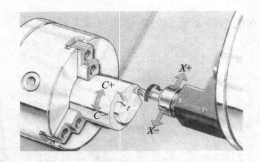

图 2-10　车削中心

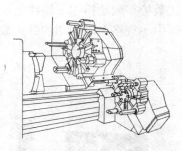

图 2-11　双刀架数控车床

4) 五轴控制的车铣复合中心

车铣复合中心配置有双主轴、一个铣轴、一个回转刀架和一个盘式刀库，可实现五个坐标轴的控制。如图 2-12 所示为沈阳数控机床厂生产的五轴控制的车铣复合中心，左图为机床外观，右图为主轴、刀架和铣轴。车铣复合中心主要用于航空、军工、汽车、船舶等行业中复杂零件的加工。

图 2-12　五轴控制的车铣复合中心

2.3.3 数控车床的组成

如图 2-13 所示，数控车床由数控装置、床身、主轴箱、进给系统、回转刀架、尾座、操作面板、液压系统、冷却系统、润滑系统、排屑器等部分组成。

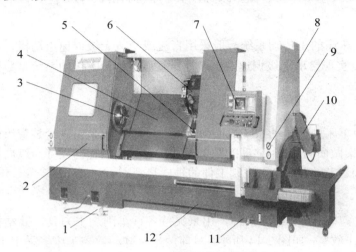

1—卡盘踏板开关；
2—机床防护门；
3—主轴；
4—导轨防护罩；
5—滑板；
6—回转刀架；
7—数控操作面板；
8—数控电气柜；
9—压力表；
10—排屑器；
11—液压油箱；
12—冷却液箱

图 2-13　数控车床外观

数控车床的外形虽然与普通车床相似，也是由床身、主轴箱、刀架、进给系统、冷却和润滑系统等部分组成的，但数控车床的进给系统与普通车床有着质的区别。普通车床主轴的运动经主轴箱内的进给换向机构、挂轮变速机构、进给箱、溜板箱传到光杠或丝杠，带动刀架实现纵向和横向进给运动。而数控车床是直接用伺服电机通过滚珠丝杠驱动滑板和刀架，实现 Z 向(纵向)和 X 向(横向)进给运动。如图 2-14 所示为数控车床的传动结构。可见数控车床进给传动系统的结构较普通车床大为简化。

1—同步带；
2—回转油缸；
3—主轴编码器；
4—主轴箱；
5—液压卡盘；
6—滑板；
7—X 轴伺服电动机；
8—回转刀架；
9—尾座；
10—床身；
11—卡盘踏板开关

图 2-14　数控车床的传动结构

通过上述的观察和分析，可以看出数控车床主要由以下几部分组成。

1．床身

数控车床的床身是机床的主体，主要用来支承机床的其他组成部分，如图 2-14 所示。床身结构有多种形式，主要有水平床身、倾斜床身、水平床身斜滑板等。

2．主传动系统

如图 2-14 所示，数控车床的主传动系统一般采用直流或交流无级调速电动机，通过同步带传动，带动主轴旋转，实现自动无级调速及恒线速度切削控制。主传动系统是数控车床实现旋转运动的执行结构。

3．进给传动系统

如图 2-14 所示，数控车床进给传动系统由横向进给传动装置和纵向进给装置组成。横向进给传动装置是带动刀架做横向(X 轴)移动的装置，它控制工件的径向尺寸。纵向进给装置是带动刀架做轴向(Z 轴)运动的装置，它控制工件的轴向尺寸。

4．自动回转刀架

自动回转刀架是数控车床的重要组成部件，用来夹持各种车削加工刀具，其结构直接影响机床的切削性能和工作效率，如图 2-14 所示。目前两坐标联动数控车床多采用 12 工位的回转刀架，也有采用 6 工位、8 工位、10 工位的回转刀架。

5．辅助装置

辅助装置是指数控车床的一些配套部件，包括液压气动装置、冷却系统、润滑系统和排屑装置等。辅助装置虽不直接参与切削运动，但对数控车床的加工效率、加工精度和可靠性都起到保证作用，是不可缺少的部分。

6．数控系统

数控系统由数控装置、可编程控制器、伺服驱动装置及伺服电机等部分组成。它是数控车床加工过程控制的核心。

2.3.4　数控车床的布局

数控车床的布局大都采用机、电、液、气一体化布局，全封闭或半封闭防护。数控车床的主轴、尾座等部件相对床身的布局形式与普通车床基本一致，而床身结构、导轨和刀架的布局形式则发生了根本变化，刀架和导轨的布局形式会直接影响数控车床的使用性能及其结构和外观。

1．床身导轨的布局

1) 床身

数控车床的床身是整个机床的基础支承件，是机床的主体，一般用来放置导轨、主轴箱等重要部件。床身的结构对机床的布局有很大的影响。根据数控车床床身导轨与水平面的相对位置不同，可以有如图 2-15 所示的多种布局形式。

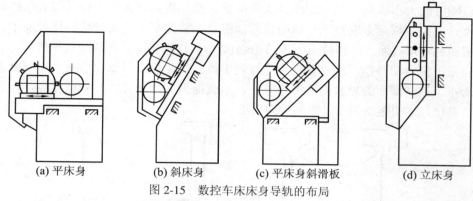

(a) 平床身　　(b) 斜床身　　(c) 平床身斜滑板　　(d) 立床身

图 2-15　数控车床床身导轨的布局

(1) 水平床身的工艺性好，便于导轨面的加工。水平床身配上水平放置的刀架可提高刀架的运动精度，但是水平床身由于下部空间小，故排屑困难。从结构尺寸上看，刀架水平放置使得滑板横向尺寸较长，从而加大了机床宽度方向的结构尺寸。水平床身一般用于大型数控车床或小型精密数控车床的布局。

(2) 斜床身斜滑板布局排屑容易，操作方便，机床占地面积小，容易实现封闭式防护。斜床身导轨倾斜的角度分别有 30°、45°、60°、75° 和 90°(称为立式床身)几种。倾斜角度小，排屑不便；倾斜角度大，导轨的导向性及受力情况差。导轨倾斜角度的大小还会直接影响车床外形尺寸高度与宽度的比例，以及刀架重量作用于导轨面垂直分力的大小等。因此，应结合车床的规格、精度等选择合适的倾斜角度。一般来说，小型数控车床床身的倾斜度多为 30° 或 45°；中等规格的数控车床其床身的倾斜度以 60° 为宜；而大型数控车床床身的倾斜度多采用 75°。

(3) 平床身斜滑板布局是指水平床身配上倾斜放置的滑板，并配置倾斜式导轨防护罩，这种布局形式一方面有水平床身工艺性好的特点，另一方面车床宽度方向的尺寸较水平配置滑板的要小，且排屑方便。斜滑板倾斜的角度分别为 30°、45°、60° 和 75°。平床身斜滑板布局多用于中、小型数控车床的布局。

水平床身配上倾斜放置的滑板和斜床身配置斜滑板布局形式被中、小型数控车床所普遍采用。这是由于此两种布局形式排屑容易，热铁屑不会堆积在导轨上，也便于安装自动排屑器；操作方便，易于安装机械手，以实现单机自动化；机床占地面积小，外形简洁、美观，容易实现封闭式防护。

一般来说，中、小规格的数控车床采用斜床身和平床身斜滑板的居多，只有大型数控车床或小型精密数控车床才采用平床身，而立床身采用的较少。

2) 导轨

数控车床的导轨主要用来支承和引导滑板、刀架、尾座等运动部件沿一定的轨道运动，它可分为滑动导轨和滚动导轨两种。

滑动导轨具有结构简单、制造方便、接触刚度大等优点。但传统滑动导轨摩擦阻力大，磨损快，动、静摩擦系数差别大，低速时易产生爬行现象。目前，数控车床已不采用传统滑动导轨，而是采用带有耐磨覆盖层的贴塑导轨或涂塑导轨。它们具有摩擦性能好和使用寿命长等特点。

　　导轨刚度的大小、制造是否简单、能否调整、摩擦损耗是否最小以及能否保持导轨的初始精度，在很大程度上取决于导轨的横截面形状。数控车床滑动导轨的横截面形状常采用山形截面和矩形截面。山形截面如图 2-16(a)所示。这种截面的导轨导向精度高，导轨磨损后靠自重下沉自动补偿。下导轨为凸形有利于排污物，但不易保存油液。矩形截面如图 2-16(b)所示。这种截面的导轨制造维修方便，承载能力大，新导轨导向精度高，但磨损后不能自动补偿，需用镶条调节，影响导向精度。

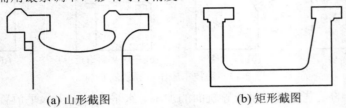

(a) 山形截图　　　　　　　(b) 矩形截图

图 2-16　导轨截面

　　宝鸡机床厂生产的 CJK6140H 系列经济型数控车床床身采用的是山形贴塑导轨，CK75 系列全功能数控车床采用的是矩形贴塑导轨。

　　滚动导轨的优点是摩擦系数小，动、静摩擦系数很接近，不会产生爬行现象，可以使用油脂润滑。数控车床导轨的行程一般较长，因此滚动体必须循环。根据滚动体的不同，滚动导轨可分为滚珠直线导轨和滚柱直线导轨，如图 2-17 所示。后者的承载能力和刚度都比前者高，但摩擦系数略大。宝鸡机床厂生产的 CK75C 系列全功能数控车床采用的是滚珠直线导轨，CK535D 全功能数控倒置立式车床 X 向导轨采用的是滚柱直线导轨。

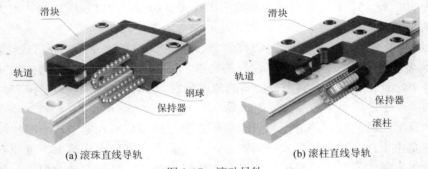

(a) 滚珠直线导轨　　　　　　　(b) 滚柱直线导轨

图 2-17　滚动导轨

2．刀架的布局

　　刀架作为数控车床的重要部件，其布局形式对机床整体布局及工作性能的影响很大。回转刀架在数控车床上的布局有多种形式，按回转刀架与主轴的位置关系，可分为前置刀架与后置刀架。

　　1) 前置刀架

　　刀架位于主轴的前面，与普通卧式车床刀架的布置形式一样，刀架导轨为水平导轨，使用四工位电动刀架。刀架前置不利于操作者观察切削状况和测量工件，一般经济型数控车床都设计为前置刀架。如图 2-18 所示为前置刀架的数控车床，其刀架结构简单。

　　本项目中的典型零件 2 形状简单，加工时各工序使用的刀具均少于 4 把，因此适合采用刀架前置的数控车床进行加工。

2）后置刀架

刀架位于主轴的后面，刀架的导轨位置与水平面倾斜一定角度，这样的结构形式便于观察刀具的切削过程，切屑容易排除，后置空间大，一般可以安装 8 把或 12 把刀具，全功能数控车床一般都设计为后置刀架。如图 2-19 所示为刀架后置的数控车床。

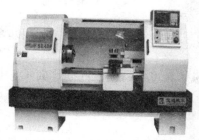

图 2-18　刀架前置的数控车床

图 2-19　刀架后置的数控车床

本项目中的典型零件 1、典型零件 3 形状复杂，加工时使用的刀具均超过 4 把，因此适合采用后置刀架数控车床进行加工。

回转刀架在数控车床上的布局还可以按刀架回转轴与数控车床主轴的位置关系分为另外两种形式：一种是用于加工盘类零件的回转刀架布局，刀架回转轴垂直于数控车床主轴；另一种是用于加工轴类和盘类零件的回转刀架布局，刀架回转轴平行于数控车床主轴。

2.3.5　数控车床的特点与发展

数控车床与普通车床相比具有以下特点：

1. 采用全封闭或半封闭防护装置

数控车床采用封闭防护装置，可防止切屑和切削液飞出，给操作者带来意外伤害和不便。

2. 采用自动排屑装置

数控车床大多采用斜床身结构布局，排屑方便，便于安装自动排屑装置。数控车床一般都配有自动排屑装置。

3. 工件装夹安全可靠

数控车床大都采用了液压动力卡盘，夹紧力调整方便可靠，同时也降低了操作者的劳动强度。

4. 可自动换刀

数控车床采用了自动回转刀架，在加工过程中可自动换刀，连续完成多道工序的加工。

5. 主、进给传动分离

数控车床的主传动与进给传动采用了各自独立的伺服电机。由于数控车床刀架的两个方向运动分别由两台伺服电动机驱动，故不必使用挂轮、光杠等传动部件。用伺服电动机直接与丝杠联结带动刀架运动，传动链变得简单、可靠，同时，各电机既可单独运动，也可实现多轴联动。

全功能数控车床采用直流或交流伺服电机通过同步带来直接驱动主轴，实现无级变速，主轴箱内不再有齿轮传动变速机构。为扩大变速范围，有的全功能数控车床仍采用二级或三级齿轮副传动，以实现分段无级调速。即使这样，主轴箱内的结构已比传统车床简单得多。

6. 刚度高、寿命长

数控车床采用了高刚度的床身和功能部件是为了与控制系统的高精度控制相匹配，以便适应高精度的加工。

数控车床一般采用镶钢导轨和贴塑导轨，这样机床精度保持的时间就比较长，其使用寿命也可延长许多。

7. 拖动轻便

数控车床刀架进给传动中采用了滚珠丝杠副，滚珠丝杠两端安装的滚动轴承是专用轴承，并且大部分采用油雾自动润滑，因而润滑充分，拖动轻便。

随着数控系统、机床结构和刀具材料等技术的发展，数控车床将向高速化发展，如进一步提高主轴转速、刀架快速移动及转位换刀速度；工艺和工序将向更加复合化和集中化方向发展，如车削与铣削的复合，既可以实现车削加工，也可以实现铣削加工，工件一次装夹即可完成全部或大部分工序加工；数控车床以二轴联动车削为主向多主轴、多刀架加工方向发展；为实现长时间无人化全自动操作，数控车床将向全自动化方向发展，加工精度将向更精密方向发展；同时数控车床也在向简易型发展。

2.4　数控车床的传动与结构

2.4.1　主传动系统及主轴箱结构

1. 数控车床的主传动系统

数控车床的主传动系统包括主轴电动机、传动系统和主轴部件。数控车床主传动系统要求主轴速度在一定范围内可调，有足够的驱动功率，主轴回转轴心线的位置准确稳定，并有足够的刚性与抗振性。

数控车床的主运动传动链的两端部件分别是主轴电动机和机床主轴，它的功能是把主轴电机的运动及动力传递给主轴，使主轴带动工件旋转实现主运动，并满足主轴变速和换向的要求。主运动系统是数控车床最主要的组成部分之一，它的最高与最低转速范围、传递功率和动力特性决定了数控车床的最高切削加工工艺能力。

数控车床的主传动系统一般采用直流或交流无级调速电动机，通过同步带传动带动主轴旋转，实现自动无级调速及恒线速度控制。由于这种电动机调速范围大而且又可实现无级变速，因此主轴箱内不再有齿轮传动变速机构(有些数控车床只有二级或三级齿轮变速系统用以扩大主轴电机无级变速范围)，减少了齿轮传动对主轴精度的影响，降低了机床的噪声，大大地简化了主轴箱的结构，也为机床维修带来了方便。

如图 2-20 所示为 MJ-50 数控车床主传动系统图。主运动传动系统由功率为 11 kW 的主轴伺服电动机驱动，经一级 1∶1 的同步带传动带动主轴旋转，使主轴在 35～3500 r/min 的转速范围内实现无级调速。

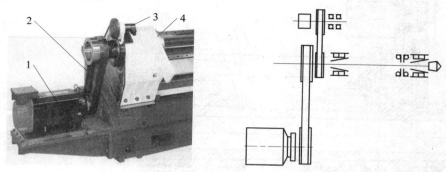

1—主轴伺服电动机；2—同步带；3—主轴脉冲编码器；4—主轴

图 2-20　MJ-50 数控车床主传动系统图

　　主轴电动机在额定转速时可输出全部功率和最大扭矩，随着转速的变化，功率和扭矩将发生变化。如图 2-21 所示为 MJ-50 数控车床主轴传递的功率和扭矩与转速之间的关系图。当机床在连续运转状态下，主轴的转速在 437～3500 r/min 范围内，主轴传递电机的全部功率 11 kW，为主轴的恒功率区域(实线 Ⅱ)。在这个区域内，主轴的最大输出扭矩(245 N·m)随着主轴转速的增高而变小。主轴转速在 35～437 r/min 范围内，主轴输出扭矩不变，为主轴的恒扭矩区域(实线 Ⅰ)。在这个区域内，主轴传递的功率随着主轴转速的降低而降低。图中虚线所示为电动机超载(允许超载 30 min)时恒功率区域和恒扭矩区域的情况，电动机的超载功率为 15 kW，超载时最大输出扭矩为 334 N·m。

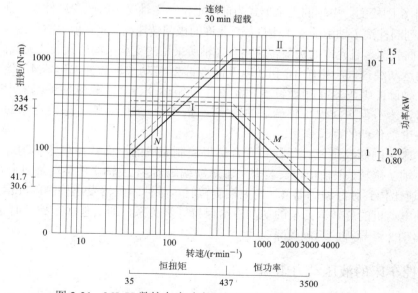

图 2-21　MJ-50 数控车床功率和扭矩与转速之间的关系图

2. 主轴箱结构

　　主轴箱是支承主轴并保证主轴正常运转的传动系统，是数控车床实现旋转运动的执行机构。MJ-50 数控车床主轴箱的结构如图 2-22 所示。

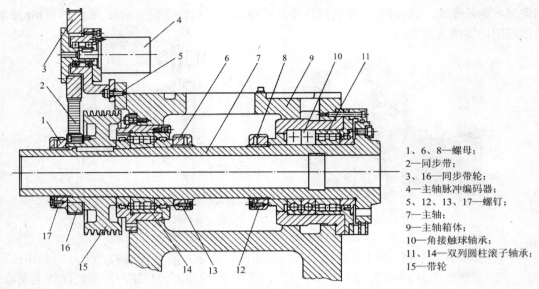

1、6、8—螺母；
2—同步带；
3、16—同步带轮；
4—主轴脉冲编码器；
5、12、13、17—螺钉；
7—主轴；
9—主轴箱体；
10—角接触球轴承；
11、14—双列圆柱滚子轴承；
15—带轮

图 2-22　MJ-50 数控车床主轴箱结构简图

主轴电动机通过带轮 15 把运动传给主轴 7。 主轴有前、后两个支承，前支承由一个圆锥孔双列圆柱滚子轴承 11 和一对角接触球轴承 10 组成，轴承 11 用来承受径向载荷，两个角接触球轴承一个大口向外(朝向主轴前端)，另一个大口向里(朝向主轴后端)，用来承受双向的轴向载荷和径向载荷。前支承轴承的间隙用螺母 8 来调整。螺钉 12 用来防止螺母 8 回松。主轴的后支承为圆锥孔双列圆柱滚子轴承 14，轴承间隙由螺母 1 和 6 来调整。螺钉 17 和 13 是防止螺母 1 和 6 回松的。主轴的支承形式为前端定位，主轴受热膨胀向后伸长。前、后支承所用圆锥孔双列圆柱滚子轴承的支承刚性好，允许的极限转速高。前支承中的角接触球轴承能承受较大的轴向载荷，且允许的极限转速高。主轴所采用的支承结构适宜低速大载荷的需要。

主轴的运动经过同步带轮 16 和 3 以及同步带 2 带动主轴脉冲编码器 4，使其与主轴同速运转。主轴脉冲编码器 4 用螺钉 5 固定在主轴箱体 9 上。主轴脉冲编码器用来检测主轴的运动信号，一方面可实现主轴调速的数字反馈；另一方面可用于进给运动的控制，起到主轴传动与进给传动的联系作用。

普通车床车削螺纹是通过丝杠和开合螺母控制完成的，而数控车床车削螺纹是由伺服电机驱动主轴 7 旋转，主轴箱内安装有主轴脉冲编码器 4，主轴 7 的运动通过同步齿形带 2，以 1∶1 的速比传到脉冲编码器 4。当主轴旋转时，脉冲编码器发出检测脉冲信号给数控系统，使主轴电动机的旋转与刀架的切削进给保持同步关系，即实现加工螺纹时主轴转一转，刀架 Z 向移动一个导程的运动关系。

2.4.2　数控车床的液压动力卡盘

卡盘是数控车床的主要夹具，随着主轴转速的提高，可实现高速甚至超高速切削。目前数控车床的最高转速已由 1000～2000 r/min 提高到每分钟数千转，有的甚至达到数万转。这样高的转速，普通卡盘已不适用，必须采用高速卡盘才能保证安全可靠的加工。

为了减少装夹工件的辅助时间，提高加工效率，数控车床广泛采用高速液压动力自定心卡盘。液压动力卡盘(简称液压卡盘)由卡盘、拉杆和回转液压缸三部分组成。卡盘固定安装在主轴的前端,回转液压缸固定安装在主轴的后端,液压卡盘的松开、夹紧是靠用拉杆连接的卡盘和回转液压缸的协调动作来实现的,其夹紧力的大小通过调整液压系统的压力进行控制。

如图 2-23 所示,卡盘通过螺钉固定安装在主轴的前端,回转液压缸 1 与接套 5 用螺钉7 连接,接套通过螺钉与主轴后端面连接,使回转液压缸随主轴一起转动。卡盘的夹紧与松开由回转液压缸通过拉杆 2 来驱动,拉杆后端与回转液压缸内的活塞 6 用螺纹连接,连接套 3 的两端螺纹分别与拉杆 2 和卡盘中的滑体 4 连接。

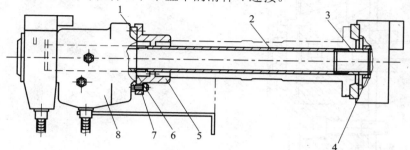

1—回转液压缸;2—拉杆;3—连接套;4—滑体;5—接套;6—活塞;7—螺钉;8—回转液压缸壳体
图 2-23　液压动力卡盘结构简图

如图 2-24 所示为数控车床液压动力卡盘回转液压缸结构图。回转油缸 2 通过法兰盘 4 固定在主轴的后端,可随主轴一起转动。引油导套 1 固定在回转油缸壳体 5 上,其内孔的两个轴承用于支承回转油缸。当数控车床的数控系统发出卡盘夹紧或松开的信号时,液压系统把压力油送入回转油缸 2 的右腔或左腔,推动活塞 3 向左或向右移动,再通过如图 2-25 所示的拉杆 2 使安装在主轴前端卡盘的卡爪夹紧或松开。拉杆 2 的外螺纹与活塞杆的内螺纹相连接。

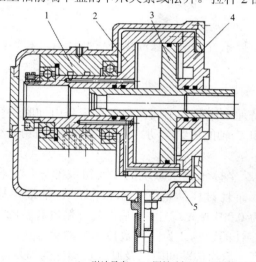

1—引油导套;2—回转油缸;3—活塞;4—法兰盘;5—回转油缸壳体
图 2-24　液压动力卡盘回转液压缸结构图

如图 2-25 所示为数控车床液压动力卡盘的卡盘结构图。卡盘盘体 1 通过螺钉固定安装在主轴的前端,螺钉将卡爪 6 和 T 形滑块 5 紧固在卡爪滑座 4 的齿面上,与卡爪滑座构成一个整体,卡爪滑座 4 与滑体 3 之间以斜楔接触,滑体 3 通过拉杆 2 与回转液压缸的活塞杆相连。当活塞做往复移动时，带动滑体 3 轴向移动，由于楔面的作用，卡爪滑座 4 被迫在卡盘盘体 1 上的三个 T 形槽内做径向移动，实现卡爪 6 将工件夹紧或松开。

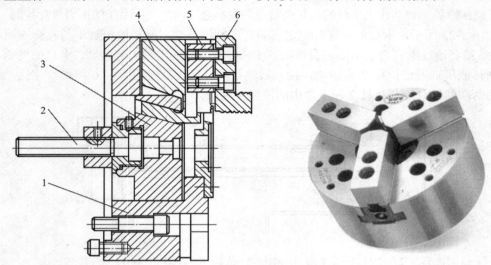

1—卡盘盘体；2—拉杆；3—滑体；4—卡爪滑座；5—T形滑块；6—卡爪

图 2-25　　液压动力卡盘的卡盘结构图

液压动力卡盘的夹紧力可以通过液压系统进行调整，分为高压夹紧和低压夹紧，加工一般工件时，采用高压夹紧；加工薄壁工件时，采用低压夹紧。液压动力卡盘具有结构紧凑、动作灵敏、工作性能稳定和能够实现较大夹紧力的特点。

2.4.3　进给传动系统及传动装置

数控车床的进给传动系统负责接受数控系统发出的脉冲指令，并经放大和转换后驱动机床运动执行部件实现预期的运动。

1. 进给传动系统的特点

数控车床的进给传动方式和结构与普通车床截然不同，数控车床是由伺服电机驱动，通过滚珠丝杠螺母副带动刀架完成 Z 轴和 X 轴的进给运动。刀架的快速移动和进给移动为同一条传动路线。

数控车床进给传动系统是控制 X、Z 坐标轴伺服系统的主要组成部分。它将伺服电机的旋转运动转化为刀架的直线运动，而且对移动精度要求很高，X 轴最小移动量为 0.0005 mm(直径偏移)，Z 轴最小移动量为 0.001 mm。工件最后的尺寸精度和轮廓精度都直接受进给运动的传动精度、灵敏度和稳定性的影响。为此，数控车床的进给传动系统应充分注意减少摩擦力，提高传动精度和刚度，消除传动间隙以及减少运动件的惯量等。

为满足高精度、快速响应、低速大转矩的要求，数控车床进给传动系统一般采用交、直流伺服进给驱动装置，通过滚珠丝杠螺母副带动刀架移动。采用滚珠丝杠螺母传动副，可以有效地提高进给系统的灵敏度、定位精度和防止爬行。消除丝杠螺母的配合间隙和丝杠两端的轴承间隙，也有利于提高传动精度。

2．进给传动系统

数控车床的进给传动系统分为 X 轴进给传动和 Z 轴进给传动。如图 2-26 所示为 MJ-50 数控车床的进给传动系统。

X 轴进给由功率为 0.9 kW 的交流伺服电机驱动，经 20/24 的同步带轮传动到滚珠丝杠上，螺母带动回转刀架移动，其滚珠丝杠螺距为 6 mm。

Z 轴进给由功率为 1.8 kW 的交流伺服电机驱动，经 24/30 的同步带轮传动到滚珠丝杠上，螺母带动滑板移动，其滚珠丝杠螺距为 10 mm。

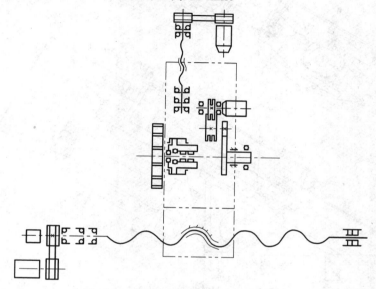

图 2-26   MJ-50 数控车床进给传动系统图

3．进给传动装置

数控车床的进给传动系统多采用伺服电机直接或通过同步齿形带驱动滚珠丝杠旋转。其横向进给传动系统是带动刀架做横向(X 轴)移动的装置，它控制工件的径向尺寸；纵向进给装置是带动刀架做轴向(Z 轴)运动的装置，它控制工件的轴向尺寸。

1) X 轴进给装置

如图 2-27 所示为 MJ-50 数控车床的 X 轴进给传动装置的结构简图。如图 2-27(a)所示，交流伺服电动机 15 经同步带轮 14 和 10 以及同步带 12 带动滚珠丝杠 6 旋转，滚珠丝杠上的螺母 7 带动刀架 21(如图 2-27(b)所示)沿滑板 1 上的导轨移动，实现 X 轴的进给运动。伺服电动机轴与同步带轮 14 用键 13 连接。滚珠丝杠有前、后两个支承，前支承由三个角接触球轴承 3 组成，其中一个轴承大口向前、两个轴承大口向后，承受双向的轴向载荷。前支承的轴承由螺母 2 进行预紧。后支承由一对角接触球轴承 9 组成，两个轴承大口相背放置由螺母 11 进行预紧。这种丝杠两端固定的支承形式，其结构和形式都较复杂，但是可以保证和提高丝杠的轴向刚度。脉冲编码器 16 安装在伺服电动机的尾部。图 2-27(a)中 5 和 8 为缓冲块，在发生意外碰撞时起保护作用。

$A-A$ 剖面图表示滚珠丝杠前支承的轴承座 4 用螺钉 20 固定在滑板 1 上。滑板导轨如 $B-B$ 剖视图所示为矩形导轨，镶条 17、18、19 用来调整刀架与滑板的间隙。

图 2-27(b)中 22 为导轨护板，26、27 为机床参考点的限位开关和撞块。镶条 23、24、25 用于调整滑板与床身导轨的间隙。

因为滑板上的导轨与水平面成 30° 的夹角，滚珠丝杠和螺母不能自锁，断电时回转刀架将在自身重力作用下自动下滑，故车床须依靠交流伺服电动机的电磁制动来实现自锁。

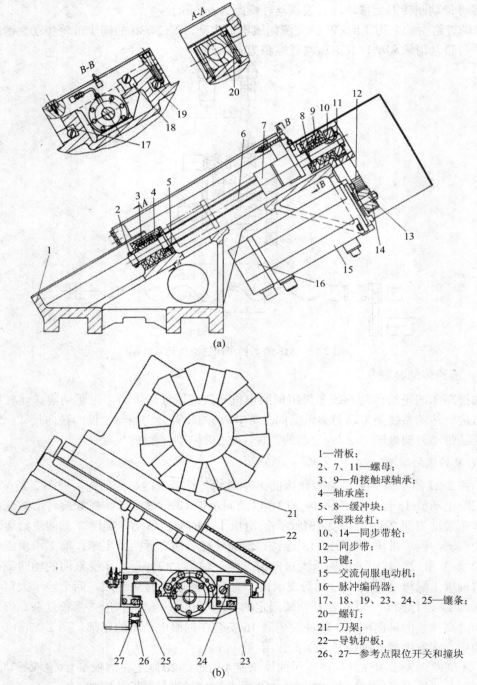

1—滑板；
2、7、11—螺母；
3、9—角接触球轴承；
4—轴承座；
5、8—缓冲块；
6—滚珠丝杠；
10、14—同步带轮；
12—同步带；
13—键；
15—交流伺服电动机；
16—脉冲编码器；
17、18、19、23、24、25—镶条；
20—螺钉；
21—刀架；
22—导轨护板；
26、27—参考点限位开关和撞块

图 2-27　MJ-50 数控车床的 X 轴进给传动装置的结构简图

2) Z轴进给装置

如图 2-28 所示为 MJ-50 数控车床 Z 轴进给传动装置结构简图。

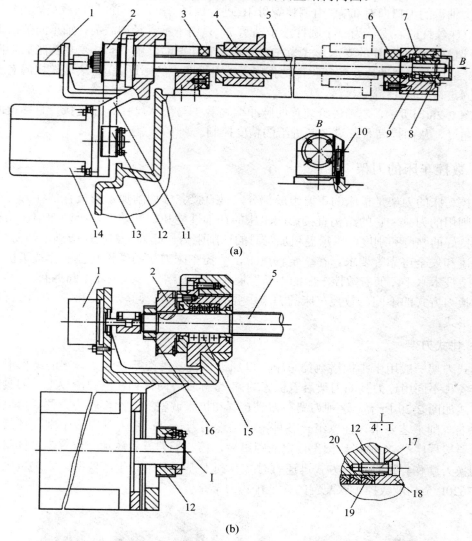

1—脉冲编码器；2、12—同步带轮；3、6—缓冲块；4—螺母；5—滚珠丝杠；
7—圆柱滚子轴承；8、16—调整螺母；9—右支承轴承座；10、17—螺钉；11—同步带；
13—床身；14—交流伺服电动机；15—角接触球轴承；18—法兰；19—内锥环；20—外锥环

图 2-28　MJ-50 数控车床 Z 轴进给传动装置结构简图

如图 2-28(a)所示，交流伺服电动机 14 经同步带轮 12 和 2 以及同步带 11 带动滚珠丝杠 5 旋转，滚珠丝杠上的螺母 4 带动滑板连同刀架沿床身 13 上的矩形导轨移动(参看图 2-27(b))，实现 Z 轴的进给运动。如图 2-28(b)所示，交流伺服电动机轴与同步带轮 12 之间用锥环无键连接，局部放大视图中 19 和 20 是锥面相互配合的内外锥环，当拧紧螺钉 17 时，法兰 18 的端面压迫外锥环 20，使其向外膨胀，内锥环 19 受力后向电机轴收缩，从而使电机轴与同步带轮连接在一起。这种连接方式无需在被连接件上开键槽，而且锥环的内外圆锥面压紧后，使连接配合面无间隙，对中性好。选用锥环对数的多少，取决于传递扭矩的大小。滚珠丝杠有左右两个支承。左支承由三个角接触球轴承 15 组成，其中左面一个轴承的大口与右面两个轴承的大口向对布置，由调整螺母 16 进行预紧，承受双向的轴向载荷。如图 2-28(a) 所示，滚珠丝杠的右支承为一个圆柱滚子轴承 7，只用于承受径向载荷，轴承间隙由调整螺母 8 来调整。滚珠丝杠的支承形式为左端固定，右端浮动，留有丝杠受热膨胀后轴向伸长的余地。3 和 6 为缓冲块，起超程保护作用。B 向视图中的螺钉 10 将滚珠丝杠的右支承轴承座 9 固定在床身 13 上。

如图 2-28(b)所示，Z 轴进给装置的脉冲编码器 1 与滚珠丝杠 5 相连接，直接检测丝杠的回转角度，从而提高系统对 Z 向进给的精度控制。

2.4.4　数控车床的刀架

数控车床的刀架是机床的重要组成部分，是直接完成切削加工的执行部件。刀架用于夹持切削用的刀具，它的结构直接影响机床的切削性能和切削效率，所以刀架在结构上必须具有良好的强度和刚度，以承受粗加工时的切削阻力。此外，刀架还应满足换刀时间短、结构紧凑和安全可靠等要求。在一定程度上，数控车床刀架的结构和性能体现了机床的设计和制造技术水平。随着数控车床的不断发展，刀架的结构形式也在不断翻新。

按换刀方式的不同，数控车床的刀架主要有排式刀架、回转刀架和带刀库的自动换刀装置等形式。

1．排式刀架

排式刀架一般用于小规格数控车床，以加工棒料或盘类零件为主。它的结构形式为，夹持着各种不同用途刀具的刀架沿着机床的 X 坐标轴方向排列在横向滑板上。刀具的典型布置方式如图 2-29 所示。这种刀架在刀具布置和机床调整等方面都较为方便，可以根据具体工件的车削工艺要求，任意组合各种不同用途的刀具，一把刀具完成车削任务后，横向滑板只要按程序沿 X 轴移动预先设定的距离后，第二把刀就到达加工位置，这样就完成了机床的换刀动作。这种换刀方式迅速省时，有利于提高机床的生产效率。宝鸡机床厂生产的 CK7620P 全功能数控车床配置的就是排式刀架。

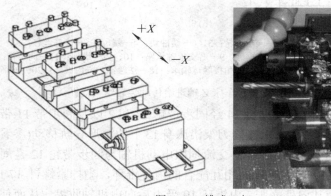

图 2-29　排式刀架

2．回转刀架

回转刀架是数控车床最常用的一种典型换刀装置，通过刀架的旋转、定位来实现机床的自动换刀动作，根据加工对象不同可设计成四方刀架、六方刀架或圆盘式刀架，并相应地安装 4 把、6 把或更多的刀具。由于数控车床的切削加工精度在很大程度上取决于刀尖位置，而且在加工过程中刀尖位置不能进行人工调整，因此，回转刀架在结构上必须有良好的强度和刚性，以及合理的定位结构，以保证回转刀架在每一次转位后，都具有较高的重复定位精度。

回转刀架是按数控装置发出的指令转位和换刀的，其换刀动作可分为接收数控装置指令、刀架松开、刀架转位、刀架锁紧和发出转位结束信号等几个步骤。回转刀架分度准确，定位可靠，重复定位精度高，转位速度快，可以保证数控车床高精度和高效率的要求。

回转刀架根据刀架回转轴与安装底面的相对位置，可分为立式刀架和卧式刀架两种。

1）四方形回转刀架

数控车床四方形回转刀架是立式刀架的一种，它是在普通车床四方刀架的基础上发展起来的一种自动换刀装置，刀架回转轴与安装底面垂直，也叫立式回转刀架，其功能和普通四方刀架一样：有四个刀位，能装夹四把不同功能的刀具，四方刀架回转 90° 时，刀具变换一个刀位，但四方刀架的回转和刀位号的选择是由加工程序指令控制的，而普通车床四方刀架是手动换位的。

如图 2-30 所示为四方形回转刀架的结构图，该刀架广泛应用于经济型数控车床。当机床执行加工程序中的换刀指令时，刀架自动转位换刀，其换刀过程如下：

(1) 刀架抬起。当数控装置发出换刀指令后，电动机 1 正转，经联轴器 2 带动蜗杆轴 3 转动，蜗杆轴 3 带动蜗轮 4 转动。蜗轮 4 的上部外圆柱加工有外螺纹，故又称该零件为蜗轮丝杠。刀架体 7 的内孔加工有螺纹，与蜗轮丝杠旋合。蜗轮丝杠内孔与刀架中心轴外圆是间隙配合，在转位换刀时，中心轴固定不动，蜗轮丝杠环绕中心轴旋转。当蜗轮开始转动时，由于刀架底座 5 与刀架体 7 上的端齿盘处在啮合状态，且蜗轮丝杠轴向固定，因此刀架逐渐抬起。

(2) 刀架转位。当刀架体抬至一定距离后，端面齿脱开，由于转位套 9 用销钉与蜗轮丝杠 4 连接，因此随蜗轮丝杠一起转动，当端面齿完全脱开时，转位套恰好转过 160°（如 A-A 剖面图所示），球头销 8 在弹簧力的作用下进入转位套 9 的槽中，带动刀架体转位。

(3) 刀架定位。刀架体 7 转动时，带着电刷座 10 一起转动，当转到程序指定的刀位时，粗定位销 15 在弹簧的作用下进入粗定位盘 6 的槽中进行粗定位，同时电刷 13、14 接触导通使电动机 1 反转。由于粗定位槽的限制，刀架体 7 不能转动，而是垂直向下移动，因此刀架体 7 和刀架底座 5 上的端面齿啮合而实现精确定位。

(4) 刀架夹紧。电动机继续反转，此时蜗轮停止转动，蜗杆轴 3 继续转动，当两端面齿的夹紧力增加到一定值时，在传感器的控制下，电动机停止转动。

译码装置由发信体 11 和电刷 13、14 组成，电刷 13 负责发信，电刷 14 负责位置判断。当刀架定位出现过位或不到位时，可松开螺母 12，调整发信体 11 与电刷 14 的相对位置。

这种刀架在经济型数控车床及普通车床数控化改造中得到了广泛的应用。

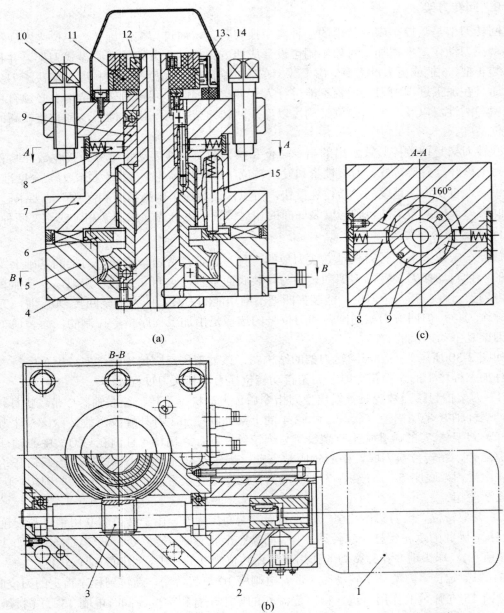

1—电动机；2—联轴器；3—蜗杆轴；4—蜗轮丝杠；5—刀架底座；6—粗定位盘；7—刀架体；
8—球头销；9—转位套；10—电刷座；11—发信体；12—螺母；13、14—电刷；15—粗定位销

图 2-30　数控车床四方形回转刀架结构

2) 盘形回转刀架

盘形回转刀架是卧式刀架的一种，它是数控车床普遍采用的刀架形式，刀架回转轴与安装底面平行，也叫卧式回转刀架。它通过刀架的旋转、分度、定位来实现机床的自动换刀工作。盘形回转刀架转位换刀过程为：当接收到数控系统的换刀指令后，刀盘松开→刀盘旋转到指令要求的刀位→刀盘夹紧并发出转位结束信号。全功能数控车床一般都采用

6~12 工位盘形回转刀架。盘形回转刀架按控制方式可分为纯电气控制盘形回转刀架和液压、电气系统联合控制盘形回转刀架。

（1）纯电气控制盘形回转刀架。图 2-31(a)为纯电气控制盘形回转刀架结构图，图 2-31(b)为 12 位、8 位刀盘布置图。

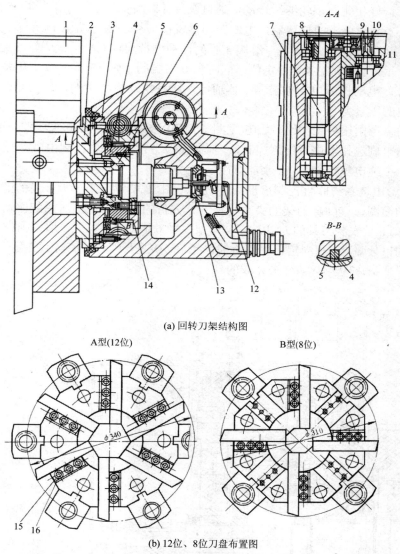

(a) 回转刀架结构图

A型(12位)　　　　　　　B型(8位)

(b) 12位、8位刀盘布置图

1—刀盘；2、3—鼠牙盘；4—滑块；5—蜗轮；6—轴；7—蜗杆；8、9、10—齿轮；11—电动机；12—微动开关；13—小轴；14—圆环；15—压板；16—楔铁

图 2-31　纯电气控制盘形回转刀架结构图

刀架的全部动作为纯电气控制，刀架换刀的具体过程如下：

刀架转位为机械传动，由鼠牙盘定位。电动机 11 尾部有电磁制动器，转位开始时，电磁制动器断电，电动机 11 通电，30 ms 以后制动器松开，电动机开始转动，通过齿轮 10、9、8 带动蜗杆 7 旋转，从而使蜗轮 5 转动。鼠牙盘 3 固定在刀架体上。蜗轮内孔有螺纹，与轴

6 上的螺纹旋合，蜗轮转动使得轴 6 沿轴向向左移动，因为刀盘 1 与轴 6、活动鼠牙盘 2 是固定在一起的，所以刀盘和鼠牙盘 2 也一起向左移动，直到鼠牙盘 2 与 3 脱开啮合。轴 6 上有两个相互对称的键槽，内装滑块 4(见 *B-B* 剖面图)。蜗轮 5 的右侧固定连接圆环 14，圆环左侧端面上有凸块，蜗轮带动圆环一起转动。在鼠牙盘 2、3 脱开啮合后，圆环 14 上的凸块与滑块 4 恰好相碰，蜗轮继续转动，通过圆环 14 上的凸块带动滑块 4、轴 6 及刀盘一起转位选刀，当到达要求的位置后，电刷选择器发出信号，使电动机 11 反转，则蜗轮 5 及圆环 14 反向旋转，圆环上的凸块与滑块 4 脱离，不再带动轴 6 转动；蜗轮 5 通过螺纹传动使轴 6 右移，鼠牙盘 2、3 啮合并定位。同时轴 6 右端的小轴 13 压下微动开关 12，发出转位结束的信号，电动机断电，电磁制动器通电，维持电动机轴上的反转力矩，以保证鼠牙盘之间有一定的压紧力。

刀具在刀盘上由压板 15 及楔铁 16(见图 2-31(b))来夹紧，更换和对刀都十分方便。刀架的刀位选择由电刷选择器进行检测控制，刀盘松开、夹紧的位置检测由微动开关 12 控制，整个刀架是一个纯电气控制系统，结构简单。

(2) 液压、电气系统联合控制盘形回转刀架。图 2-32 为液压、电气系统联合控制盘形回转刀架结构简图，该回转刀架的夹紧与松开、刀盘的转位均由液压系统驱动、PLC 顺序控制来实现。11 是安装刀具的刀盘，它与刀架主轴 6 固定连接。当刀架主轴 6 带动刀盘旋转时，其上的鼠牙盘 13 和固定在刀架上的鼠牙盘 10 脱开啮合，旋转到指定刀位后，刀盘的定位是靠鼠牙盘 13 与 10 啮合来完成的。

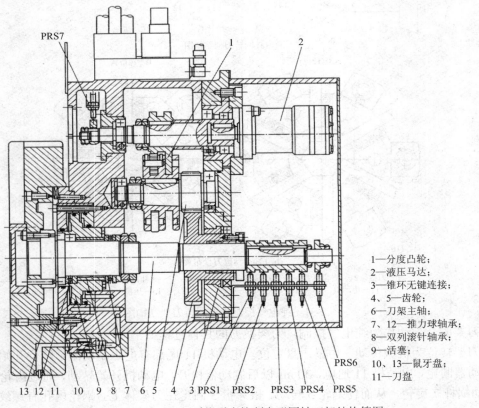

1—分度凸轮；
2—液压马达；
3—锥环无键连接；
4、5—齿轮；
6—刀架主轴；
7、12—推力球轴承；
8—双列滚针轴承；
9—活塞；
10、13—鼠牙盘；
11—刀盘

图 2-32　液压、电气系统联合控制盘形回转刀架结构简图

活塞 9 支承在一对推力球轴承 7 和 12 及双列滚针轴承 8 上，它可以通过推力球轴承带动刀架主轴移动。当接到换刀指令时，活塞 9 及刀架主轴 6 在压力油推动下向左移动，使鼠牙盘 13 与 10 脱开啮合，液压马达 2 启动带动平板共轭分度凸轮 1 转动，轻齿轮 5 和齿轮 4 带动刀架主轴 6 及刀盘旋转。刀盘旋转的准确位置，通过接近开关 PRS1、PRS2、PRS3、PRS4 的通断组合来检测确认。当刀盘旋转到指定的刀位后，接近开关 PRS7 通电，向数控系统发出信号，指令液压马达停止转动，这时压力油推动活塞 9 向右移动，使鼠牙盘 10 和 13 啮合，刀盘被定位夹紧。接近开关 PRS6 确认夹紧并向数控系统发出信号，于是刀架的转位换刀过程完成。

在机床自动工作状态下，数控系统可以通过内部的运算判断，实现刀盘就近转位换刀，即刀盘可正转也可反转。手动操作机床时，从刀盘方向观察，刀盘只能顺时针转动换刀。

宝鸡机床厂生产的 CJK6140H 系列经济型数控车床配置的是 4 工位立式刀架或 6 工位卧式刀架，CK75 系列全功能数控车床配置的是 8 工位或 12 工位卧式刀架。

3. 带刀库的自动换刀装置

上述排刀式刀架和回转刀架所安装的刀具都不可能太多，即使是装备两个刀架，对刀具的数目也有一定限制。当由于某种原因需要数量较多的刀具时，应采用带刀库的自动换刀装置。带刀库的自动换刀装置由刀库和刀具交换机构组成。数控车床上的这种换刀装置多采用刀具编码选刀方式，刀库可以是回转式或链式，容量为 10～30 把，通过机械手交换刀具。

2.4.5　数控车床的尾座

数控车床出厂时一般都配置有尾座，图 2-33 所示为液压尾座结构简图。尾座体由滑板带动移动。尾座体移动后，通过手动操作由螺栓、压板将其锁紧在床身上。

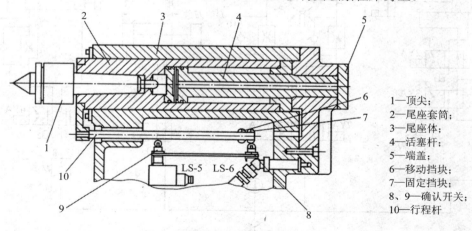

1—顶尖；
2—尾座套筒；
3—尾座体；
4—活塞杆；
5—端盖；
6—移动挡块；
7—固定挡块；
8、9—确认开关；
10—行程杆

图 2-33　数控车床液压尾座结构简图

顶尖 1 与尾座套筒 2 由锥孔连接，尾座套筒可带动顶尖一起移动。在机床自动工作循环中，可通过加工程序由数控系统控制尾座套筒移动。当数控系统发出尾座套筒伸出的指令后，液压电磁阀动作，压力油通过活塞杆 4 的内孔进入套筒液压缸的左腔，推动尾座套筒 2 伸出。当数控系统指令其退回时，压力油进入套筒液压缸的右腔，从而使尾座套筒退回。

尾座套筒移动的行程是靠调整套筒外部连接的行程杆 10 上面的移动挡块 6 来完成的。移动挡块 6 的位置在图 2-33 所示右端极限位置时，套筒的行程最长。当套筒伸出到位时，行程杆上的移动挡块 6 压下确认开关 9，向数控系统发出尾座套筒到位信号。当套筒退回时，行程杆上的固定挡块 7 压下确认开关 8，向数控系统发出套筒退回的确认信号。

在调整机床时，可以通过数控操作面板上的按钮，手动控制尾座套筒伸出、退回。在电路上，尾座套筒的动作与主轴互锁，即主轴转动时，按下尾座套筒退回按钮，套筒并不动作，只有在主轴停止状态下，尾座套筒才能退回，以保证安全。

2.5　数控车床的液压控制系统

数控车床液压卡盘的夹紧与松开、液压卡盘夹紧力的高低压转换、液压回转刀架的松开与夹紧、液压回转刀架的正转与反转和液压尾座套筒的伸出与退回等，都是由液压系统驱动的。液压系统中各电磁阀电磁铁的动作是由数控系统的 PLC 控制实现的。在这里我们将以 MJ-50 数控车床为例，分析数控车床液压控制系统。

1. 液压系统的原理及组成

如图 2-34 所示为 MJ-50 数控车床液压系统原理图。车床的液压系统采用变量泵为动力源，系统的最高压力由变量泵调定并保持，通常调整至 4 MPa，由压力表 14 显示。泵出口的压力油经过单向阀进入控制油路，再经减压阀、电磁换向阀、调速阀等控制元件控制卡盘、刀架和尾座的动作。

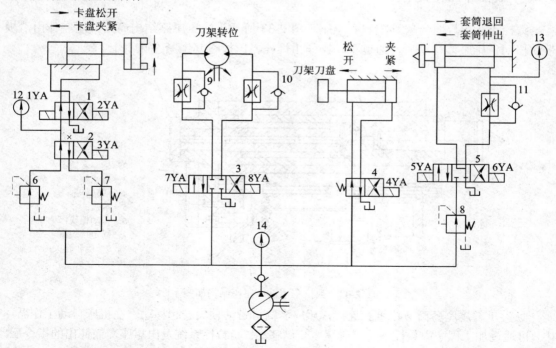

1～5—电磁换向阀；6～8—减压阀；9～11—调速阀；12～14—压力表

图 2-34　MJ-50 数控车床液压系统原理图

2. 液压卡盘动作的控制

液压卡盘的夹紧与松开，由二位四通电磁换向阀 1 控制。卡盘的高压夹紧与低压夹紧的转换，由电磁换向阀 2 控制。当卡盘处于正卡(也称为外卡)且在高压夹紧状态下，夹紧力的大小由减压阀 6 来调整，由压力表 12 显示卡盘压力。系统压力油经减压阀 6→电磁换向阀 2(左位)→电磁换向阀 1(左位)→液压缸右腔，推动活塞杆左移，卡盘夹紧。这时液压缸左腔的油液经电磁换向阀 1(左位)直接回油箱。反之，系统压力油经减压阀 6→电磁换向阀 2(左位)→电磁换向阀 1(右位)→液压缸左腔，推动活塞杆右移，卡盘松开。这时液压缸右腔的油液经电磁换向阀 1(右位)直接回油箱。当卡盘处于正卡且在低压夹紧状态下时，夹紧力大小由减压阀 7 来调整。系统压力油经减压阀 7→电磁换向阀 2(右位)→电磁换向阀 1(左位)→液压缸右腔，推动活塞杆左移，卡盘夹紧。反之，系统压力油经减压阀 7→电磁换向阀 2(右位)→电磁换向阀 1(右位)→液压缸左腔，推动活塞杆右移，卡盘松开。

3. 回转刀架动作的控制

回转刀架换刀时，首先是刀盘松开，之后刀盘就近转位到指定的刀位，最后刀盘复位夹紧。刀盘的夹紧与松开，由二位四通电磁换向阀 4 控制。系统压力油经电磁换向阀 4(右位)进入回转刀架油缸右腔中，推动活塞向左移动，刀盘松开。这时回转刀架油缸左腔的油液经电磁换向阀 4(右位)直接回油箱。刀盘的旋转有正转和反转两个方向，它由三位四通电磁换向阀 3 控制，系统压力油经电磁换向阀 3(左位)→调速阀 9→液压马达，驱动刀架正转。若系统压力油经电磁换向阀 3(右位)→调速阀 10→液压马达，则驱动刀架反转。刀盘转到指定刀位后，系统压力油经电磁换向阀 4(左位)进入回转刀架油缸左腔中，推动活塞向右移动，刀盘夹紧。这时回转刀架油缸右腔的油液经电磁换向阀 4(左位)直接回油箱。

4. 尾座套筒动作的控制

尾座套筒的伸出与退回由三位四通电磁换向阀 5 控制，套筒伸出工作时的预紧力大小通过减压阀 8 来调整，并由压力表 13 显示。系统压力油经减压阀 8→电磁换向阀 5(左位)→液压缸左腔，推动套筒伸出。这时液压缸右腔油液经调速阀 11→电磁换向阀 5(左位)回油箱。反之，系统压力油经减压阀 8→电磁换向阀 5(右位)→调速阀 11→液压缸右腔，推动套筒退回。这时液压缸左腔的油液经电磁换向阀 5(右位)直接回油箱。

通过上述对 MJ-50 数控车床液压控制系统的分析，得出数控车床液压控制系统的特点为：

(1) 数控车床控制的自动化程度要求较高，对动作的顺序要求较严格，并有一定的速度要求。液压系统一般由数控系统的 PLC 或 CNC 来控制，所以动作顺序直接用电磁换向阀切换来实现。

(2) 由于数控车床的主运动和进给运动大多采用伺服机构控制，液压系统的执行元件主要承担各种辅助功能，虽其载荷变化幅度不是太大，但要求稳定，因此常采用减压阀来保证支路压力的恒定。

2.6 车 削 中 心

◆◆◆◆◆◆◆◆◆◆◆◆◆◆◆◆◆◆◆◆◆◆◆◆◆◆◆◆◆

在数控车床上一般仅限于加工类似于本项目中典型零件 1 至典型零件 4 的零件，或者说是限于回转体表面的加工。实际上有许多回转体工件，除了加工内、外回转表面之外，还有铣平面、铣键槽、钻轴向孔、钻径向孔及加工轴向或径向螺纹孔等工序内容。如典型零件 5，其加工过程既有车削加工又有铣削加工和钻削加工。在另外一些情况下，由于零件的加工精度要求很高，不允许多次定位装夹，同时需要车、铣、钻等多工序加工，所以为了满足这些零件的加工要求，在数控车床的基础上又发展出了车削中心。

车削中心就是把车、铣、钻等工序集中到一台机床上来完成，打破了传统的工序界限，满足了高精度和高效率的加工要求。车削中心的主要特征是机床主轴可以分度和做圆周进给，回转刀架上除了安装车削刀具外，同时还安装有用于钻削和铣削的自驱动刀具。

车削中心是一种多工序加工机床，它是数控车床在扩大工艺范围方面的发展。它对于降低成本、缩短加工周期、保证加工精度等都具有重要意义，特别是对重型零件，更能显示其优点，因为重型零件吊装不易。

2.6.1　车削中心的工艺范围

在车削中心上，工件一次安装，能自动完成车削、铣平面、铣键槽、铣螺旋槽及钻轴向孔、径向孔、攻螺纹等工艺内容，有效地提高了生产效率，进而提高了数控车削的柔性化和自动化水平。为了便于深入理解车削中心的结构原理，如图 2-35 所示，车削中心除对工件进行车削加工外，还可以进行铣削、轴向或径向钻削和攻螺纹等加工。

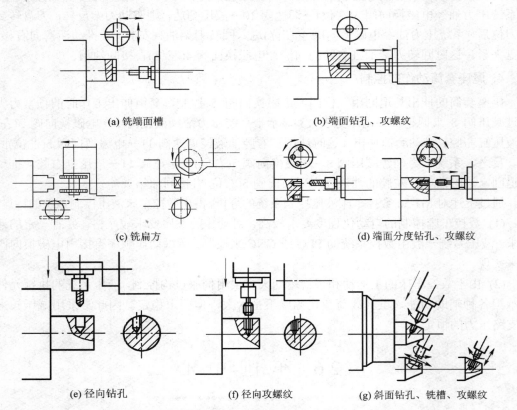

(a) 铣端面槽　　　　　　　　　　(b) 端面钻孔、攻螺纹

(c) 铣扁方　　　　　　　　　　(d) 端面分度钻孔、攻螺纹

(e) 径向钻孔　　　　　(f) 径向攻螺纹　　　　(g) 斜面钻孔、铣槽、攻螺纹

图 2-35　车削中心铣削、钻削和攻螺纹等加工示意图

如图 2-35(a)所示为铣端面槽。加工时，机床主轴不转，装在回转刀架上的自驱动刀具的铣削头带动铣刀旋转。铣削端面槽时，根据槽的分布位置不同，机床可做不同的运动。

(1) 当端面槽为直线槽时，机床主轴不转，回转刀架带动铣刀做 X 向进给或 Z 向进给，有以下三种情况：① 端面槽位于端面中央，则刀架带动铣刀做 X 向进给，通过工件中心；② 端面槽不在端面中央，则铣刀 Y 向偏置；③ 端面不只一条槽，则需机床主轴带动工件分度，刀架带动铣刀逐个槽铣削。

(2) 当端面槽为圆弧槽时，则铣刀旋转，机床主轴带动工件做圆周进给。如图 2-35(b) 所示为端面钻孔、攻螺纹，且孔的中心与主轴中心重合，主轴或刀具旋转，刀架做 Z 向进给。图 2-35(c)所示为铣扁方，机床主轴不转，回转刀架上的铣削头带动铣刀旋转，可以做 Z 向进给，也可做 X 向进给；如果加工多边形，则需主轴带动工件分度。如图 2-35(d)所示为端面分度钻孔、攻螺纹，装有钻头或丝锥的自驱动刀具旋转并随刀架做 Z 向进给，每加工完一个孔，主轴带动工件分度。如图 2-35(e)、(f)、(g)所示为径向或在斜面上钻孔、铣槽、攻螺纹等。除图 2-35 所列情形外，车削中心还可以铣削螺旋槽。

2.6.2 车削中心的 C 轴

与数控车床相比，车削中心的加工工艺范围更宽，一是由于车削中心的回转刀架上安装有自驱动刀具，能对工件进行铣削、钻削和攻螺纹等工步的加工，二是主轴具备 C 轴功能，即机床主轴的旋转除实现车削的主运动外，还可做分度运动(即定向停车)或圆周进给运动，并在数控装置的伺服控制下，实现 C 轴和 X 轴的联动，或 C 轴和 Z 轴的联动，以进行圆柱面上或端面上任意部位的钻削、铣削、攻螺纹及平面或曲面铣削加工。图 2-36 所示为 C 轴功能与伺服控制。如图 2-36(a)所示，当 C 轴定向时，刀具沿 X 轴进给铣削端面上的槽，刀具沿 Z 轴进给铣削圆柱面上的槽；如图 2-36(b)所示，当主轴做圆周进给时，C 轴与 Z 轴联动，可以铣削零件上的螺旋槽；如图 2-36(c)所示，C 轴与 X 轴联动，可以铣削零件上端面上的圆弧槽；如图 2-36(d)所示，C 轴与 X 轴联动，可以在圆柱体表面上铣削平面。

车削中心在加工过程中，驱动 C 轴进给的伺服电动机与驱动车削主运动的主电动机是互锁的。也就是说，当 C 轴进行分度或圆周进给时，脱开主电动机，接合 C 轴伺服电动机；当进行普通车削时，脱开 C 轴伺服电动机，接合主电动机。

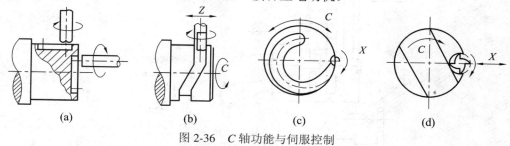

(a)   (b)   (c)   (d)

图 2-36 C 轴功能与伺服控制

2.6.3 车削中心的主传动系统

车削中心的主传动系统包括了主轴的旋转运动和 C 轴的传动控制，典型的车削中心 C 轴的传动控制包括采用可啮合和脱开的精密蜗轮副传动结构、经滑移齿轮控制的 C 轴传动结构和由安装在伺服电动机轴上的滑移齿轮控制的 C 轴传动结构。目前，C 轴的传动控制多采用带 C 轴功能的主轴电动机直接进行分度和定位。

下面介绍几种典型的传动系统。

1. 精密蜗轮副 C 轴结构

如图 2-37 所示为 MOC200MS3 型车削柔性加工单元 C 轴传动及主传动系统简图。C 轴的分度和伺服控制采用可啮合和脱开的精密蜗轮副结构，它由 C 轴伺服电动机 8 驱动的蜗杆 1 及主轴 2 上的蜗轮 3 组成。当机床处于铣削和钻削状态时，即主轴需要通过 C 轴分度或对圆周进给进行伺服控制时，蜗杆 1 与蜗轮 3 啮合。该蜗杆蜗轮副由一个可固定的精确调整滑块来调整，以消除啮合间隙。C 轴的分度精度由脉冲编码器 7 来保证。

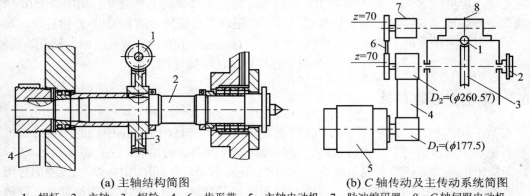

(a) 主轴结构简图　　　　　　　　(b) C 轴传动及主传动系统简图

1—蜗杆；2—主轴；3—蜗轮；4、6—齿形带；5—主轴电动机；7—脉冲编码器；8—C 轴伺服电动机

图 2-37　MOC200MS3 的 C 轴传动及主传动系统简图

2. 经滑移齿轮控制的 C 轴传动

如图 2-38 所示为 CH6144 型车削中心的 C 轴传动系统简图。该部件由主轴箱和 C 轴控制箱两部分组成。

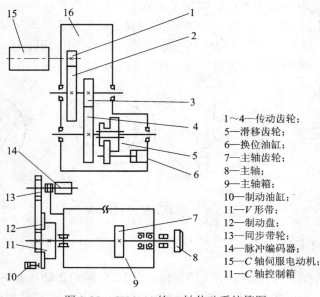

1~4—传动齿轮；
5—滑移齿轮；
6—换位油缸；
7—主轴齿轮；
8—主轴；
9—主轴箱；
10—制动油缸；
11—V 形带；
12—制动盘；
13—同步带轮；
14—脉冲编码器；
15—C 轴伺服电动机；
11—C 轴控制箱

图 2-38　CH6144 的 C 轴传动系统简图

当主轴处在一般车削状态时，换位油缸 6 使滑移齿轮 5 与主轴齿轮 7 脱离啮合，制动油缸 10 脱离制动，主轴电动机通过 V 形带驱动带轮 11 使主轴 8 旋转。当主轴需要 C 轴控制做分度或进给回转时，主轴电动机处于停止状态，齿轮 5 与齿轮 7 啮合。在制动油缸 10 未制动状态下，C 轴伺服电动机 15 根据指令脉冲值旋转，通过 C 轴变速箱变速，经齿轮 5、7 使主轴分度，然后制动油缸 10 工作使主轴制动。当进行铣削加工时，除制动油缸 10 不制动主轴外，其他动作与上述相同，此时主轴按指令做缓慢的连续旋转进给运动。

如图 2-39 所示为 S3-317 型车削中心的 C 轴传动系统图。其 C 轴传动也是通过安装在伺服电动机轴上的滑移齿轮带动主轴旋转的，可以实现主轴旋转进给和分度。当不用 C 轴传动时，伺服电动机 1 轴上的滑移齿轮 2 脱开，主轴 3 由主电动机带动(图中未画)。为了防止主传动与 C 轴传动之间产生干涉，在伺服电动机轴上的滑移齿轮的啮合位置装有检测开关(图中未画)，利用开关的检测信号来识别主轴的工作状态，当 C 轴工作时，主轴电动机就不能启动。主轴分度是采用安装在主轴上的三个 120 齿的分度齿轮 4 来实现的。三个齿轮分别错开 1/3 个齿距，以实现主轴的最小分度值 1°。主轴 3 定位靠一个带齿的插销连杆 5 来实现，定位后通过压紧油缸 6 压紧。三个油缸分别配合三个连杆协调动作，用电气系统实现自动控制。

C 轴功能除了以上介绍的用伺服电动机通过机械结构实现外，还可以用带 C 轴功能的主轴电动机直接进行分度和定位。

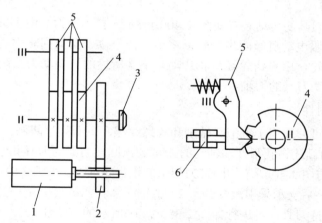

1—C 轴伺服电动机；2—滑移齿轮；3—主轴；4—分度齿轮；5—插销连杆；6—压紧油缸

图 2-39 S3-317 的 C 轴传动系统简图

2.6.4 车削中心自驱动刀具的典型结构

自驱动刀具是指那些具备独立驱动源的刀具。车削中心的自驱动刀具一般是由动力源、变速传动装置和刀具附件组成的，刀具附件包括钻削附件和铣削附件等。自驱动刀具的主轴伺服电动机(动力源)，通过变速传动机构驱动装在刀架上的刀具主轴旋转，并控制刀具主轴无级变速。

如图 2-40 所示为车削中心配备的可以安装自驱动刀具，并具有自驱动动力的回转刀架。图 2-40(a)为自驱动动力回转刀架外形，图 2-40(b)为传动示意图。刀盘上既可以安装各种非动力刀夹夹持刀具进行车削加工，还可以安装自驱动刀具进行主动切削，完成铣、钻、镗等各种复杂工序加工。作为动力源的交流伺服电机通过同步齿形带、齿轮变速传动装置和刀具附件，驱动刀具回转，实现主动切削。

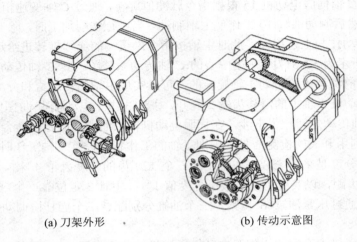

(a) 刀架外形　　　　　　　　　　　(b) 传动示意图

图 2-40　自驱动动力回转刀架

1. 变速传动装置

车削中心自驱动刀具的传动装置如图 2-40(b)所示。自驱动刀具的主轴伺服电动机安装在回转刀架体上，伺服电动机经同步带轮，将动力传至位于刀架回转中心的空心轴上，空心轴的前端是中央齿轮，中央齿轮经齿轮传动与下文所述的自驱动刀具附件相连接，将动力和运动传递给自驱动刀具的刀轴。

2. 自驱动刀具附件

自驱动刀具附件可分别用于铣削、钻削和攻螺纹等，下面列举两例。

如图 2-41 所示为高速钻孔附件。轴套的 A 部装入回转刀架的刀具孔中。刀具主轴 3 的右端装有锥齿轮 1，与图 2-40 所示的回转刀架中的锥齿轮啮合。主轴 3 的前支承(左端)采用三个角接触球轴承 4，后支承采用滚针轴承 2。主轴端部有弹簧夹头 5，拧紧夹头外面的套，利用锥面的夹紧力夹持刀具，可进行如图 2-35(e)、(f)所示的方式加工。

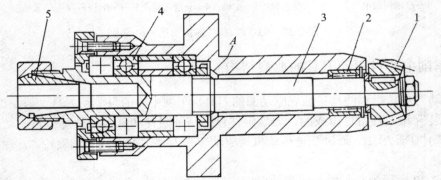

1—锥齿轮；2—滚针轴承；3—主轴；4—角接触球轴承；5—弹簧夹头

图 2-41　高速钻孔附件

　　如图 2-42 所示为铣削附件，分为两部分。图 2-42(a)所示为中间传动装置，仍由轴套的 *A* 部装入回转刀架的刀具孔中，锥齿轮 1 与图 2-40 所示的回转刀架中的锥齿轮啮合。运动经轴 2 左端的锥齿轮副 3、横轴 4 和圆柱齿轮 5 传至图 2-42(b)中铣主轴 7 上的齿轮 6，铣主轴 7 上装有锯片铣刀 8。中间传动装置连同铣主轴一起旋转，从而带动铣刀旋转。在图 2-42(a) 中 *B-B* 处可以安装铣主轴或其他钻孔或攻螺纹刀具主轴。显然，在图 2-42(a)中 *B-B* 处安装的刀具附件与回转刀架的刀具孔中直接安装的刀具附件，二者的主轴轴线在空间相差 90°， 可以分别进行平行于 *X* 轴的加工和平行于 *Z* 轴的加工。如铣主轴换成钻孔、攻螺纹主轴， 则可进行如图 2-35(b)、(d)所示的方式加工。

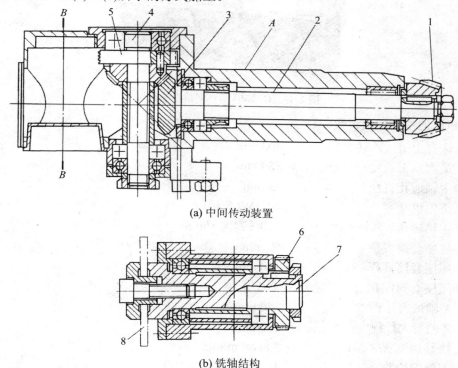

(a) 中间传动装置

(b) 铣轴结构

1—锥齿轮；2—轴；3—锥齿轮副；4—横轴；5—圆柱齿轮；6—齿轮；7—铣主轴；8—锯片铣刀

图 2-42　铣削附件

2.7　典型数控车床介绍

2.7.1　CAK40 经济型数控车床

1. 机床的布局及结构特点

　　如图 2-43 所示的车床为沈阳第一机床厂生产的 CAK40 经济型数控车床。该数控车床刀架为立式四方回转刀架，进给系统为交流伺服驱动，主轴可实现无级调速与恒速切削， 能自动控制对零件的内外圆柱面、端面、任意锥面及螺纹切削等工序的连续加工。该数控车床结构简单、价格低廉，适用于多品种、中小批量轴类及盘类零件的加工，同时也适用于各类大中专院校进行机电一体化教学。

图 2-43   CAK40 经济型数控车床

2．机床的主要技术参数

床身上最大回转直径	400 mm
最大加工长度	850 mm
主轴通孔直径	53 mm
主电机功率	7.5 kW(变频)
主轴转速	150～2400 r/min
尾座套筒直径	60 mm
尾座套筒行程	140 mm
尾座套筒锥孔	莫氏 4 号
X 轴最大行程	220 mm
Z 轴最大行程	1000 mm
快移速度(X/Z 轴)	3.8/7.8 m/min
刀架刀位数	4
刀具安装尺寸	20 mm × 20 mm
X/Z 轴重复定位精度	0.007/0.01 mm
加工精度	IT6～IT7
机床外形尺寸(长×宽×高)	2490 mm × 1360 mm × 1510 mm

2.7.2   MJ-50 全功能卧式数控车床

1．MJ-50 数控车床的用途及布局

MJ-50 型数控车床是济南第一机床厂与美国 MMT 公司联合设计开发的产品。该产品具有精度保持性好、刚性强、可靠性和安全性高及易操作、易维修等特点，大量出口工业发达国家，受到用户的广泛青睐。该机床可以根据用户的需要，提供日本 FANUC-0TE 或德国 SIEMENS 数控系统。

1) MJ-50 数控车床的用途

MJ-50 数控车床主要用来加工轴类零件的内外圆柱面、圆锥面、螺纹表面、成型回转体表面等，对于盘类零件可进行钻孔、扩孔、铰孔、镗孔等加工。机床还可以完成车端面、切槽、倒角等加工。

2) MJ-50 数控车床的布局

MJ-50 数控车床为两轴联动的全功能卧式数控车床。图 2-44 为 MJ-50 数控车床的外观图。床身 14 为平床身，床身导轨面上支承着 30°倾斜布置的滑板 13，排屑方便。导轨的横截面为矩形，支承刚性好，且导轨上配置有导轨防护罩。床身的左上方安装有主轴箱 4，主轴由交流伺服电动机经 1：1 带传动直接驱动主轴，结构十分简单。主轴卡盘 3 的夹紧与松开是由主轴尾部的液压缸来控制的。

床身右上方安装有尾座 12。该机床有两种可配置的尾座，一种是标准尾座，另一种是液压驱动的尾座。

滑板的倾斜导轨上安装有回转刀架 11，其刀盘上有 10 个工位，最多安装 10 把刀具。滑板上分别安装有 X 轴和 Z 轴的进给传动装置。

根据用户的需要，主轴箱前端面上可以安装对刀仪 2，用于机床的机内对刀。检测刀具时，对刀仪转臂 9 摆出，其上端的接触式传感器测头对所用刀具进行检测。检测完成后，对刀仪转臂摆回图 2-44 中所示的原位，且测头被锁在对刀仪防护罩 7 中。

10 是操作面板，5 是机床防护门，可以配置手动防护门，也可以配置气动防护门。液压系统的压力由压力表 6 显示。1 是控制主轴卡盘夹紧与松开的脚踏开关。

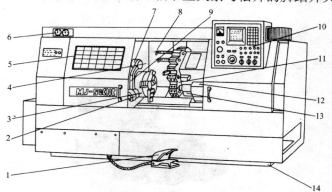

1—脚踏开关；2—对刀仪；3—主轴卡盘；4—主轴箱；5—机床防护门；
6—压力表；7—对刀仪防护罩；8—防护罩；9—对刀仪转臂；
10—操作面板；11—回转刀架；12—尾座；13—滑板；14—床身

图 2-44　MJ-50 全功能卧式数控车床外观图

2. MJ-50 数控车床的主要技术参数

床身上最大回转直径	500 mm
最大切削直径	310 mm
最大切削长度	650 mm
主轴转速	35～3500 r/min(连续无级)
恒扭矩	35～437 r/min
恒功率	437～3500 r/min

主轴通孔直径	80 mm
拉管通孔直径	65 mm
刀架有效行程	X 轴 182 mm；Z 轴 675 mm
快速移动速度	X 轴 10 m/min；Z 轴 15 m/mim
安装刀具数量	10 把
刀具规格	车刀 25 mm×25 mm；镗刀杆 ϕ 12 mm～ϕ 45 mm
选刀方式	刀盘就近转位
分度时间	单步 0.8 s；180° 2.2 s
尾座套筒直径	90 mm
尾座套筒行程	130 mm
主轴伺服电动机功率	11/15 kW(连续/30 min 超载)
进给伺服电动机功率	X 轴 0.9 kW(交流)；Z 轴 1.8 kW(交流)
加工精度	IT5～IT6
机床外形尺寸(长×宽×高)	2995 mm×1667 mm×1796 mm

2.7.3 数控立式轮毂车床

1. 机床的布局及结构特点

如图 2-45 所示的车床为沈阳第一机床厂生产的数控立式轮毂车床。该车床采用单主轴、双刀架结构，工件安装在工作台上随主轴一起旋转，适于加工径向尺寸较大的汽车轮毂零件。

图 2-45 数控立式轮毂车床

该车床左侧和右侧的回转刀架各有 6 个刀位，可安装外圆车刀、镗孔刀、切槽刀等 12 把刀具，工件被夹持在工作台上的轮毂卡盘中，工作台为双工位旋转交换工作台，装卸工件的时间与切削时间重合，具有较高的生产效率和加工精度。

2. 机床的主要技术参数

最大回转直径	750 mm
最大工件高度	295 mm
主轴转速	50～2500 r/min
主轴最大扭矩	570 N·m
主电机功率	37/45 kW

轮毂卡盘规格	16～22 英寸
X/Z 轴快移速度	15/15 m/min
X/Z 轴行程	575/525 mm
X/Z 轴定位精度	0.012/0.016 mm
X/Z 轴重复定位精度	0.006/0.008 mm
加工精度	IT6～IT7
加工工件表面粗糙度	Ra 1.6 μm
外圆车刀尺寸	25 mm × 25 mm；32 mm × 32 mm
镗刀杆直径	ϕ 40 mm～ϕ 50 mm
机床外形尺寸(长 × 宽 × 高)	4888 mm × 3317 mm × 3580 mm

2.7.4　倒置式数控车床

1．倒置式数控车床的布局

图 2-46 为德国埃马克公司(EMAG)生产的 VL3 倒置式数控车床的外观图，为了便于观察，图中去掉了机床防护板。倒置式数控车床的布局既不同于卧式车床也不同于立式车床，主要特征是采用倒立式主轴，即主轴的安装位置垂直向下，由主轴移动完成工件的装卸。该机床主要由床身、主轴单元、盘形回转刀架、环形数控输送带、机床操纵台、冷却系统、液压系统及电气系统等组成。

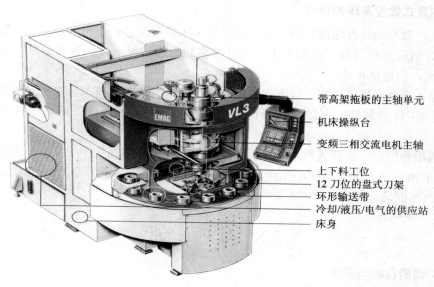

带高架拖板的主轴单元
机床操纵台
变频三相交流电机主轴
上下料工位
12 刀位的盘式刀架
环形输送带
冷却/液压/电气的供应站
床身

图 2-46　VL3 倒置式数控车床的外观图

如图 2-47 所示，VL3 倒置式数控车床带有环形数控输送带 5，毛坯 1 放置在工件架 7 内，通过环形数控输送带 5 送至待加工工位。之后主轴箱 2 移动，由主轴前端的卡盘 3 抓取并夹紧工件 4，主轴将工件运至图示的加工区。机床工作时，主轴随高架拖板移动实现 X 轴和 Z 轴的进给运动。加工结束后，再由主轴将工件放回环形数控输送带 5 上的工件架 7 内，并更换下一个毛坯。图 2-48 所示为主轴移动到待加工工位后装卸工件。

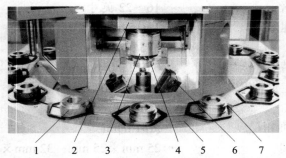

1—毛坯；2—主轴箱；3—卡盘；4—工件；5—环形输送带；6—盘形回转刀架；7—工件架

图 2-47　VL3 倒置式数控车床外观图局部

图 2-48　主轴装卸工件

2．倒置式数控车床的特点

(1) 生产效率高、占地面积小。倒置式数控车床的自动装卸料时间短，生产效率高，加工精度高，机床运行可靠。在加工工件尺寸规格相近的情况下，倒置式数控车床和卧式数控车床相比，占地面积小。

(2) 操作方便、排屑理想。与卧式数控车床相比，倒置式数控车床由于主轴倒置，而且能自动完成工件的装卸，所以机床操作方便省力。在加工区域内，切屑垂直下落，排屑理想。

(3) 适用范围广。倒置式数控车床可用在批量小、品种多的生产中。由于机床具备数控输送带和主轴自动上下料功能，生产效率高，因此又适合于大批量生产，例如用于汽车制造厂及与汽车制造厂配套的生产厂。

2.8　实　　训

1．实训的目的与要求

(1) 对照实物了解数控车床的分类、组成及布局。

(2) 通过实训熟悉数控车床的组成，理解并掌握数控车床主传动系统、进给传动系统、刀架、尾座及液压控制系统的结构和原理。

2．实训仪器与设备

全功能数控车床一台，液压动力卡盘一套，液压尾座、方刀架和盘形回转刀架各一台。

3．相关知识概述

(1) 数控车床的组成及布局。

(2) 液压动力卡盘的工作原理。

(3) 回转刀架的工作原理。

(4) 液压尾座的工作原理。

4．实训内容

(1) 观看各类数控车床的加工演示。

(2) 拆除全功能数控车床防护罩，仔细观察数控车床的组成和布局。

(3) 仔细观察全功能数控车床的主传动系统和进给传动系统的运动。

(4) 拆装液压动力卡盘、回转刀架、液压尾座，了解其内部结构，掌握其工作原理。

5．实训报告

(1) 写出观看各类数控车床加工演示的感受。

(2) 分析全功能数控车床的结构和布局。

(3) 画出全功能数控车床的主传动和进给传动的传动路线。

(4) 用文字说明液压动力卡盘、回转刀架、液压尾座的结构、原理与工作过程。

按照上述实训内容的过程顺序写出实训报告。

2.9 自 测 题

◆◇◆◇◆◇◆◇◆◇◆◇◆◇◆◇◆◇◆◇◆◇◆◇◆◇

1．判断题(请将判断结果填入括号中，正确的填"√"，错误的填"×")

(1) 数控车床可以车削公制螺纹、英制螺纹、圆柱管螺纹和圆锥螺纹，但是不能车削多头螺纹。 (　　)

(2) 数控车床刀架的快速移动和进给移动为不同传动路线。(　　)

(3) 数控车床的每个进给运动都会由一个相应的可调速电动机驱动。(　　)

(4) 数控车床主轴编码器的作用是防止车削螺纹时乱扣。(　　)

(5) 数控车床部分或全部取消了主轴箱内的齿轮传动，主轴箱的结构较为简单。(　　)

(6) 车削中心必须配备自驱动动力回转刀架。(　　)

2．选择题(请将正确答案的序号填写在括号中)

(1) 数控车床与普通车床相比在结构上差别最大的部件是(　　)。

    A. 主轴箱　　　　B. 床身　　　　　C. 进给传动部件　　　　D. 刀架

(2) 中等规格的数控车床其床身的倾斜度以_____为宜。

    A. $30°$　　　　B. $45°$　　　　C. $60°$　　　　D. $75°$

(3) 机械加工中应用最广泛的数控车床为_____数控车床。

    A. 立式　　　　B. 卧式　　　　C. 倒置式　　　　D. 车削中心式

(4) 数控车床的主轴上没有安装主轴编码器，就不能进行_____。

    A. 圆柱面车削　　B. 端面车削　　C. 圆弧面车削　　　D. 螺纹车削

(5) 四方形回转刀架的换刀过程为(　　)。

    A. 刀架抬起→刀架转位→刀架定位→刀架夹紧

    B. 刀架抬起→刀架定位→刀架转位→刀架夹紧

    C. 刀架抬起→刀架转位→刀架夹紧→刀架定位

    D. 刀架夹紧→刀架转位→刀架定位→刀架抬起

3. 名词解释

(1) 液压动力卡盘

(2) C 轴功能

(3) 自驱动刀具

4. 问答题

(1) 数控车床与普通车床相比在性能、结构方面各有什么特点？

(2) 分析中、小型数控车床多采用平床身斜滑板布局的原因。

(3) 数控车床是如何实现车削螺纹功能的？

(4) 简述数控车床液压动力卡盘的结构及原理。

(5) 分析数控车床液压回转刀架的工作原理及换刀过程。

(6) 车削中心区别于普通数控车床的特征是什么？

(7) 简述车削中心自驱动刀具的组成、传动原理及结构特点。

(8) 倒置式数控车床的布局结构有何特点？

项目 3 数控铣床

3.1 技能解析

(1) 熟悉数控铣床的分类、组成、布局及工艺范围,掌握数控铣床主传动系统、进给传动系统及液压控制系统的结构和原理,了解几种典型的数控铣床。

(2) 通过实训熟悉数控铣床的组成。

3.2 项目的引出

典型零件 1:

如图 3-1 所示的零件为典型的平面轮廓类零件。这类零件是指加工面平行或垂直于水平面,以及加工面与水平面的夹角为一定值的零件,像各种盖板、凸轮以及飞轮整体结构件中的框、肋等。这类加工面可展开为平面。平面类零件是数控铣削加工中最简单的一类零件,一般只需用三坐标数控铣床的两坐标联动(即两轴半坐标联动)就可以把它们加工出来。

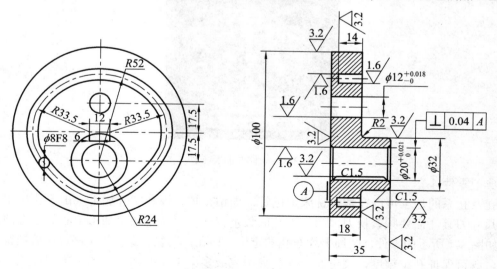

图 3-1 平面轮廓类零件

典型零件 2：

如图 3-2 所示零件的加工面是一种直纹曲面。直纹曲面类零件是指由直线依某种规律移动所产生的曲面类零件。当直纹曲面从截面(1)至截面(2)变化时，其与水平面间的夹角从 3°10' 均匀变化为 2°32'，从截面(2)到截面(3)时，夹角又均匀变化为 1°20'，最后到截面(4)，夹角均匀变化为 0°。直纹曲面类零件的加工面不能展开为平面。这类零件在加工时，加工面与铣刀圆周接触的瞬间为一条直线，最好采用四坐标、五坐标数控铣床摆角加工，也可在三坐标数控铣床上采用行切加工法实现近似加工。

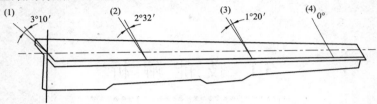

图 3-2　直纹曲面类零件

典型零件 3：

图 3-3 所示零件为立体曲面类零件，这类零件的加工面为空间曲面，不能展成平面，一般使用球头铣刀切削，加工面与铣刀始终为点接触，若采用其他刀具加工，易产生干涉而铣伤邻近表面。加工立体曲面类零件一般使用多坐标数控铣床。在多轴加工中，不仅需要计算出点位坐标数据，更需要得到坐标点上的矢量方向数据，这个矢量方向在加工中通常用来表达刀具的刀轴方向，这就对人们的计算能力提出了挑战。目前这项工作最经济的解决方案是通过计算机和 CAM 软件来完成。

在普通铣床上较难加工的内螺纹、外螺纹、圆柱螺纹、圆锥螺纹、沟槽、齿轮及其他成型表面等也都可以在数控铣床上加工。

图 3-3　立体曲面类零件

典型零件 4：

孔及孔系的加工可以在数控铣床上进行，如钻、扩、铰和镗等加工。由于孔加工多采用定尺寸刀具，需要频繁换刀，当加工孔的数量较多时，就不如用加工中心加工方便、快捷。如图 3-4 所示的零件，圆周上均布孔的定位、钻孔、攻丝、锪孔等工序，在数控铣床上完成，既可保证孔位精度，又可在一次装夹中完成多个工序的加工。如果采用加工中心加工，则效果更佳。

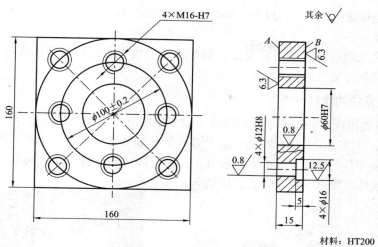

图 3-4 孔系零件

从典型零件 1 至典型零件 4，有的形状复杂，有的加工要求较高，若采用普通铣床加工则生产效率较低。采用数控铣床加工，可轻松完成较复杂形状的加工，同时满足较高的精度要求，提高生产效率。

3.3 数控铣床概述

3.3.1 数控铣床的工艺范围

铣削加工是机械加工中最常用的加工方法之一，它主要包括平面铣削和内、外轮廓铣削，也可以对零件进行钻、扩、铰、镗、锪加工及螺纹加工等。

数控铣床是一种具有普通铣床功能的数控机床，除了能铣削普通铣床所能铣削的各种零件表面外，还能铣削普通铣床不能铣削的需要多坐标联动的各种平面轮廓和三维空间轮廓。数控铣床主要适用于加工各种复杂曲线的凸轮、样板、靠模、模具和弧形槽等平面曲线的轮廓。为扩大加工范围，还可以增加数控分度头或数控回转工作台，以增加一个回转的 A 坐标或 C 坐标，实现四坐标或五坐标联动。多坐标联动的数控铣床不仅可以用来加工螺旋槽、叶片等空间曲面，而且还能对箱体类零件实现一次安装中的"多面加工"。此外，从机床运动特点来看，数控铣床也可进行钻、扩、铰、攻螺纹、镗等孔系加工，还可以加工分齿零件(齿轮，花键轴等)及各种曲面，工艺性广，加工效率和位置精度都比较高。

通常数控铣床和加工中心在结构、工艺和编程等方面类似。特别是全功能数控铣床与加工中心相比，区别主要在于数控铣床没有自动刀具交换装置(ATC，Automatic Tools Changer)及刀具库，只能用手动方式换刀，而加工中心因具备 ATC 及刀具库，故可将使用的刀具预先安排存放于刀具库内，可在程序中通过换刀指令，实现自动换刀。

3.3.2 数控铣床的分类

一般的数控铣床是指规格较小的升降台式数控铣床，其工作台宽度多在 400 mm 以下，规格较大的数控铣床(如工作台宽度在 500 mm 以上的),其功能已向加工中心靠近,进而演变成柔性加工单元。

随着数控铣床制造技术的不断发展,数控铣床形成了多品种、多规格的局面,因而也出现了多种不同的分类方法。

1. 按数控系统的功能分类

(1) 经济型数控铣床。经济型数控铣床一般采用经济型数控系统,如 SIEMENS 802s 等采用开环控制,可以实现三坐标联动。这种数控铣床成本较低,功能简单,加工精度不高,适用于一般复杂零件的加工。该机床一般有工作台升降式和床身式两种类型。图 3-5 为工作台升降式数控铣床,图 3-6 为床身式数控铣床。

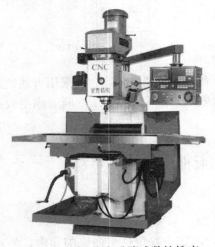

图 3-5　工作台升降式数控铣床

图 3-6　床身式数控铣床

(2) 全功能数控铣床。全功能数控铣床也被称为普及型数控铣床,这类数控铣床通常采用半闭环控制或闭环控制,其数控系统功能丰富,可以实现三坐标以上的联动,加工适应性强,应用最广泛。图 3-7 即为全功能数控铣床。

(3) 高速铣削数控铣床。高速铣削是数控加工的一个发展方向,技术已经比较成熟,已逐渐得到广泛的应用。这种数控铣床采用全新的机床结构、功能部件和功能强大的数控系统,并配以加工性能优越的刀具系统,加工时主轴转速一般在 8000～40 000 r/min,切削进给速度可达 10～30 m/min,可以对大面积的曲面进行高效率、高质量的加工。但目前这种机床价格昂贵,使用成本比较高。

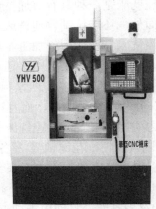

图 3-7　全功能数控铣床

(4) 数控仿形铣床。数控仿形铣床主要用于各种复杂型腔模具或工件的铣削加工,特别对不规则的三维曲面和复杂边界构成的工件更显示出其优越性。它除了具有数控铣床的标准数控功能外,还具有三轴联动、刀具半径补偿和长度补偿、用户宏程序及手动数据输入和程序编辑等功能。此外，该机床还具有特殊的仿形功能，在机床上装有仿形头，可以选用多种仿形方式，如笔式手动、轮廓、部分轮廓、三向、NTC(Numerical Tracer Control，数字仿形控制)等。并且，这类机床还具有数字化功能，在仿形加工的同时，可以采集仿形头的运动轨迹数据，并处理成加工所需的标准指令，存入存储器或其他介质，以便以后可以利用存储的数据进行加工，因此要求有大量的数据处理和存储功能。图 3-8 为数控仿形铣床。

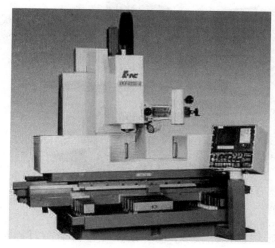

图 3-8　数控仿形铣床

2．按机床主轴的布置形式及机床的布局特点分类

数控铣床常见的类型主要有数控立式铣床、数控卧式铣床和数控龙门铣床等。按机床主轴的布置形式及机床的布局特点，数控铣床还可分为立式、卧式和立卧两用式三种。

(1) 立式数控铣床(如图 3-9 所示)。立式数控铣床的主轴轴线垂直于机床工作台面，工件装夹方便，加工时便于观察，但不便于排屑。立式数控铣床主要用于水平面内的型面加工，增加数控分度头后，可在圆柱表面上加工曲线沟槽。

小型立式数控铣床一般采用固定式立柱结构，工作台不升降。主轴箱作上下运动，并通过立柱内的重锤平衡主轴箱的重量。为保证机床的刚性，主轴中心线距立柱导轨面的距离不能太大，因此，这种结构主要用于中小尺寸的数控铣床，是数控铣床中最常见的一种布局形式，应用范围最广泛，其中以三轴联动铣床居多。

图 3-9　立式数控铣床

中型数控立式铣床一般采用纵向和横向工作台移动方式，工作台可手动升降。主轴除完成主运动外，还可沿垂直滑板上下伸缩运动。

(2) 卧式数控铣床(如图 3-10 所示)。卧式数控铣床的主轴轴线平行于机床工作台面，加工时不便于观察，但排屑顺畅，主要用于垂直平面内的各种型面加工。为了扩大加工范围和使用功能，通常采用增加数控转盘或万能数控转盘来实现四轴或五轴加工。这样不但可以加工出工件侧面上的连续回转轮廓，而且可以实现在一次安装中，通过转盘改变工位，进行"四面加工"。尤其是万能数控转盘可以将工件上各种不同角度的加工面摆动成水平面来加工，可以省去许多专用夹具或专用角度成型铣刀。选择配置有数控回转工作台的这类铣床，特别适合于加工箱体类零件或需要在一次性安装中改变工位的零件。

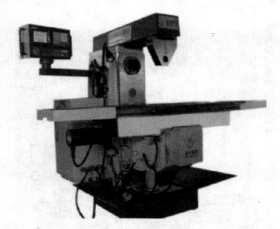

图 3-10   卧式数控铣床

单纯的数控卧式铣床现在已比较少，而多是在配备自动换刀装置(ATC)后成为卧式加工中心。

(3) 数控龙门铣床。大型数控立式铣床，因要考虑到扩大行程、缩小占地面积及刚性等技术问题，一般采用对称的双立柱结构，以保证机床的整体刚性和强度，这就是数控龙门铣床。数控龙门铣床有工作台移动和龙门架移动两种形式。生产中往往采用龙门架移动式，其主轴可以在龙门架的横向和垂直溜板上运动，而龙门架则沿床身做纵向运动。工作台移动式龙门铣床，整机长度必须两倍于纵向行程长度，而龙门架移动式铣床的整机长度只需纵向行程加上龙门架侧面宽度即可。它适用于加工飞机整体结构件零件、大型箱体零件和大型模具等，主要在汽车、船舶、航空航天、机床等行业中使用。图 3-11 所示为工作台移动式数控铣床，图 3-12 所示为龙门架移动式数控龙门铣床。

图 3-11   工作台移动式数控龙门铣床   图 3-12   龙门架移动式数控龙门铣床

(4) 立卧两用式数控铣床。立卧两用式数控铣床的主轴轴线方向可以变换，既可以进行立式加工，又可以进行卧式加工，使用范围更大，功能更强，选择的加工对象和余地更大，给用户带来很多方便，特别是当生产批量小、品种较多，又需要立、卧两种方式加工时，用户只需要一台这样的机床就行了。若采用数控万能铣头(主轴头可以任意转换方向)，就可以加工出与水平面成各种角度的工件表面；若采用数控回转工作台，还能对工件实现除定位面外的五面加工。图 3-13 所示为立卧两用式数控铣床。

图 3-13　立卧两用式数控铣床

立卧两用式数控铣床主轴方向的更换有手动与自动两种。采用数控万能铣头的立卧两用式数控铣床，其主轴头可以任意转换方向，可以加工出与水平面呈各种不同角度的工件表面。当立卧两用式数控铣床增加数控转盘后，就可以实现对工件的"五面加工"，除了工件与转盘贴面的定位面外，其他表面都可以在一次安装中进行加工。因此，其加工性能非常优越。

3.3.3　数控铣床的组成

数控铣床一般由铣床基础件、数控系统、主传动系统、伺服进给系统、辅助装置等几大部分组成，其基本结构如图 3-14 所示。

铣床基础件称为铣床大件，通常是指床身、底座、立柱、横梁、滑座、工作台等。它是整台铣床的基础和框架，用于支撑和连接机床各部件。铣床的其他零部件，或者固定在基础件上，或者工作时在它的导轨上运动。它主要承受机床的静载荷以及在加工时产生的切削负载，因此要求有较高的刚度。通常，铣床基础件既可做成铸铁件，也可做成焊接结构件。

数控系统由 CNC 装置、PLC 构成，是数控铣床执行顺序控制动作和完成加工过程的控制中心，用于输入零件加工程序，执行数控加工程序，控制机床进行加工。

主传动系统包括主轴箱体和主轴传动系统。主轴箱用于安装主轴。主轴下端的锥孔用于安装铣刀。主轴的启停、变速等动作均由数控系统控制，主轴传动系统带动刀具旋转，切削工件。主轴转速范围和输出扭矩对加工有直接的影响。

伺服进给系统由进给电机和进给执行机构组成,按照程序设定的进给速度实现刀具和工件之间的相对运动,包括直线进给运动和旋转运动。图 3-14 中的伺服电动机就是带动工作台进给所用的进给电机,而滑鞍、纵向工作台和主轴箱则是进给执行机构。

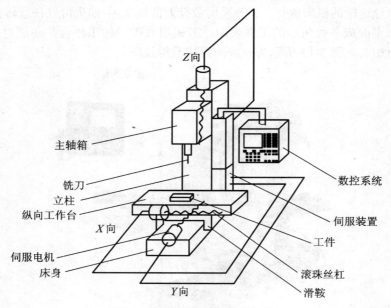

图 3-14 数控铣床的基本组成

辅助装置包括液压、气动、润滑、冷却等系统和排屑、防护等装置。这些装置不直接参加切削运动,但对数控铣床的加工效率、加工精度和可靠性起着保障作用,是数控铣床不可缺少的部分。

除了上述几种数控铣床基本部件外,还有实现工件回转、定位的装置和附件;用于刀具破损监控、精度检测的特殊功能装置;为完成自动化控制功能的各种反馈信号装置及元件等。

3.3.4 数控铣床的布局

数控铣床加工工件时,如同普通铣床一样,由刀具或者工件进行主运动,也可由刀具与工件进行相对的进给运动,以加工一定形状的工件表面。不同的工件表面,往往需要采用不同类型的刀具与工件一起进行不同的表面成型运动,根据工件的重量和尺寸的不同,可以有四种不同的布局方案。

图 3-15(a)所示为加工工件较轻的升降台铣床,由工件完成三个方向的进给运动,分别由工作台、滑鞍和升降台来实现。

当加工工件较重或者尺寸较高时,则不宜由工作台带着工件进行垂直方向的进给运动,而是改由铣头带着刀具来完成垂直进给运动,如图 3-15(b)所示。这种布局方案,铣床的尺寸参数即加工尺寸范围可以取得大一些。

图 3-15(c)所示为龙门式数控铣床,工作台载着工件进行一个方向上的进给运动,其他两个方向的进给运动由多个刀架即铣头部件在立柱与横梁上移动来完成。这样的布局不仅

适用于重量大的工件加工，而且由于增多了铣头，故使铣床的生产效率得到很大的提高。

当加工更大、更重的工件时，若由工件进行进给运动，在结构上是难于实现的，因此，采用图 3-15(d)所示的布局方案，全部进给运动均由铣头运动来完成，这种布局形式可以减小铣床的结构尺寸和重量。

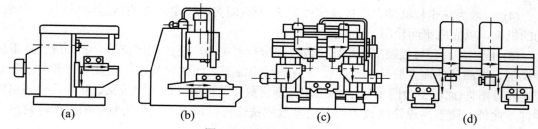

(a)   (b)   (c)   (d)

图 3-15 数控铣床的布局

数控铣床是一种全自动的铣床，但是装卸工件与刀具、清理切屑、观察加工情况和调整等辅助工作，仍然由操作者来完成。因此，在考虑数控铣床总体布局时，除遵循铣床布局的一般原则外，还应该考虑在使用时的特定要求：

(1) 为了便于同时操作和观察，数控铣床的操作按钮和开关都放在数控装置上。对于小型的数控铣床，将数控装置放在铣床的旁边，一边在数控装置上进行操作，一边观察铣床的工作情况，比较方便。但是若是尺寸较大的铣床，这样的放置方案，因工作区与数控装置之间距离较远，操作与观察会有顾此失彼的问题。因此多设置有挂式按钮站，可由操作者视工作需要移动到方便的位置，对铣床进行操作和观察。这一点对于大重型数控铣床尤为重要，在重型数控铣床上，通常有接近铣床工作区域(刀具切削加工区)并且可以随工作区变动而移动的操作台，吊挂按钮站或数控装置应放置在操作台上，以便于进行操作和观察。

(2) 数控铣床的刀具和工件的装卸及夹紧松开，均由操作者来完成，要求易于接近装卸区域且装夹机构要省力简便。

(3) 数控铣床的效率高、切屑多，排屑是个很重要的问题，故铣床的结构布局应便于排屑。

近年来，由于大规模集成电路、微处理机和计算机技术的发展，使数控装置和强电控制电路日趋小型化，不少数控装置将控制计算机、按钮、开关、显示器等集中安放在挂式按钮站上。其他的电气部分则集中或分散与主机的机械部分合成一体，而且还采用气-液传动装置，省去液压泵站，这样就实现了机、电、液一体化结构，既减少了铣床的占地面积，又便于操作管理。

数控铣床一般都采用大流量与高压力的冷却和排屑措施。铣床的运动部件也采用自动润滑装置。为了防止切屑与切削液飞溅，避免润滑油外泄，可将铣床为做成全封闭式结构，只在工作区处设有可以自动开闭的门窗，用于观察和装卸工件。

3.3.5 数控铣床的特点与发展

与普通铣床相比，数控铣床具有以下特点：

(1) 半封闭或全封闭式防护。经济型数控铣床多采用半封闭式；全功能型数控铣床会采用全封闭式防护，防止冷却液、切屑溅出，保证安全。

(2) 主轴无级变速且变速范围宽。主传动系统采用伺服电机(高速时采用无传动方式

——电主轴)实现无级变速,且调速范围较宽,这样既保证了良好的加工适应性,也保证了小直径铣刀工作时所需的较高切削速度。

(3) 采用手动换刀,刀具装夹方便。数控铣床没有配备刀库,采用手动换刀,刀具安装方便。

(4) 一般为三坐标联动。数控铣床多为三坐标(即 X、Y、Z 三个直线运动坐标)、三轴联动的机床,以完成平面轮廓及曲面的加工。

(5) 应用广泛。与数控车削相比,数控铣床有着更为广泛的应用范围,能够进行外形轮廓铣削、平面或曲面型腔铣削及三维复杂型面的铣削,如各种凸轮、模具等,若再添加圆工作台等附件(此时变为四坐标),则应用范围将更广,可用于加工螺旋桨、叶片等空间曲面零件。此外,随着高速铣削技术的发展,数控铣床可以加工形状更为复杂的零件,精度也更高。

近年来,随着数控技术的飞速发展,数控铣床逐渐向着高精度、高速化、高可靠性、功能复合化、网络化的方向发展,可以通过支撑结构轻量化、刚性化、支撑件材料优化、CAD/CAM 软件、功能部件(线性导轨、丝杠、刀库、主轴等)、直线电动机、刀具等实现。

例如,为使机床三向进给运动无磨损,减小摩擦力,运动平稳,应用了可调闭式静压导轨技术;为减小转动惯量,提高直线轴的定位精度,采用了丝母旋转丝杠固定技术和精密双齿轮齿条无间隙传动技术;为确保主轴高速运转无发热,采用主轴轴套内冷却循环技术。滑枕式数控铣床为保证滑枕伸出时,因主轴箱部件重心改变而影响滑枕运动精度,采用了全数字式电液比例溢流阀完成三项精度补偿技术。

3.4　数控铣床的传动与结构

3.4.1　数控铣床的主传动系统

数控铣床主传动系统是指将主轴电动机的原动力通过该传动系统变成可供切削加工用的切削力矩和切削速度。

1. 典型数控铣床主传动系统

数控铣床的主传动系统包括主轴电动机、传动系统和主轴组件。与普通机床的主传动系统相比,数控铣床在结构上比较简单,这是因为其变速功能全部或大部分由主轴电动机的无级调速来承担,省去了繁杂的齿轮变速机构,有些只有二级或三级齿轮变速系统用以扩大电动机无级调整的范围。

如图 3-16 所示是 XKA5750 数控铣床的传动系统图。主运动是铣床主轴的旋转运动,由装在滑枕后部的交流主轴伺服电动机驱动,电动机的运动通过速比为 40:96 的一对弧齿同步齿形带轮传到滑枕的水平轴Ⅰ上,再经过万能铣头的两对弧齿锥齿轮副(33/34、26/25)将运动传到主轴Ⅳ。转速范围为 50～2500 r/min(电动机转速范围为 120～6000 r/min)。当主轴转速在 625 r/min(电动机转速在 1500 r/min)以下时,为恒转矩输出;主轴转速介于 625～1875 r/min 内,为恒功率输出;主轴转速超过 1875 r/min 后输出功率下降,到 2500 r/min 时输出功率降到额定功率的 1/3。

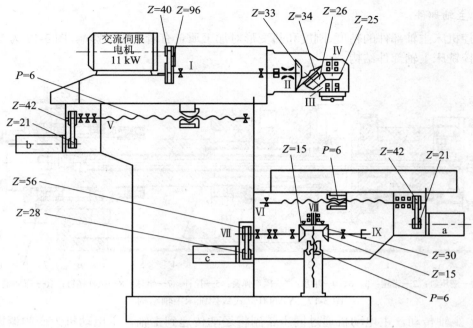

图 3-16 XKA5750 数控铣床的传动系统图

2. 主传动系统的结构

为了适应各种不同材料的加工及各种不同的加工方法,要求数控铣床的主传动系统具有较宽的转速范围及相应的输出转矩。此外,由于主轴部件直接装上刀具来对工件进行切削,因而对加工质量(包括表面粗糙度)及刀具寿命有很大的影响,所以对主传动系统的要求是很高的。要想高效率地加工出高精度、低粗糙度的工件必须要有一个具有良好性能的主传动系统和一个具有高精度、高刚度、振动小、热变形及噪声均满足需要的主轴部件。

数控铣床的主轴部件是铣床重要组成部分之一,它包括主轴、主轴的支撑和安装在主轴上的传动件、密封件等。主轴部件质量的好坏直接影响到加工质量。它的回转精度影响工件的加工精度,它的功率大小与回转速度影响加工效率,它的自动变速、准停和换刀等影响机床的自动化程度。因此,要求主轴部件具有与本机床工作性能相适应的高回转精度、刚度、抗振性、耐磨性和低的温升。在结构上,必须很好地解决刀具和工具的装夹、轴承的配置、轴承间隙调整和润滑密封等问题。

1) 主轴箱

对于一般数控机床和自动换刀数控机床(加工中心)来说,由于采用了电动机无级变速,减少了机械变速装置,因此,主轴箱的结构较普通机床简化,但主轴箱材料要求较高,一般用 HT250 或 HT300,制造与装配精度也较普通机床要高。

数控铣床的主轴箱可沿立柱上的垂直导轨做上下移动,主轴可在主轴箱内做轴向进给运动,除此以外,部分大型铣床的主轴箱结构还有携带主轴的部件作前后进给运动的功能,它的进给方向与主轴的轴向进给方向相同。此类机床的主轴箱结构通常有滑枕式和主轴箱移动式两种。

2) 主轴部件

数控机床主轴部件的精度、刚度和热变形对加工质量有着直接的影响。图 3-17 为 YA600 立式数控铣床主轴部件结构。

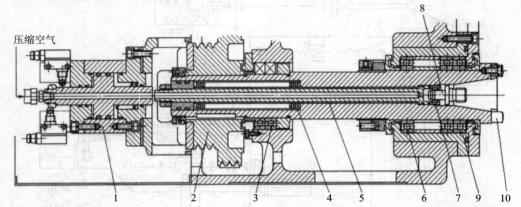

1—液压缸；2—带轮；3、6、9—轴承；4—碟形弹簧；5—拉杆；7—钢球；8—拉杆螺钉；10—端面键

图 3-17 YA600 立式数控铣床主轴结构

(1) 主轴传动。主电动机通过同步带副将运动传递到主轴，主电动机为变频调速三相异步电动机，由变频器控制其速度的变化，从而使主轴实现无级调速，主轴转速范围为 250～6000 r/min。

(2) 主轴结构。主轴前端有 7∶24 的锥度，用于装夹 BT40 刀柄或刀杆。主轴端面有一端面键 10，既可通过它传递刀具的扭矩，又可用于刀具的轴向定位。

主轴前支撑配置了高精度角接触球轴承 6 和 9，轴承 9 为组合式，两个轴承大口均指向主轴前端，轴承 6 大口指向主轴后端。主轴后支撑轴承 3 采用两只角接触球轴承背对背安装，轴承外圈不定位，所以后支撑仅承受径向力。主轴前端锥孔采用专门的淬火工艺，使其硬度在 HRC 60 以上，以提高强度和耐磨度。在主轴中部装有同步带轮 2，尾部装有松刀液压缸 1。

3) 主轴润滑

为了尽可能减少主轴组件温升引起的热变形对机床工作精度的影响，通常利用润滑油的循环系统把主轴组件的热量带走，使主轴组件和箱体保持恒定的温度。在某些数控铣床上采用专用的制冷装置，比较理想地实现了温度控制。近年来，某些数控机床的主轴轴承采用高级油脂润滑，每加一次油脂可以使用 7～10 年，简化了结构，降低了成本且维护保养简单。为了防止润滑油和油脂混合，通常采用迷宫式密封方式。

为了适应主轴转速向更高速化发展的需要，相继开发出新的润滑冷却方式。这些新的润滑冷却方式不仅要减少轴承温升，还要减少轴承内外圈的温差，以保证主轴的热变形小。

4) 密封

在密封件中，被密封的介质往往是以穿漏、渗透或扩散的形式越界泄漏到密封连接处的彼侧。造成泄漏的基本原因是流体从密封面上的间隙中溢出，或是由于密封部件内外两侧密封介质的压力差或浓度差，致使流体向压力或浓度低的一侧流动。图 3-18 所示为一主轴前支承的密封结构。

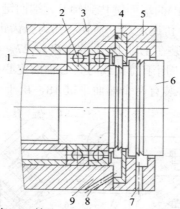

1—压套；2—轴承；3—箱体；4、5—法兰盘；
6—主轴；7—泄漏孔；8—回油斜孔；9—泄油孔

图 3-18 主轴前支承密封结构

该主轴前支承处采用的双层小间隙密封装置。主轴前端车出两组锯齿形护油槽，在法兰盘 4 和 5 上开沟槽及泄漏孔，当喷入轴承 2 内的油液流出后被法兰盘 4 内壁挡住，并经其下部的泄油孔 9 和箱体 3 上的回油斜孔 8 流回油箱，少量油液沿主轴 6 流出时，主轴护油槽在离心力的作用下被甩至法兰盘 4 的沟槽内，经回油斜孔 8 流回油箱，达到防止润滑介质泄漏的目的。当外部切削液、切屑及灰尘等沿主轴 6 与法兰盘 5 之间的间隙进入时，经法兰盘 5 的沟槽由泄漏孔 7 排出，达到了主轴端部密封的目的。要使间隙密封结构能在一定的压力和温度范围内具有良好的密封防漏性能，必须保证法兰盘 4 和 5 与主轴及轴承端面的配合间隙。

3.4.2 数控铣床的万能铣头及换刀机构

1. 万能铣头

多轴控制、五轴联动数控机床，是军工、电力、船舶、航空、航天、模具等行业迫切需要的关键设备，而数控铣头是多轴控制、五轴联动数控机床的核心部件，主机通过配备数控铣头，控制 A 轴、C 轴实现五轴联动来加工立体曲面。

数控万能铣头是专为龙门式数控铣床、加工中心设计的机床附件，后由于应用效果良好，也被装备于一些全功能数控立式铣床上。该附件可以将立式加工轴转换为卧式加工轴，实现一次装夹工件，完成水平面及垂直面的孔和平面的加工，而且可以在工件一次装卡中进行各种角度的多面、多棱、多槽的铣削，从而完成复杂的铣削工作。

对于大型零件的多平面加工来说，转换加工部件时，采用移动主轴的方式比移动笨重的工件具有明显的优越性，采用包括万能铣头在内的主轴附件来扩大主轴的加工范围，减少笨重工件的装卡定位次数是一种合理的选择。

该附件极大地扩展了机床的加工范围，减少了因为立式、卧式加工工序转换带来的工件二次装夹或转运，提高了工作效率，同时又可提高零件的加工精度。

万能铣头部件结构如图 3-19 所示，主要由前、后壳体 12、5，法兰 3，传动轴 Ⅱ、Ⅲ，主轴 Ⅳ 及两对弧齿锥齿轮组成。万能铣头用螺栓和定位销安装在滑枕前端。铣削主运动由滑枕上的传动轴 I (图中未画出)的端面键传到轴 II，端面键与连接盘 2 的径向槽相配合，连接盘与轴 II 之间由两个平键 1 传递运动。轴 II 右端为弧齿锥齿轮，通过轴 III 上的两个锥齿轮 22、21 和用花键联接方式装在主轴 IV 上的锥齿轮 27，将运动传到主轴上。主轴为空心轴，前端有 7：24 的内锥孔，用于刀具或刀具心轴的定心；通孔用于安装拉紧刀具的拉杆通过。主轴端面有径向槽，并装有两个端面平键 18，用于主轴向刀具传递扭矩。

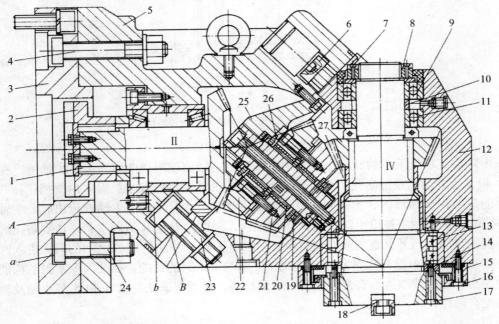

1、18—平键；2—连接盘；3、15—法兰；4、6、23、24—T 形螺栓；5—后壳体；7—锁紧螺钉；
8—螺母；9、11—角接触轴承；10—隔套；12—前壳体；13—轴承；14—半圆环垫片；
16、17—螺钉；19、25—推力圆柱滚子轴承；20、26—滚针轴承；21、22、27—锥齿轮

图 3-19 万能铣头部件结构

万能铣头能通过两个互成 45°的回转面 A 和 B 调节主轴 IV 的方位，在法兰 3 的回转面 A 上开有 T 形圆环槽 a，松开 T 形螺栓 4 和 24，可使铣头绕水平轴 II 转动，调整到要求的位置时将 T 形螺栓拧紧即可；在万能铣头后壳体 5 的回转面 B 内，也开有 T 形圆环槽 b，松开 T 形螺栓 6 和 23，可使铣头主轴绕与水平轴线成 45°夹角的轴 III 转动。绕两个轴线转动的综合结果，可使主轴轴线处于前半球面的任意角度。

万能铣头作为直接带动刀具运动的部件，不仅要能传递较大的功率，更要具有足够的旋转精度、刚度和抗振性。万能铣头除在零件结构、制造和装配精度要求较高外，还要选用承载力和旋转精度都较高的轴承。两个传动轴都选用了 5 级精度的轴承，轴上由一对圆锥滚子轴承和一对滚针轴承 20、26 承受径向载荷，轴向载荷由两个推力短圆柱滚子轴承 19 和 25 承受。为了保证旋转精度，主轴轴承不仅要消除间隙，而且要有预紧力，轴承磨损后，也要进行间隙调整。

2．换刀机构

数控铣床和加工中心在加工中需要换刀，所以，主轴系统应具备自动松开和夹紧刀具

的功能。这类铣床的刀杆常采用 7：24 的大锥度锥柄，既利于定心，也为松刀带来方便。刀柄自动夹紧机构由拉杆、碟型弹簧、松刀缸、拉杆和拉杆头部的 4 个钢球等部件组成。用碟形弹簧通过拉杆及夹头拉住刀柄的尾部，使刀具锥柄和主轴锥孔紧密配合，夹紧力达 10 000 N 以上。拉紧时，松刀缸退回原位，碟型弹簧通过拉杆、钢球夹住刀柄上的拉钉，使刀柄准确定位。松刀时，松刀缸的活塞在油压的作用下推动拉杆，压缩碟型弹簧向前移动，使钢球落入主轴前端的槽内，拉杆继续前进，将刀柄推离锥孔。其内部结构如图 3-17 所示。

刀杆尾部的拉紧机构，分为钢球拉紧机构和卡爪式拉紧机构，卡爪式拉紧机构的内部结构如图 3-20 所示。

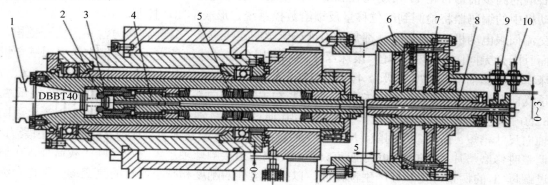

1—刀柄；2—刀爪；3—内套；4—拉杆；5—弹簧；6—汽缸；7—活塞；8—压杆；9—撞块；10—行程开关

图 3-20 卡爪式拉紧机构

刀具的自动夹紧机构安装在主轴的内部，图 3-20 为刀具的夹紧状态，刀柄 1 由主轴抓刀爪 2 夹持，碟形弹簧 5 通过拉杆 4、抓刀爪 2，在内套 3 的作用下将刀柄的拉钉拉紧。当换刀时，要求松开刀柄，此时将主轴后端汽缸的右腔通压缩空气，活塞 7 带动压杆 8 及拉杆 4 向左移动，同时压缩碟形弹簧 5，当拉杆 4 左移到使抓刀爪 2 的左端移出内套 3 时，卡爪张开，同时拉杆 4 将刀柄顶松，刀具即可拔出。待新刀装入后，汽缸 6 的左腔通压缩空气，在碟形弹簧的作用下，活塞带动抓刀爪右移，抓刀爪拉杆重新进入内套 3，将刀柄拉紧。活塞 7 移动的两个极限位置分别设有行程开关 10，作为刀具夹紧和松开的信号。

需注意的是，不同的机床，其刀具自动夹紧机构结构不同，与之适应的刀柄及拉钉规格亦不同。

3.4.3 数控铣床的进给传动系统

机械传动装置是指将驱动源的旋转运动变为工作台直线运动的整个机械传动链，包括减速装置、转动变移动的丝杠螺母副及导向元件等。为确保数控机床进给系统的传动精度、灵敏度和工作的稳定性，对机械部分设计总的要求是消除间隙，减少摩擦，减少运动惯量，提高传动精度和刚度。另外，进给系统的负载变化较大，响应特性要求很高，故对刚度、惯量匹配都有很高的要求。

为了满足上述要求，数控机床一般采用低摩擦的传动副，如减摩滑动导轨、滚动导轨及静压导轨、滚珠丝杠等；保证传动元件的加工精度，采用合理的预紧、合理的支承形式以提高传动系统的刚度；选用最佳降速比，以提高机床的分辨率，并使系统折算到驱动轴上的惯量减少；尽量消除传动间隙，减少反向死区误差，提高位移精度等。

　　数控铣床的进给传动系统是以机床移动部件(如工作台)的位置和速度作为控制量的自动控制系统，通常由伺服驱动装置、伺服电机、机械传动机构及执行部件组成。伺服电机带动滚珠丝杠旋转，在电动机轴和滚珠丝杠之间用锥环无键连接或高精度十字联轴器连接结构，以获得较高的传动精度。

　　如图 3-21 所示为北京第一机床集团公司生产的 XKA5750 型数控铣床的工作台纵向传动机构。交流伺服电动机 20 的轴上装有同步齿形带轮 19，通过同步齿形带 14 和装在丝杠右端的同步齿形带轮 11 带动丝杠 2 旋转，使底部装有螺母 1 的工作台 4 移动。装在伺服电动机中的编码器将检测到的位移量反馈给数控系统，形成半闭环控制。同步齿形带轮 19 与交流伺服电动机 20 轴之间，都是采用锥环无键的连接方式。这种连接方法不需要开键槽，而且配合无间隙，对中性好。滚珠丝杠两端采用角接触球轴承支承，右端支承采用三个机床专用丝杠轴承，精度等级为 4 级，径向载荷由三个轴承分担。两个开口向右的轴承 6、7 承受向左的轴向载荷，开口向左的轴承 8 承受向右的轴向载荷。轴承的预紧力由两个轴承 7、8 的内、外圈轴向尺寸差实现，当用螺母 10 通过隔套将轴承内圈压紧时，外圈因为比内圈轴向尺寸稍短，仍有微量间隙，用螺钉 9 通过法兰盘 12 压紧轴承外圈时，就会产生预紧力。调整时修磨垫片 13 的厚度尺寸即可。丝杠左端的角接触球轴承，除承受径向载荷外，还通过螺母 3 的调整，使丝杠产生预拉伸，以提高丝杠的刚度和减小丝杠的热变形。工作台纵向移动时由限位挡铁 5 限制。

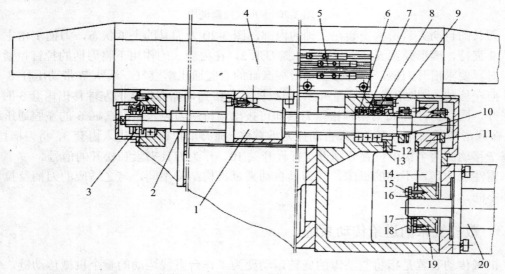

1、3、10—螺母；2—丝杠；4—工作台；5—限位挡铁；6～8—轴承；9、15—螺钉；11、19—同步齿形带轮；
12—法兰盘；13—垫片；14—同步齿形带；16—外锥环；17—内锥环；18—端盖；20—交流伺服电动机

图 3-21　XKA5750 型数控铣床工作台纵向传动机构

　　XKA5750 型数控铣床升降台升降传动部分的结构如图 3-22 所示。交流伺服电动机 1 经一对齿形带轮 2、3 将运动传到传动轴 I，轴 I 右端的圆弧锥齿轮 7 带动锥齿轮 8 使垂直滚珠丝杠 II 旋转，升降台升降。传动轴 I 由左、中、右三点支承，轴向定位由中间支承的一对角接触球轴承来保证，由螺母 4 锁定轴承与传动轴的轴向位置，并对轴承预紧，预紧量用修磨两轴承的内外圈之间的隔套 5、6 厚度来保证。传动轴的轴向定位由螺钉 25 调节。垂直滚珠丝杠螺母副的螺母 24 由支承套 23 固定在机床底座上,丝杠通过锥齿轮 8 与升降台连接,其支承由深沟球轴承 9 和角接触球轴承 10 承受径向载荷;由推力圆柱滚子轴承 11 承受轴向载荷。图中轴 III 实际安装位置是在水平面内,与轴 I 的轴线呈 90° 相交 (图中为展开画法)。

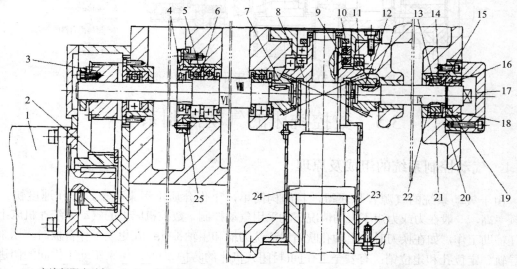

1—交流伺服电动机;2、3—齿形带轮;4、18、24—螺母;5、6—隔套;7—圆弧锥齿轮;8、12—锥齿轮;
9—深沟球轴承;10—角接触球轴承;11—推力圆柱滚子轴承;13—滚子;14—外环;15、22—摩擦环;
16、25—螺钉;17—端盖;19—碟形弹簧;20—防转销;21—星轮;23—支承套
图 3-22 XKA5750 型数控铣床工作台升降传动机构

3.4.4 数控铣床升降台平衡装置

数控铣床升降台的运动方向为垂直方向。升降台上升时,需要克服自身及工件的重量,当丝杠带动螺母使得工作台上升时,其运动是平稳的;而当升降台下降时,丝杠带动螺母下降,由于工作台及工件的重量朝下,而丝杠不能自锁,工作台存在向下滑移的可能,会造成运动冲击,严重影响机床的加工精度。若采用步进电机驱动,由于步进电动机不带抱闸装置,在停电状态下,升降台也会因自重而自动下移, 故需要采用升降台平衡机构进行控制。升降台自动平衡机构一方面可防止升降台因自重下落,另一方面还可平衡上升、下降时的驱动力。

XK5040A 型数控铣床升降台自动平衡装置如图 3-23 所示,其主要由超越离合器和摩擦离合器构成。当圆锥齿轮 4 转动时,通过锥销带动单向超越离合器的星轮 5。伺服电动机 1 经过锥环联接带动十字联轴节以及圆锥齿轮 2、3,使升降丝杠转动,实现工作台上升或下降。当工作台上升时,星轮的转向是使滚子 6 和外壳 7 脱开的方向,外壳不转,摩擦片不起作用;当工作台下降时,星轮的转向是使滚子楔在星轮和外壳 7 之间的方向,外壳 7 随圆锥齿轮 4 一起转动。经过花键与外壳连在一起的内摩擦片,与固定的外摩擦片之间产生相对运动,由于内外摩擦片之间的弹簧压紧,有一定的摩擦阻力,因此起到阻尼作用,上升与下降的力量得以平衡。

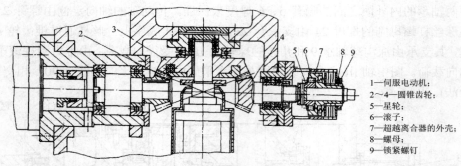

1—伺服电动机；
2～4—圆锥齿轮；
5—星轮；
6—滚子；
7—超越离合器的外壳；
8—螺母；
9—锁紧螺钉

图 3-23　XK5040A 型数控铣床升降台自动平衡装置

3.5　数控铣床的气动控制系统

3.5.1　气动控制系统的组成及原理

由于气动系统的气源容易获得，且结构简单，工作介质不污染环境，工作速度快，工作频率高，一般在力或力矩不大的情况下均采用气动控制。数控机床上的气动系统在机床上多担任辅助工作，如在换刀时，主轴孔吹屑以清洗刀柄和主轴锥孔；在更换工作台板时，用来清洗导轨、定位孔和定位销；有安全工作间(封闭式机床的防护罩)的，用来驱动工作间的门进行起闭；在更换工作台板时，抬起安全防护罩等。还有的机床利用气动系统实现旋转工作台的制动解除。有些数控铣床和加工中心依靠气液转换装置实现机械手的动作和主轴松刀。

图 3-24 所示为某立式数控铣床的气动原理图。该气动系统共分为三路。

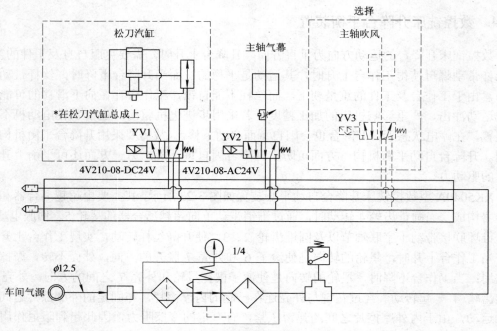

图 3-24　立式数控铣床气动原理图

工作时，气源通过 BFC3000-A 气动两联件和压力继电器，经三通分为两路，一路通过汇流板上的单线圈两位五通阀接到主轴气幕，加工时起主轴吹屑的作用。另一路直接经过单线圈两位五通阀(在气动增压缸旁)到达气动增压缸，YV1 得电，气动增压缸动作，行程为 13 mm，主轴刀具松开；YV1 失电，则返回，在增压缸总成上加装有松刀吹气联动功能，在松刀到顶点时，即向主轴吹气。该松刀装置在输入 5 kg/cm^2 气压的情况下，可输出 2500 kg 以上的推力；在输入 6 kg/cm^2 气压的情况下，可输出 3000 kg 以上的推力，保证了主轴松刀、夹刀的可靠。

另外，自动清除主轴孔中切屑和灰尘是换刀操作中一个不容忽视的问题。如果在主轴锥孔中掉进了切屑或其他污物，在拉紧刀杆时，主轴锥孔表面和刀杆的锥柄就会被划伤，甚至使刀杆发生偏斜，破坏了刀具的正确定位，影响了加工零件的精度，甚至使零件报废。为了保持主轴锥孔的清洁，常用压缩空气吹屑。图 3-20 中活塞 7 的中心钻有压缩空气通道，当活塞向左移动时，压缩空气经拉杆 4 吹出，将主轴锥孔清理干净。喷气头中的喷气小孔要有合理的喷射角度，并均匀分布，以提高其吹屑效果。

3.5.2　数控铣床的换刀过程

数控铣床的换刀过程，实际上就是手工装卸刀柄与主轴自动夹紧、松开刀柄的过程。

1. 手动装卸刀柄

在主轴上手动装卸刀柄的方法如下：

(1) 确认刀具和刀柄的重量不超过机床规定的许用最大重量；

(2) 清洁刀柄锥面和主轴锥孔；

(3) 左手握住刀柄，将刀柄的键槽对准主轴端面键垂直伸入主轴内，不可倾斜；

(4) 右手按下换刀按钮，压缩空气从主轴内吹出以清洁主轴和刀柄，按住此按钮，直到刀柄锥面与主轴锥孔完全贴合后，松开按钮，刀柄即被自动夹紧，确认夹紧后方可松手；

(5) 刀柄装上后，用手转动主轴来检查刀柄是否正确装夹；

(6) 卸刀柄时，先用左手握住刀柄，再用右手按换刀按钮(否则刀具从主轴内掉下，可能会损坏刀具、工件和夹具等)，取下刀柄。

2. 主轴自动松开、夹紧刀柄

主轴自动松刀、夹紧结构如图 3-25 所示，其工作过程如下：

(1) 换刀时，压力油通入主轴尾部液压缸 7 的上腔，活塞 6 推动拉杆 4 向下移动，将刀柄松开，同时碟形弹簧 5 被压紧。拉杆 4 的下移使其上端的钢球 12 位于套筒的喇叭口处，消除了刀杆上的拉力。当拉杆继续下移时，喷气嘴的端部把刀具顶松，使刀杆便于取出。

(2) 装夹刀具时，锥柄的尾端轴颈被拉紧，同时通过锥柄的定心和摩擦作用将刀杆夹紧于主轴的端部。在碟形弹簧 5 的作用下，拉杆 4 始终保持一定的拉力，并通过拉杆上端的钢球 12 将刀杆的尾部轴颈拉紧。

(3) 当欲更换的刀具装入后，电磁换向阀动作使压力油通入液压缸 7 下腔，活塞 6 向上退回原位，碟形弹簧复原又将刀杆拉紧。螺旋弹簧 11 使得活塞 6 在液压缸下腔无压力油时也始终保持在液压缸的最上端。当活塞处于上、下两个极限位置时，相应的限位行程开关 8、10 分别发出松开和夹紧的信号。

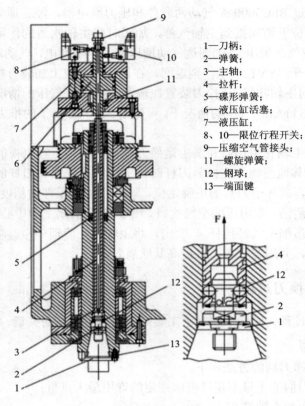

1—刀柄；
2—弹簧；
3—主轴；
4—拉杆；
5—碟形弹簧；
6—液压缸活塞；
7—液压缸；
8、10—限位行程开关；
9—压缩空气管接头；
11—螺旋弹簧；
12—钢球；
13—端面键

图 3-25　换刀过程

3.6　典型数控铣床介绍

3.6.1　V-600 数控铣床

　　图 3-26 所示为南通科技投资集团股份有限公司生产的 V-600 床身型数控铣床，由于开发时间较早，因此在生产、教学中得到了较广泛的应用。本节将对其性能及技术指标做一简要介绍。

　　该机床采用立式主轴、十字型床鞍工作台布局，结构紧凑，加工范围广泛，一次装夹后可完成铣、镗、钻、铰、攻丝等多种工序的加工。该机床可配备 FANUC 0i Mate、华中世纪星及 SIEMENS 802C 数控系统，具有 CNC 标准功能，机床具有三轴联动控制功能，若选配数控转台，则可扩大为四轴控制，实现多面加工。主轴采用交流伺服主轴电动机，同步齿形带传动，传动噪声低，低速高扭矩，恒功率范围宽

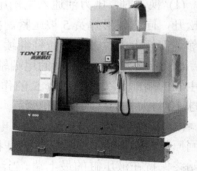

图 3-26　V-600 床身型数控铣床

(FANUC 交流主轴电机)，可实现重负荷强力切削。主轴最高转速为 6000 r/min，对各类零件加工的适应能力较强。

  V-600 数控铣床的主要构件(床身、立柱、床鞍)均采用稠筋、封闭式框架结构，刚性高，抗振性好。无齿轮传动，噪声低，振动小，热变形小。

  V-600 数控铣床的三向导轨采用线性导轨，铸铁材料淬硬后精磨，配合面贴塑，导轨接触精度高，低速时无爬行现象，高速定位好，高速进给振动小，低速无爬行，精度稳定性高，并具有良好的耐磨性和精度保持性。该机床还可加配第四轴。

  该机床采用高速化滚珠丝杆传动，进给系统采用全数字交流伺服电动机，并装有同轴编码器，构成位置及速度信息反馈半闭环伺服控制系统，保证了机床加工时的定位精度和工作精度。

  该机床广泛适用于各种类型机械零件和具有复杂外形或复杂型腔的模具的加工，其性能参数见表 3-1。

表 3-1　V-600 数控铣床性能参数

行程	单位	参数
X 轴行程	mm	600
Y 轴行程	mm	410
Z 轴行程	mm	510
主轴端面至工作台面距离	mm	125～635
工作台中心至立柱导轨面距离	mm	220～630
工 作 台		
工作台面积	mm	800×400
工作台最大承重	kg	500
T 形槽槽宽	mm	3×18H8
主 轴		
主轴转速	r/min	80～8000
主轴孔锥度	—	BT-40
进 给 率		
X、Y、Z 轴快速位移	m/min	10/8
最大切削进给速度	m/min	5
电 机		
主轴电机	kW	5.5/7.5
$X/Y/Z$ 电机	N·m	11/16
精 度		
定位精度	mm	0.006
重复定位精度	mm	0.003
机 床 尺 寸		
机床总高	mm	2396
占地面积(长×宽)	mm	2200×2224
机床重量(毛重)	kg	3700
电力需求	kW	10

3.6.2　XK5040A 数控铣床

XK5040A 数控铣床是一种比较典型的两轴半控制的数控立式铣床，多用于加工小型零件，加工精度较低。该机床配备 FANUC 3MA 数控系统，半闭环控制，位置检测采用脉冲编码器，各轴的最小设定单位为 0.001 mm；主运动由 7.5 kW、1450 r/min 的主电机驱动，三联滑移齿轮变速，可获得 18 级转速，转速范围为 30～1500 r/min。图 3-27 为 XK5040A 的传动系统图。

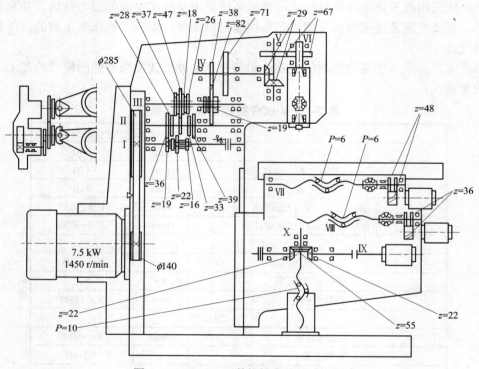

图 3-27　XK5040A 数控铣床传动系统图

图 3-28 为 XK5040A 数控铣床的外形布局。床身 6 固定在底座 1 上，用于安装与支承机床各部件。操纵箱 10 上有 CRT 显示器、机床操作按钮和各种开关及指示灯。纵向工作台 16 和横向滑板 12 安装在升降台 15 上，通过纵向进给伺服电动机 13、横向进给伺服电动机 14 和垂直升降进给伺服电动机 4 的驱动，来完成 X、Y、Z 方向的进给运动。强电柜 2 中装有机床电气部分的接触器和继电器等。变压器箱 3 安装在床身立柱后面。数控柜 7 内装有机床数控系统。保护开关 8 和 11 可控制纵向行程硬限位。挡铁 9 为纵向参考点设定挡块。主轴变速手柄 5 和按钮板用于手动调整主轴的正、反转和停止以及切削液的开、停等。

XK5040A 数控铣床可进行铣、镗、钻、铰、攻丝等多种工序的切削加工，主要用于加工小批量、多品种、尺寸形状复杂、精度要求较高的零件，如凸轮、样板、靠模、模具弧形模等平面曲线。系统采用 FANUC 0-MD 数控系统，具有中文及图形显示功能，ISO 国际数控代码编程，程序可手动输入和从 RS232 接口输入、输出，机床采用液压自动润滑和冷却。

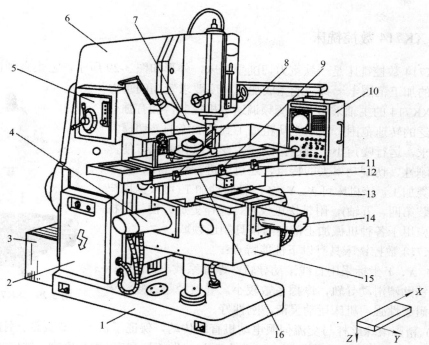

1—底座；2—强电柜；3—变压器箱；4—垂直升降进给伺服电动机；5—主轴变速手柄和按钮板；
6—床身；7—数控柜；8、11—保护开关；9—挡铁；10—操纵箱；12—横向滑板；
13—纵向进给伺服电动机；14—横向进给伺服电动机；15—升降台；16—纵向工作台

图 3-28 XK5040A 型数控铣床布局图

XK5040A 数控铣床的技术参数见表 3-2。

表 3-2 XK5040 数控铣床技术参数

工作台	工作台面积(长×宽)	1600 mm×400 mm
	T 形槽	宽：18 mm；间距：100 mm；数量：8 个
	工作台最大承重	150 kg
行程	X 向、Y 向、Z 向行程	900 mm、375 mm、400 mm
	主轴端面至工作台距离	50～450 mm
	主轴中心至床身垂直导轨距离	430 mm
主轴	主轴转速(电机无级调速)	30～1500 r/min
	主轴孔直径	27 mm
进给	三向切削进给速度	1～5000 mm/min
	三向快速移动速度	X，$Y = 15$ m/min；$Z = 12$ m/min
电机	主轴电机功率	7.5 kW
	X、Y、Z 向伺服电机额定转矩	X 向：18N·m；Y 向：18N·m；Z 向：18N·m
	定位精度	X、Y、Z 轴：0.02 mm
	重复定位精度	0.01 mm
规格	外形尺寸(长×宽×高)	2495 mm×2100 mm×2170 mm
	机床重量	1000 kg

3.6.3　XK714 数控铣床

XK714 数控铣床是一款重力切削型铣床，外形如图 3-29 所示，它集高刚性、高稳定性及广泛的加工范围于一身，能完成加工精度要求较高的重力切削。XK714 的主轴采用无极变频调速电机控制，拥有强有力而广泛的转速范围，能适应从粗加工到精加工的一切模具加工要求，运行噪声小，调速范围广，变速操作更加方便，具有高刚性、切削功率大的特点，还可以进行钻、铰、扩、镗等孔类加工。该机床可 X、Y、Z 三轴联动加工(可根据用户要求加装第四、五轴)，附带快进设置，操作更加方便。该机床广泛应用于各种机械加工部门与模具制造领域。

图 3-29　XK714 数控铣床

XK714 数控铣床具有以下性能特点：

(1) X、Y 坐标采用直线滚动导轨，摩擦系数小；Z 坐标采用铸铁贴塑滑动导轨，摩擦系数较小。导轨经超音频淬火处理，耐磨性强。机床运动灵活，刚性好。

(2) 精密滚珠丝杠与交流伺服电动机直联传动，保证了机床运动灵活、刚性好。

(3) 主轴变频调速，刚性强，切削功率大，噪声小，可以进行镗削、铣削、钻削等加工。

(4) 气动换刀，快速方便。

(5) 采用半封闭罩及挡屑板防护；根据用户要求可采用全封闭防护罩。

(6) 不仅提供 USB 和 RS232 接口，以便实现计算机通信，而且还提供动态图形显示及 DNC 联机加工。

(7) 可根据用户要求加装刀库及仿形臂，使本产品衍化成加工中心及仿形铣。

XK714 数控铣床的技术参数见表 3-3。

表 3-3　XK714 数控铣床技术参数

项 目 名 称	单 位	参 数
工作台尺寸	mm	400 × 800
坐标行程	mm	600 × 400 × 500
工作台承重	kg	800
定位精度	mm	0.02/300
重复定位精度	mm	X: 0.02；Y、Z: 0.016
主轴端面至工作台距离	mm	100～600
主轴内锥孔		ISO40
主轴转速范围	r/min	50～6000
进给速度(X, Y)	mm/min	1～6000
进给速度(Z)	mm/min	1～5000
快速移动速度(X, Y)	mm/min	16 000
快速移动速度(Z)	mm/min	12 000
主轴电机功率	kW	5.5/7.5
机床外形尺寸(长×宽×高)	mm	2245 × 2060 × 2550
机床净重	kg	3000

3.6.4 TK6411A 数控铣床

图 3-30 所示为 TK6411A 数控铣床，适用于数控钻孔、高速钻孔、攻丝、铣削、镗孔等加工。其主要特点有：

(1) 可以实现 X、Y、Z 任意坐标以及三坐标联动控制。

(2) 主轴为交流变频调速电机，额定功率为 15 kW，输出扭矩大。

(3) X、Y、Z 三轴采用交流伺服电动机，半闭环控制。

(4) 可以根据用户加工需要选配扩展第四轴：旋转工作台。

(5) X、Y、Z 三坐标传动元件均为进口精密滚珠丝杠副及滚珠丝杠专用轴承支承。

图 3-30 TK6411A 数控铣床

(6) 床身设计为四条导轨使工作台得到全程支撑，并采用聚四氟乙烯导轨贴面矩形导轨。

(7) 集中式自动润滑站对导轨副及其他润滑点进行润滑，X、Z 导轨副有可靠的防尘装置。

(8) 手动回转工作台采用手动夹紧。

TK6411A 数控铣床的技术参数见表 3-4。

表 3-4 TK6411A 数控铣床技术参数

项 目 名 称	单 位	参 数
工作台尺寸	mm	1350 × 1000
坐标行程	mm	1500 × 1200 × 700
工作台承重	kg	4000
定位精度	mm	X: ±0.02；Y: ±0.015；Z: ±0.012
重复定位精度	mm	±0.008
工作台回转分度		360°
工作台分度精度		±6° (4 × 90°)
工作台重复定位精度		±3° (4 × 90°)
主轴内锥孔		7 : 24，No.50
主轴最高转速	r/min	1100
进给速度(X, Y, Z)	mm/min	1～1200
快速移动速度(X, Y, Z)	mm/min	10 000
主轴电机功率(变频)	kW	15
主轴最大外径	mm	110
最大镗孔直径	mm	250
最大钻孔直径	mm	50

3.7　实　　训

1. 实训的目的与要求

(1) 对照实物了解数控铣床的分类、组成及布局。

(2) 通过实训熟悉数控铣床的组成，理解并掌握数控铣床主传动系统、进给传动系统、刀具自动夹紧装置的结构和原理。

2. 实训仪器与设备

全功能数控铣床一台。

3. 相关知识概述

(1) 数控铣床的组成及布局。

(2) 主轴刀具自动夹紧机构的工作原理。

(3) 工作台平衡装置的工作原理。

4. 实训内容

(1) 观看各类数控铣床的加工演示。

(2) 拆除全功能数控铣床防护罩，仔细观察数控铣床的组成和布局。

(3) 仔细观察全功能数控铣床的主传动系统和进给传动系统的运动。

(4) 拆装数控铣床主轴，了解其内部结构，掌握其工作原理。

5. 实训报告

(1) 写出观看各类数控铣床加工演示的感受。

(2) 分析全功能数控铣床的结构和布局。

(3) 画出全功能数控铣床的主传动和进给传动的传动路线。

(4) 文字说明主轴刀具自动夹紧机构的结构、原理与工作过程。

按照上述实训内容的过程顺序写出实训报告。

3.8　自　测　题

1. 判断题(请将判断结果填入括号中，正确的填"√"，错误的填"×")

(1) 数控铣床可钻孔、镗孔、铰孔、铣平面、铣斜面、铣槽、攻螺纹等。　（　　）

(2) 数控铣削机床的加工对象与数控机床的结构配置有很大关系。（　　）

(3) 数控回转工作台不是机床的一个旋转坐标轴，不能与其他坐标轴联动。（　　）

(4) 工件一般处于三维坐标系统中，因此目前数控铣床最多为三轴联动。（　　）

(5) 一般的数控铣床具有铣床、镗床和钻床的功能。虽然工序高度集中，提高了生产效率，但工件的装夹误差却大大增加。（　　）

(6) 数控铣床可通过液压缸来拉紧刀柄上的拉钉，实现刀具的夹紧。（　　）

2. 选择题(请将正确答案的序号填写在括号中)

(1) 一般数控铣床是指规格_____的升降台数控铣床，其工作台宽度多在 400 mm 以下。

A. 较大　　　　B. 较小　　　　C. 齐全　　　　D. 系列化

(2) 对于有特殊要求的数控铣床，可以加进一个回转的 A 坐标或 C 坐标，即增加一个数控分度头或数控回转工作台，这时机床的数控系统为_____的数控系统。

A. 二坐标　　　B. 三坐标　　　C. 四坐标　　　D. 两轴半

(3) XK5040A 型数控铣床的床身固定在_____上，用于安装和支撑机床的各部件。

A. 底座　　　　B. 升降台　　　C. 操纵台　　　D. 纵向工作台

(4) 在数控铣床的_____内设有自动拉、退刀装置，能在数秒钟内完成装刀、卸刀，使换刀显得较方便。

A. 主轴套筒　　B. 主轴　　　　C. 套筒　　　　D. 刀架

(5) _____铣床一般都带有回转工作台，一次装平后可完成除安装面和顶面以外的其余四个面的各种工序加工，适宜于箱体类零件加工。

A. 立式　　　　B. 卧式　　　　C. 万能式　　　D. 龙门式

(6) 数控机床主轴锥孔的锥度通常为 7：24，之所以采用这种锥度是为了_____。

A. 靠摩擦力传递扭矩　　　　　　B. 自锁

C. 定位和便于装卸刀柄　　　　　D. 以上几种情况都是

(7) 换刀时，主轴孔内在提刀时吹出压缩空气是为了_____。

A. 用压缩空气吹下刀柄　　　　　B. 吹出主轴锥孔中的杂物

C. 漏气　　　　　　　　　　　　D. 产生空气膜

3. 名词解释

(1) 全功能数控铣床

(2) 数控仿形铣床

(3) 数控万能铣头

4. 问答题

(1) 数控铣床与普通铣床相比在性能结构方面有什么特点？

(2) 分析中、小型数控铣床多采用立式布局的原因。

(3) 分析龙门式数控铣床的结构特点和适用场合。

(4) 简述数控铣床刀具自动夹紧机构的结构及换刀过程。

(5) 分析数控铣床工作台平衡装置的工作原理。

项目4　加工中心

4.1　技能解析

(1) 熟悉加工中心的分类、组成及工艺范围、发展趋势，掌握加工中心主传动系统、进给传动系统及液压控制系统的结构和原理。

(2) 掌握加工中心回转工作台、刀库等典型部件机械结构的结构和原理。

(3) 掌握加工中心自动换刀系统、自动工件交换系统的原理、结构和工作过程。

4.2　项目的引出

典型零件1：

如图 4-1 所示的零件为典型的阀体零件，是空压机吸气阀盖头。加工内容包括内圆柱面、端面、倒角、孔系，尺寸精度、形状精度、位置精度及表面粗糙度要求高，通常需经过铣平面、钻孔、扩孔、镗孔、铰孔及攻螺纹等工步加工。该零件适于采用立式加工中心加工。

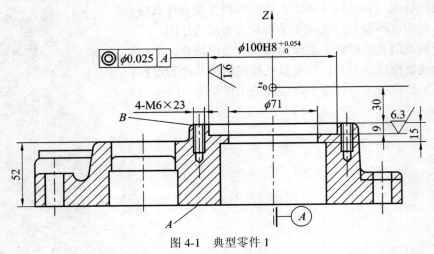

图 4-1　典型零件 1

典型零件 2：

如图 4-2 所示的零件为箱体零件，该零件结构复杂，公差要求较高，特别是形位公差要求较为严格，通常要经过铣、钻、扩、镗、铰、锪、攻丝等工序，需要的刀具较多，为了提高加工精度和加工效率，适合在一次装夹下多工序加工。该零件适于采用镗铣加工中心加工。

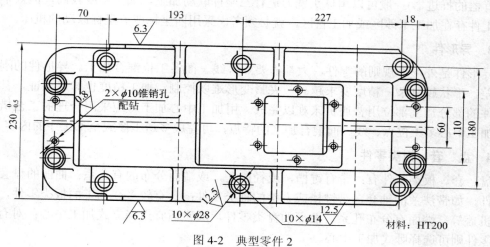

图 4-2　典型零件 2

4.3　加工中心概述

4.3.1　加工中心的工艺范围

加工中心是在数控镗床、数控铣床或数控车床的基础上增加自动换刀装置，使工件在机床工作台上一次装夹后，可以连续完成对工件表面钻孔、扩孔、铰孔、镗孔、攻螺纹、铣削等多工步的加工，工序高度集中。因此，加工中心的工艺范围十分广泛，可以完成以下类型零件的加工。

1. 箱体类零件

箱体类零件一般是指具有一个以上孔系，内部有型腔，在长、宽、高方向有一定比例的零件。这类零件在机床、汽车、飞机制造等行业应用较广泛。

箱体类零件一般都需要进行多工位孔系及平面加工，公差要求较高，特别是形位公差要求较为严格，通常要经过铣、钻、扩、镗、铰、锪、攻丝等工序，需要刀具较多，在普通机床上加工难度大，工装套数多，费用高，加工周期长，需多次装夹、找正，手工测量次数多，加工时必须频繁地更换刀具，工艺难以制定，更重要的是精度难以保证。在加工中心上加工时，一次装夹可完成普通机床 60%～95%的工序内容。

加工箱体类零件的加工中心，当加工工位较多，需工作台多次旋转角度才能完成的零件时，一般选用卧式镗铣类加工中心。当加工的工位较少且跨距不大时，可选用立式加工中心。

2．复杂曲面类零件

复杂曲面类零件在机械制造业，特别是航天航空、工业中占有特殊重要的地位。复杂曲面采用普通机加工方法是难以甚至无法完成的。在我国，传统的方法是采用精密铸造，其精度很低。复杂曲面类零件(如各种凸轮、整体叶轮、各种曲面成型模具、螺旋桨以及水下航行器的推进器)一般可以用球头铣刀进行三坐标联动加工，加工精度较高，但效率低。如果工件存在加工干涉区或加工盲区，就必须考虑采用四坐标或五坐标联动的机床。

3．异形件

异形件是外形不规则的零件，大都需要点、线、面多工位混合加工。异形件的刚性一般较差，形状越复杂，精度要求越高，夹紧变形难以控制，加工精度也难以保证，甚至某些零件的部分加工部位用普通机床难以完成。用加工中心加工时应采用合理的工艺措施，利用加工中心多工位点、线、面混合加工的特点，可完成多道工序或全部工序的内容。

4．盘、套、板类零件

盘、套、板类零件有：带有键槽，或径向孔，或端面分布的有孔系；曲面的盘套或轴类零件，如带法兰的轴套，带键槽或方头的轴类零件；具有较多孔加工的板类零件，如各种电机盖等。端面有分布孔系、曲面的盘类零件，通常适宜选择立式加工中心；对有径向孔的零件则可选择卧式加工中心。

5．特殊加工

特殊加工包括：配合一定的工装和专用工具，利用加工中心可完成一些特殊的工艺工作，如在金属表面上刻字、刻线、刻图案等；在加工中心的主轴上装上高频电火花电源，可对金属表面进行线扫描表面淬火；加工中心装上高速磨头，可实现小模数渐开线圆锥齿轮磨削及各种曲线、曲面的磨削等。

4.3.2　加工中心的分类

1．按加工工艺范围分类

加工中心按加工范围可分为车削加工中心、钻削加工中心、镗铣加工中心、磨削加工中心和电火花加工中心等。

2．按加工中心的布局方式分类

加工中心按布局可分为卧式加工中心、立式加工中心、龙门式加工中心和万能加工中心。

3．按换刀形式分类

(1) 带刀库与机械手的加工中心。这种加工中心的换刀装置是由刀库和机械手组成的，换刀动作由机械手完成。

(2) 无机械手的加工中心。无机械手的加工中心的换刀是通过刀库和主轴箱的配合动作来完成的。

(3) 转塔刀库式加工中心。小型立式加工中心一般采用转塔刀库形式，它主要用于进行孔加工。

4. 按数控系统分类

加工中心按数控系统的不同有两种分类方法：一种可分为二坐标加工中心、三坐标加工中心和多坐标加工中心；另一种可分为半闭环加工中心和全闭环加工中心。

5. 按加工中心运动坐标数和同时控制的坐标数分类

加工中心按运动坐标数和同时控制的坐标数可分为三轴二联动、三轴三联动、四轴三联动、五轴四联动、六轴五联动等。

6. 按工作台的数量分类

加工中心按工作台的数量可分为单工作台加工中心、双工作台加工中心和多工作台加工中心。

4.3.3 加工中心的组成

加工中心的组成随机床的类别、功能、参数的不同而有所不同。机床本身分基本部件和选择部件，数控系统有基本功能和选用功能，机床参数有主参数和其他参数。机床制造厂可根据用户提出的要求进行生产，但同类机床产品的基本功能和部件组成一般差别不大。图 4-3 为立式加工中心的部件示意图，图 4-4 为卧式加工中心的部件示意图。

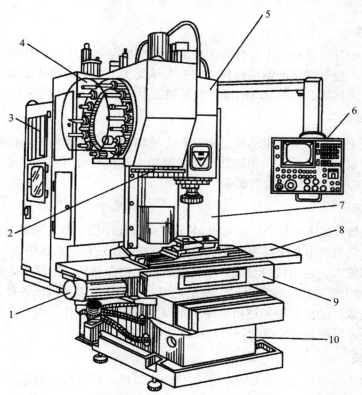

1—X 轴的直流伺服电动机；2—换刀机械手；3—数控柜；4—盘式刀库；5—主轴箱；
6—操作面板；7—驱动电源柜；8—工作台；9—滑座；10—床身

图 4-3 JCS-018A 型立式加工中心外观图

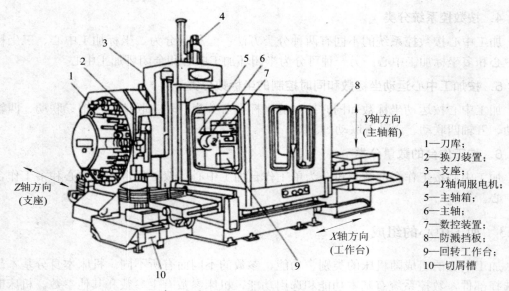

图 4-4　卧式加工中心图

1—刀库；
2—换刀装置；
3—支座；
4—Y轴伺服电机；
5—主轴箱；
6—主轴；
7—数控装置；
8—防溅挡板；
9—回转工作台；
10—切屑槽

尽管出现了各种类型的加工中心，它们的外形结构各异，但从总体来看由以下几部分组成。

1．基础部件

基础部件由床身、立柱和工作台等大件组成，它们是加工中心结构中的基础部件。这些大件有铸铁件，也有焊接的钢结构件，它们要承受加工中心的静载荷以及在加工时的切削负载，因此必须具备更高的静动刚度，也是加工中心中质量和体积最大的部件。

2．主轴组件

主轴组件由主轴箱、主轴电动机、主轴和主轴轴承等零件组成。主轴的启动、停止等动作和转速均由数控系统控制。主轴部件是切削加工的功率输出部件，是加工中心的关键部件，对加工中心的性能有很大的影响。

3．数控系统

数控系统是数控机床的核心，由 CNC 装置、可编程序控制器、伺服驱动装置以及电动机等部分组成，是加工中心执行顺序控制动作和控制加工过程的指挥中心。CNC 系统一般由中央处理器和输入、输出接口组成。中央处理器又由存储器、运算器、控制器和总线组成。CNC 系统的主要特点是输入存储、数据处理、插补运算以及机床各种控制功能都通过计算机软件来完成，能增加很多逻辑电路中难以实现的功能。计算机与其他装置之间可通过接口设备连接，当控制对象改变时，只需改变软件接口。

4．伺服系统

伺服系统的作用是把来自数控装置的信号转换为机床移动部件的运动，其性能是决定机床的加工精度、表面质量和生产率的主要因素之一。

5．自动换刀装置

自动换刀装置由刀库、机械手和驱动机构等部件组成。刀库是存放加工过程使用的全部刀具的装置。当换刀时，自动换刀装置根据数控系统指令，由机械手从刀库取出刀具再装入主轴中。有的加工中心不用机械手而利用主轴箱或刀库的移动来实现换刀。

6．辅助系统

辅助系统包括润滑、冷却、排屑、防护、液压和随机检测系统等部分。辅助系统虽不直接参加切削运动，但对加工中心的加工效率、加工精度和可靠性起到保障作用，是加工中心不可缺少的部分。

7．自动托盘更换系统

有的加工中心为进一步缩短非切削时间，配有两个自动交换工件托盘，一个安装在工作台上进行加工，另一个则位于工作台外进行装卸工件。当完成一个托盘的工件加工后，自动交换托盘，进行新零件的加工，这就是自动托盘更换系统。它可减少辅助时间，提高加工工效。

4.3.4　加工中心的布局

加工中心是一种配有刀库并能自动更换刀具、对工件进行多工序加工的数控机床，其布局可分为卧式加工中心、立式加工中心、龙门式加工中心、万能加工中心。

1．立式加工中心

立式加工中心是指主轴轴心线为垂直状态设置的加工中心，如图 4-3 所示，JCS-018A 型立式加工中心主轴垂直布置。立式加工中心的结构形式多为固定立柱式，主轴箱吊在立柱一侧，其平衡重锤放置在立柱中；工作台为长方形，为十字滑台，具有 2 个直线运动坐标(沿 X、Y 轴方向)，主轴箱沿立柱导轨运动，实现 Z 坐标移动。

2．卧式加工中心

卧式加工中心是指主轴轴心线为水平状态设置的加工中心，如图 4-4 所示为卧式加工中心主轴水平布置。卧式加工中心有多种形式，如固定立柱式和固定工作台式。固定立柱式的卧式加工中心的立柱固定不动，主轴箱沿立柱做上下运动，而工作台可在水平面内做前、后、左、右 4 个方向的移动；固定工作台式的卧式加工中心，安装工件的工作台是固定不动的(不做直线运动)，沿坐标轴 3 个方向的直线运动由主轴箱和立柱的移动来实现。

3．龙门式加工中心

龙门式加工中心如图 4-5 所示，其形状与龙门铣床相似，主轴多为垂直状态设置。龙门式布局具有结构刚性好的特点，容易实现热对称性设计，尤其适用于加工大型或形状复杂的工件，如航天、工业及大型汽轮机上某些零件的加工。

4．万能加工中心

万能加工中心如图 4-6 所示，具有立式和卧式加工中心的功能，工件一次装夹后就能完成除安装面外的所有侧面和顶面(5 个面)的加工，也称为五面加工中心。常见的五面加工中心有两种形式：一种是主轴可实现立、卧转换；另一种是主轴不改变方向，工作台带动工件旋转 90°，来完成对工件 5 个表面的加工。

图 4-5　龙门式加工中心

图 4-6　五面加工中心

4.3.5　加工中心的特点与发展

1. 加工中心的特点

加工中心是典型的集高新技术于一体的机械加工设备，广泛应用于机械制造中。与其他数控机床相比，加工中心具有以下几个突出特点：

(1) 设置有刀库和换刀机构。这是加工中心与数控铣床和数控镗床的主要区别，它增强了加工中心的工艺能力和自动化程度。加工中心的刀库容量少的有几把，多的达几百把，这些刀具通过换刀机构自动调用和更换，并通过控制系统对刀具寿命进行管理。

(2) 控制系统功能较全。加工中心的控制系统不但可对刀具的自动加工进行控制，还可对刀库进行控制和管理，实现刀具自动交换，有的加工中心具有工作台自动交换功能。随着加工中心控制系统的发展，其智能化的程度越来越高，加工过程中可实现在线检测，检测出的偏差可自动修正，保证首件加工一次成功，从而可以防止废品的产生。

(3) 工序集中。加工中心备有刀库并能自动更换刀具，对工件进行多工序加工，使得工件在一次装夹后，数控系统能控制机床按不同工序自动选择和更换刀具，自动改变机床主轴转速、进给量和刀具相对工件的运动轨迹，以及实现其他辅助功能，完成多表面、多工位的连续、高效、高精度加工，即工序集中。这是加工中心最突出的特点。

2．加工中心的高速化发展趋势

加工中心的高速化是指主轴转速、进给速度、自动换刀和自动交换工作台的高速化。加工中心的高速化是加工中心的主要发展趋势。

经过几十年的努力，和高速切削相关的技术逐渐成熟。目前适应高速切削加工要求的高速加工中心和其他高速数控机床在工业发达国家内已普遍应用。

高速主轴是高速加工中心最为关键的部件之一。目前主轴转速在 20 000～40 000 r/min 的加工中心越来越普及，一些欧洲的高速加工中心的主轴转速已经达到 60 000 r/min，转速高达 100 000 r/min 以上的超高速主轴也正在研制开发中。高速加工中心的转速、马力、动态平衡、刚性、锥度孔型及热变形特性等，对高速加工中心的刚性和热稳定性都有相当程度的影响。这样就要求高速加工中心的主轴和电动机合二为一，制成电主轴，实现无中间环节的直接传动，减少传动部件，具有更高的可靠性。为了适应高速切削加工，高速加工中心的主轴设计采用了先进的主轴轴承的润滑、散热技术。目前高速主轴主要采用三种特殊轴承：陶瓷轴承；磁力轴承；空气轴承。主轴轴承润滑对主轴转速的提高起着重要的作用，高速主轴一般采用油空气润滑或喷油润滑。

4.4　加工中心的传动系统

4.4.1　加工中心的主传动系统

1．主传动系统的要求

主传动系统要求有更大的调速范围并实现无级变速；有更高的精度与刚度，传动平稳，噪声低；有良好的抗振性和热稳定性；有刀具自动夹紧功能。

2．主传动系统的组成

主传动系统由主轴动力(主轴电机)、主轴传动、主轴组件等部分组成。

低速主轴常采用齿轮变速机构或同步带构成主轴传动系统，从而达到增强主轴的驱动力矩，适应主轴传动系统性能与结构的目的。图 4-7 所示为 VP1050 加工中心的主轴结构，其主轴转速范围为 10～4000 r/min。当滑移齿轮 3 处于下位时，主轴在 10～1200 r/min 间实现无级变速。当数控加工程序要求较高的主轴转速时，PLC 根据数控系统的指令，主轴电动机自动实现快速降速，主轴转速在低于 10 r/min 时滑移齿轮 3 开始向上滑动，当达到上位时，主轴电动机快速升至程序要求的速度。由高速也可以实现降速变换。

主轴变速箱由液压系统控制，变速箱滑移齿轮的位置由液压缸驱动，通过改变三位四通换向阀的位置实现改变液压缸的运动方向。三位四通换向阀具有中位锁定机能。当变速箱滑移齿轮移动完成后，由行程开关发出变速动作完成信号，数控系统 PLC 发出控制信号，切断相应的电磁铁电源，三位四通换向阀恢复为中间状态，锁定变速齿轮位置，同时机床操作面板上以 LED 指示灯显示机床主轴处于"高速"或"低速"状态。

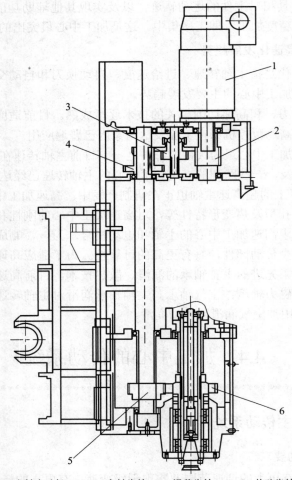

1—主轴电动机；2、5—主轴齿轮；3—滑移齿轮；4、6—从动齿轮

图 4-7   VP1050 加工中心的主轴传动结构图

高速主轴要求在极短时间内实现升降速、在指定位置上快速准停，这要求主轴具有很高的角加速度。通过齿轮或传送带这些中间环节，常会引起较大的振动和噪声，而且增大了转动惯量。为此，将电动机与主轴合二为一，制成电主轴，实现无中间环节的直接传动，是主轴高速单元的理想结构。

1) 主轴电动机

加工中心常用的主轴电动机为交流调速电动机和交流伺服电动机。交流调速电动机通过改变电动机的供电频率可以调整电动机的转速。加工中心的电动机多为专用电动机与调速装置配套使用，电动机的原理与普通交流电动机相同，但为了便于安装，结构不完全相同。交流调速电动机成本低，但不能实现电动机轴在圆周任意方向的准确定位。

交流伺服主轴电动机的工作原理与交流伺服进给电动机的工作原理相同,但是其工作转速要高。交流伺服电动机能实现电动机轴在圆周任意方向准确定位,并且以很大的转矩实现微小位移。交流伺服主轴电动机的功率通常在十几千瓦到几十千瓦之间,功率大,成本高。

2) 主轴组件

图 4-8 所示为主轴部件结构。图中主轴 1 的前支撑配置了 3 个高精度的角接触球轴承 4,用以承受径向载荷和轴向载荷,前两个轴承大口朝下,后一个轴承大口朝上。前支撑按预加载荷计算的预紧量由预紧螺母 5 来调整。后支撑为一对小口相对配置的角接触球轴承 6,它们只承受径向载荷,因此轴承外圈不需要定位。该主轴选择的轴承类型和配置形式满足主轴高转速和承受较大轴向载荷的要求。主轴受热变形向后伸长,但不影响加工精度。

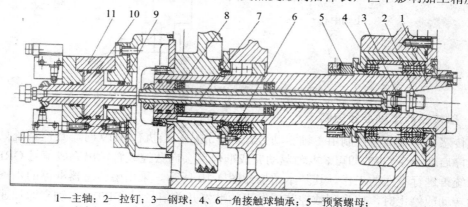

1—主轴;2—拉钉;3—钢球;4、6—角接触球轴承;5—预紧螺母;
7—拉杆;8—碟形弹簧;9—圆柱螺旋弹簧;10—活塞;11—液压缸

图 4-8 JCS-018A 主轴箱结构示意图

4.4.2 加工中心的主轴准停装置

机床的切削扭矩由主轴的端面键来传递,每次机械手自动装取刀具时,必须保证刀柄上的键槽对准主轴的端面键。加工中心进行刀具交换时,主轴需停在一个固定的位置上,从而保证主轴端面上的键也在一个固定的位置。这样,换刀机械手在交换刀具时,能保证刀柄上的键槽对正主轴端面上的定位键,这就是主轴准停。主轴准停有机械准停控制、磁传感器主轴准停控制等方式。

1. 机械准停控制

图 4-9 为典型的 V 形槽轮定位盘准停结构。带有 V 形槽的定位盘与主轴端面保持一定的位置关系,以确定定位位置。当指令为准停控制 M19 时,首先使主轴减速至可以设定的低速转动;当检测到无触点开关有效信号后,立即使主轴电动机停转,此时主轴电动机与主轴传动件依惯性继续空转,同时准停液压缸定位销伸出,并压向定位盘。当定位盘 V 形槽与定位销正对时,由于液压缸的压力,定位销插入 V 形槽中。LS2 准停到位信号有效,表明准停动作完成。这里 LS1 为准停释放信号。采用这种准停方式,必须有一定的逻辑互锁,即当 LS2 有效时,才能进行换刀等动作。而只有当 LS1 有效时,才能启动主轴电动机正常运转。上述准停功能通常由数控系统的可编程控制器来完成。

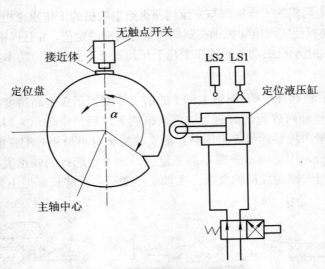

图 4-9   V 形槽轮定位盘准停结构

2．磁传感器主轴准停控制

磁传感器主轴准停控制由主轴驱动装置本身完成。当执行 **M19** 时，数控系统只需发出主轴准停启动命令 **ORT** 即可。主轴驱动完成准停后会向数控装置输出完成信号 **ORE**，然后数控系统再进行下面的工作。其基本结构如图 4-10 所示。采用磁传感器准停的步骤如下：当主轴转动或停止时，接收到数控装置发来的准停开关信号量 **ORT**，主轴立即加速或减速至某一准停速度(可在主轴驱动装置中设定)。主轴到达准停速度且到达准停位置时(即磁发体与磁传感器对准)，主轴立即减速至某一爬行速度(可在主轴驱动装置中设定)。当磁传感器信号出现时，主轴驱动立即进入磁传感器的作为反馈元件的位置闭环控制，目标位置为准停位置。准停完成后，主轴驱动装置输出准停完成信号 **ORE** 给数控装置，从而可进行自动换刀或其他动作。

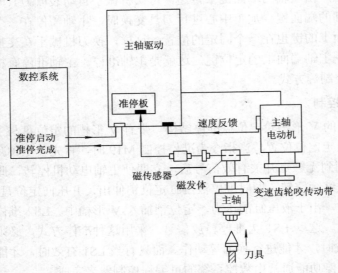

图 4-10   磁传感器准停结构

4.4.3 加工中心的伺服进给系统

伺服进给系统由进给伺服电动机、联轴器、丝杠螺母副、工作台、回转工作台等组成。

JCS-018A 加工中心的伺服进给系统有三套(X、Y、Z 轴)相同的伺服进给系统。如图 4-11 所示为工作台的纵向(X 向)伺服进给系统，该系统由脉宽调速直流伺服电动机 1 驱动，采用无键连接方式，用锁紧环将运动传至十字滑块联轴节 2 的左连接件。联轴节的右连接件与滚珠丝杠 3 用键相连，由滚珠丝杠 3、左螺母 4 和右螺母 7 驱动工作台移动。滚珠螺母由左螺母 4 和右螺母 7 组成，并固定在工作台上。十字滑块联轴节 2 的左连接件与电机轴靠锥形锁紧环摩擦连接。锥形锁紧环每套有两环，内环为内柱外锥，外环为外柱内锥。这种连接方式无须在连接件上开键槽，两锥环的内、外圆锥面压紧后，可以实现无间隙传动，提高了传动精度，而且对中性较好，传递动力平稳，加工工艺性好，安装与维修方便。选用锥环对数的多少，取决于所传递扭矩的大小。

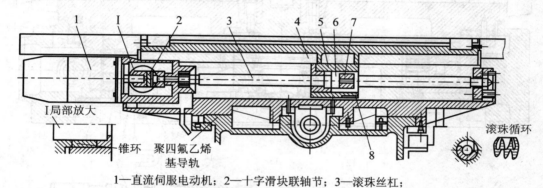

1—直流伺服电动机；2—十字滑块联轴节；3—滚珠丝杠；
4—左螺母；5—键；6—半圆垫片；7—右螺母；8—螺母座

图 4-11 工作台的纵向伺服进给系统

横向(Y 轴)伺服进给系统与纵向伺服进给系统的结构相同。在垂直向(Z 向)伺服进给系统中，由于滚珠丝杠没有自锁能力，为了保证工作台能够停止在所需要的位置上，在电机上加有制动装置。当电机停转时，切断电磁线圈的电流，由弹簧压紧摩擦片使其制动。

4.5 加工中心的回转工作台

◆◇

加工中心的回转工作台用以进行各种圆弧加工或与直线进给联动进行曲面加工，可以实现精确的自动分度，有些还能实现圆周进给运动，这也给箱体零件的加工带来了便利。回转工作台已成为加工中心的一个不可缺少的部件。加工中心中常用的回转工作台有数控回转工作台和分度工作台两种。

4.5.1 数控回转工作台

数控回转工作台主要用于数控镗铣加工中心。它的功用是按照控制系统的指令，使工作台进行圆周进给运动，以完成切削工作，并使工作台进行分度运动。数控回转工作台的外形和通用机床的分度工作台相似，为了实现进给运动，其内部结构和数控机床进给驱动机构有许多共同之处。数控回转工作台可以分为开环和闭环两种。

图 4-12 为闭环数控回转工作台的结构，数控回转工作台的进给、分度转位和定位锁紧都由给定的指令进行控制。工作台的运动由伺服电动机驱动，通过减速齿轮和带动蜗杆，再传递给蜗轮，使工作台回转。为了消除传动间隙、反向间隙和齿轮啮合间隙，可通过调整偏心环来完成；齿轮与蜗杆是靠楔形拉紧圆柱销来连接的，此方法能消除轴与套的配合间隙；为了消除蜗杆副的传动间隙，采用双螺距渐厚蜗杆，通过移动蜗杆的轴向位置来调整间隙。这种蜗杆的左右两侧面具有不同的螺距，因此蜗杆齿厚从头到尾逐渐增厚。但由于同一侧的螺距是相同的，因此仍然保持着正常的啮合。

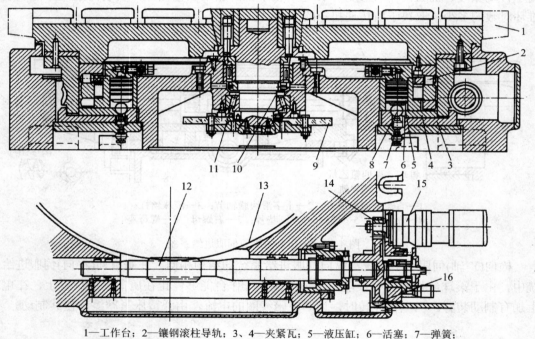

1—工作台；2—镶钢滚柱导轨；3、4—夹紧瓦；5—液压缸；6—活塞；7—弹簧；
8—钢球；9—光栅；10、11—轴承；12—蜗杆；13—蜗轮；14、16—齿轮；15—电动机

图 4-12　闭环数控回转工作台的结构

当工作台静止时，必须处于锁紧状态。工作台面用沿其圆周方向分布的八个夹紧液压缸进行夹紧。当工作台不回转时，夹紧液压缸的上腔进压力油，使活塞向下运动，通过钢球、夹紧瓦将蜗轮夹紧。当工作台需要回转时，数控系统发出指令，使夹紧液压缸的上腔的油流回油箱。在弹簧的作用下，钢球抬起，夹紧瓦松开蜗轮，然后由伺服电动机通过传动装置，使蜗轮和工作台按照控制系统的指令做回转运动。

数控回转工作台设有零点，当它做返回零点运动时，先用挡块碰撞限位开关，使工作台降速，然后通过感应块和无触点开关，使工作台准确地停在零位。数控回转工作台在任意角度转位和分度时，由光栅进行读数控制，因此能够达到较高的分度精度。

4.5.2 分度工作台

由于结构上的原因，分度工作台只能完成分度运动(如 45°、60° 或 90° 等)，而不能实现圆周连续进给运动。在需要分度时，按照数控系统的指令，将工作台及其工件回转规定的角度，以改变工件相对于主轴的位置，完成工件各个表面的加工。分度工作台按其定位机构的不同分为定位销式和鼠牙盘式两类。

1. 定位销式分度工作台

图 4-13 所示是 THK6380 型数控卧式镗铣床的定位销式分度工作台。这种工作台的定位分度主要靠定位销和定位孔来实现。分度工作台置于长方形工作台的中间，在不单独使用分度工作台时，两个工作台可以作为一个整体使用。回转分度时，工作台需经过松开、回转、分度定位、夹紧四个过程。工作台 1 的底部均匀分布着 8 个削边圆柱定位销 7，在工作台底座 21 上有一定位孔衬套 6 以及供定位销移动的环形槽。由于定位销之间的分布角度为 45°，因此工作台只能作二、四、八等分的分度运动。

定位销式分度工作台的分度精度，主要由定位销和定位孔的尺寸精度及坐标精度决定，最高可达 ±5"。为适应大多数的加工要求，应当尽可能提高最常用的 180° 分度销孔的坐标精度，而其他角度(如 45°、90° 和 135°)可以适当降低。

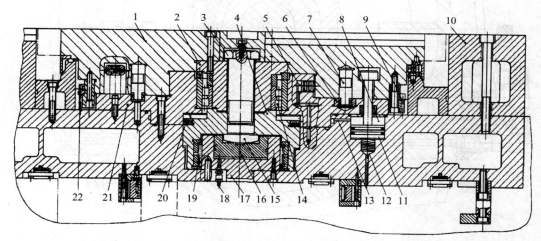

1—分度工作台；2—锥套；3—螺钉；4—支座；5—消隙液压缸；6—定位孔衬套；7—定位销；
8—锁紧液压缸；9—齿轮；10—长方形工作台；11—锁紧缸活塞；12—弹簧；13—油槽；
14、19、20—轴承；15—螺栓；16—活塞；17—中央液压；18—油管；21—底座；22—挡块

图 4-13 定位销式分度工作台的结构

2. 鼠牙盘式分度工作台

鼠牙盘式分度工作台主要由工作台面底座、夹紧液压缸、分度液压缸和鼠牙盘等零件组成，其结构如图 4-14 所示。回转分度时，工作台也需经过松开、回转、分度定位、夹紧四个过程。

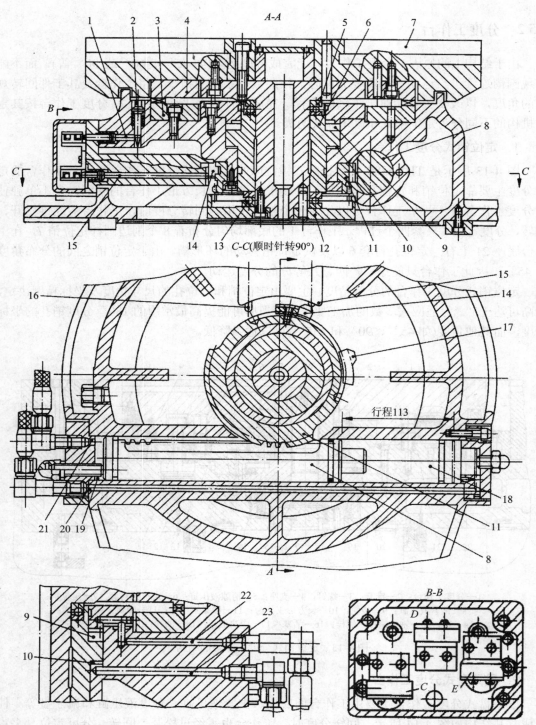

1、2、15、16—推杆；3—下鼠牙盘；4—上鼠牙盘；5、13—推力轴承；6—活塞；7—工作台；8—齿条活塞；
　9—夹紧液压缸上腔；10—夹紧液压缸下腔；11—齿轮；12—内齿圈；13—油槽；14、17—挡块；
　18—分度液压缸右腔；19—分度液压缸左腔；20、21—分度液压缸回油管道；22、23—升降液压缸回油管道

图4-14　鼠牙盘式分度工作台的结构

4.5.3 工作台交换系统

为了实现工件交换，即机床在加工第一个工件时，工人开始安装调试第二个工件，第一个工件加工完成后，第二个工件进入加工区，从而使工件的安装调整时间与加工时间重合，达到进一步提高加工效率的目的。常见的工作台交换系统有交换工作台和托盘交换系统两种。

1. 交换工作台

如图 4-15 所示为带有交换工作台的加工中心。在加工中心上使用最早的是交换工作台，即双工作台。当一个工作台还在加工工件时，另一个工作台则处于装卸工件的位置，装卸时间与加工时间重合，达到提高加工效率的目的。

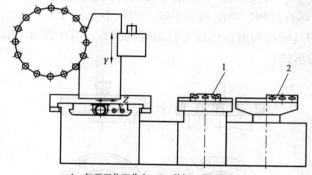

1—加工工位工作台；2—装卸工位工作台
图 4-15 带交换工作台的加工中心

2. 托盘交换系统

工作台交换系统的进一步发展是托盘交换系统，如图 4-16 所示。在加工中心上配置更多(5 个以上)的托盘，组成环形回转托盘库(Automatic Pallet Changer，APC)，构成柔性制造单元。

托盘上装夹有工件，在加工过程中，它与工件一起流动，类似通常的随行夹具。环形工作台用于工件的输送与中间存储，托盘座在环形导轨上由内侧的环链拖动而回转，每个托盘座上有地址识别码。当一个工件加工完毕时，数控机床发出信号，由托盘交换装置将加工完的工件(包括托盘)拖至回转台的空位处，然后转至装卸工位，同时将待加工工件推至机床工作台并定位加工。

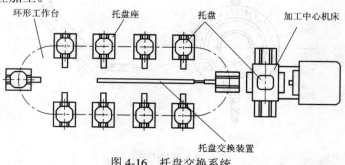

图 4-16 托盘交换系统

4.6　加工中心的刀库

●◆●◆●◆●◆●◆●◆●◆●◆●◆●◆●◆●◆●◆●◆

4.6.1　刀库的类型与容量

加工中心刀库的形式很多，最常用的有鼓盘式刀库、链式刀库和格子盒式刀库。

1．鼓盘式刀库

鼓盘式刀库为最常用的一种形式，每一刀座均可存放一把刀具。鼓盘式刀库结构紧凑、简单，成本较低，换刀可靠性较高，在钻削中心应用较多，一般存放刀具不超过 32 把。鼓盘式刀库上的刀具呈环行排列，空间利用率低，容量不大。

图 4-17 所示为刀具轴线与鼓盘轴线平行布置的刀库，其中图 4-17(a)为径向取刀形式，图 4-17(b)为轴向取刀形式。

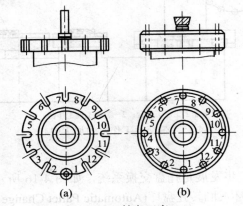

图 4-17　鼓盘刀库(一)

(a) 径向取刀形式；(b) 轴向取刀形式

图 4-18(a)所示为刀具径向安装在刀库上的结构，图 4-18(b)为刀具轴线与鼓盘轴线成一定夹角布置的结构。

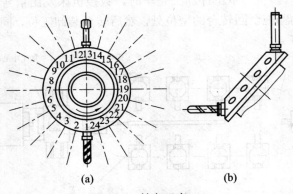

图 4-18　鼓盘刀库(二)

(a) 刀具径向安装；(b) 刀具轴线与鼓盘轴线成一定夹角

2．链式刀库

链式刀库是在环形链条上装有许多刀座，链条由链轮驱动。链式刀库适用于刀库容量较大的场合。链式刀库的结构灵活，存放刀具数量较多，选刀和取刀动作十分简单。当链条较长时，可以增加支撑链轮数目，使链条折叠回绕，提高空间利用率。一般链式刀库的刀具数量为 30～120 把，常用的链环形式有单链环式、多单链环式、链条折叠式，如图 4-19所示。链式刀库结构紧凑，容量大，链环的形状也可随机床布局制成各种形式而灵活多变，还可将换刀位突出以便于换刀。

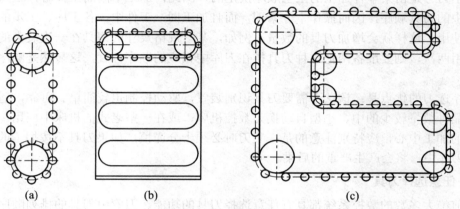

图 4-19　链式刀库

3．格子盒式刀库

固定型格子盒式刀库具有很多纵横排列十分整齐的格子，每个格子中均有一个刀座，可储存一把刀具。这种刀库可单独安置于机床外，由机械手进行选刀及换刀，如图 4-20 所示。由于刀具排列密集，因此空间利用率高，刀库容量大。但是因为这种刀库选刀及取刀动作复杂，故应用较少。

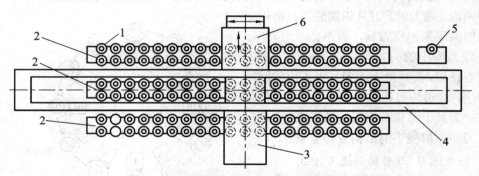

1—刀座；2—刀具固定板架；3—取刀机械手横向导轨；
4—取刀机械手纵向导轨；5—换刀位置刀座；6—换刀机械手

图 4-20　固定型格子盒式刀库

4.6.2　刀具的编码与选择方式

数控机床采用的是标准化、系列化刀具，并主要针对刀柄和刀头两部分规定标准、系列，以使刀具在机床上迅速定位夹紧。按数控装置的刀具选择 **T** 指令，从刀库中将所需要的刀具转换到取刀位置，称为自动选刀。在刀库中选择刀具通常采用以下两种方法。

1. 顺序选择刀具

顺序选刀是在加工之前，将加工零件所需刀具按照加工工艺的先后顺序进行编号，刀具按编号依次插入刀库的刀套中，顺序不能有差错，加工时按排定的顺序选刀。

由于刀号是由某零件加工的工艺顺序决定的，因此，加工不同的工件时，必须重新调整刀库中的刀具顺序，因而操作十分繁琐，而且加工同一工件中，各工序、工步的刀具不能重复使用，这样就会增加刀具的数量。例如，某一规格尺寸的刀具在一次装夹的加工顺序中要用两次，则要准备两把这种刀具排在刀库中相应的顺序位置，这显然是顺序选刀的缺陷。

顺序选刀的优点是：该法不需要刀具识别装置，驱动控制也较简单、可靠，适合于加工工件品种数量较少的中、小型自动换刀数控机床，或在一些老式的机床中应用。使用顺序选刀的加工中心，应特别注意的是：装刀时必须十分谨慎，如果刀具不按加工的先后顺序装在刀库中，将会产生严重的后果。

2. 任意选择刀具

目前绝大多数的数控系统都具有任意选择刀具的功能。刀库中刀具的排列顺序与工件加工顺序无关，数控系统根据程序 **T** 指令的要求任意选择所需要的刀具，相同的刀具可重复使用。任选刀具的换刀方式主要有任意选刀-刀具编码选刀方式、任意选刀-刀套编码选刀方式、任意选刀-软件选刀。

1) 任意选刀-刀具编码选刀方式

该方式采用了一种特殊的刀柄结构，并对每把刀具进行编码。刀具柄部采用编码结构，刀库上有编码识别机构。由于每把刀具都具有自己的代码，因而刀具可以放在刀库中的任何一个刀座内。选刀时，刀具识别装置只需根据刀具上的编码来识别刀具，而不必考虑刀座，这样不仅刀库中的刀具可以在不同的工序中多次重复使用，而且换下的刀具也不用放回原来的刀座，这对装刀和选刀都十分有利。但是由于每把刀具上都带有专用的编码系统，使得刀具、刀库和机械手的结构变得复杂。

2) 任意选刀-刀套编码选刀方式

刀套编码方式是对刀库中的刀套进行编码，并将与刀套编码号相对应的编号刀具一一放入指定的刀套中，然后根据刀套的编码选取刀具。如图 4-21 所示，刀具根据编号一一对应存放在刀套中，刀套编号就是刀具号，通过识别刀套编号来选择对应编号的刀具。

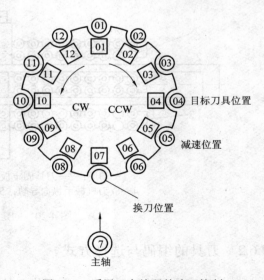

图 4-21　采用刀套编码的选刀控制

刀套编码方式的特点是只认刀套不认刀具，一把刀具只对应一个刀套，从一个刀套中取出的刀具必须放回同一刀套中，取送刀具十分麻烦，且换刀时间长。当刀库选刀采用刀套编码方式控制时，要防止把刀具放入与编码不符合的刀套内而引起的事故。

例如，设当前主轴上刀具为 T07，当执行 M06 T04 指令时，刀库首先将刀套 07 转至换刀位置，由换刀装置将主轴中的 T07 刀装入刀库的 07 号刀套内，随后刀库反转，使 04 号刀套转至换刀位置，由换刀装置将 T04 刀装入主轴上。

3) 任意选刀-软件选刀

由于计算机技术的发展，可以利用软件选刀，它代替了传统的编码环和识刀器。在这种选刀与换刀的方式中，刀库中的刀具能与主轴上的刀具任意地直接交换，即随机换刀。

软件随机换刀控制方式需要在 PLC 内部设置一个模拟刀库的数据表，表内设置的数据表地址与刀库的刀套位置号和刀具号相对应。这样，刀具号和刀库中的刀套位置一一对应，并记忆在数控系统的 PLC 中。

在刀库上装有位置检测装置(一般与电动机装在一起)，可以检测出每个刀套的位置。此后，随着加工换刀，换上主轴的新刀号以及还回刀库中的旧刀具号，均在 PLC 内部由相应的刀套号存储单元记忆，无论刀具放在哪个刀套内都始终记忆着它的刀套号变化踪迹。这样，数控系统就实现了刀具任意取出并送回。

4.6.3 刀库的结构与传动

JCS-018A 型立式加工中心外观如图 4-3 所示。它的自动换刀装置安装在立柱的左侧上部，由刀库和机械手两部分组成。

图 4-22 所示是 JCS-018A 刀库的结构简图。如图 4-22 左图所示，当数控系统发出换刀指令后，直流伺服电动机 1 接通，其运动经过十字联轴器 2、蜗杆 4、蜗轮 3 传到如图 4-22 右图所示的刀盘 14，刀盘带动其上的 16 个刀套 13 转动，完成选刀工作。每个刀套尾部有一个滚子 11，当待换刀具转到换刀位置时，滚子 11 进入拨叉 7 的槽内。同时汽缸 5 的下腔进压缩空气，活塞 6 带动拨叉 7 上升，放开位置开关 9，用以断开相关的电路，防止刀库、主轴等有误动作。如图 4-22 右图所示，拨叉 7 在上升过程中，带动刀套绕着销轴 12 逆时针向下翻转 90°，从而使刀具轴线与主轴轴线平行。

刀库下转 90° 后，拨叉 7 上升到终点，压住定位开关 10，发出信号使机械手抓刀。通过图 4-22 左图中螺杆 8 可以调整拨叉的行程。拨叉的行程决定刀具轴线相对主轴轴线的位置。

刀库结构如图 4-23 所示，F-F 剖视图中的件 7 即为图 4-23 中的滚子 11，E-E 剖视图中的件 6 即为图 4-22 中的销轴 12。刀套 4 的锥尾部有两个球头销钉 3。在螺纹套 2 和球头销之间装有弹簧 1，当刀具插入刀套后，由于弹簧力的作用，使刀柄被加紧。拧动螺纹套，可以调整夹紧力的大小，当刀套在刀库中处于水平位置时，靠刀套上部的滚子 5 来支撑。

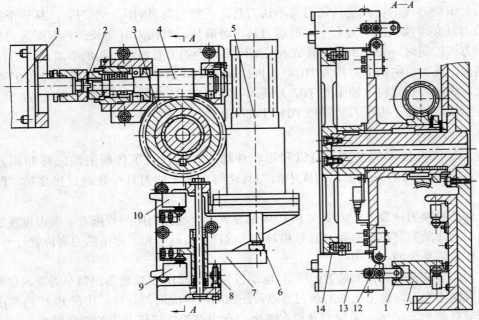

1—直流伺服电动机；2—十字联轴器；3—蜗轮；4—蜗杆；5—汽缸；6—活塞；7—拨叉；
8—螺杆；9—位置开关；10—定位开关；11—滚子；12—销轴；13—刀套；14—刀盘

图 4-22　JCS-018A 刀库结构简图

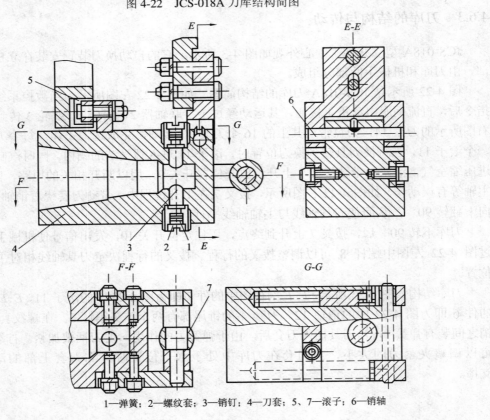

1—弹簧；2—螺纹套；3—销钉；4—刀套；5、7—滚子；6—销轴

图 4-23　JCS-018A 刀库结构

4.7 加工中心的自动换刀装置

自动换刀装置的用途是按照加工需要，自动地更换装在主轴上的刀具。加工中心有立式、卧式、龙门式等多种，其自动换刀装置的形式也是多种多样。

4.7.1 自动换刀装置的类型

加工心的自动换刀装置主要有以下几种类型。

1. 更换主轴换刀装置

更换主轴换刀是一种比较简单的换刀方式。这种主轴头实际上就是一个转塔刀库。转塔转位可实现更换主轴(刀具在主轴上)和换刀。

2. 更换主轴箱换刀

有的数控机床像组合机床一样，采用多主轴箱，利用更换主轴箱可达到换刀的目的。

3. 带刀库的自动换刀系统

回转刀架、转塔头式换刀装置容纳的刀具数量不能太多，满足不了复杂零件的加工需要。目前大量使用的是带有刀库的自动换刀装置。加工中心带刀库的自动换刀系统由刀库和刀具交换机构组成。按是否有机械手可分为机械手换刀系统和无机械手换刀系统。

(1) 机械手换刀系统：机械手换刀系统一般由刀库和机械手组成，其刀库的配置、位置及刀具数量要比无机械手刀换刀系统灵活得多。它可以根据不同的要求配置不同形式的机械手。

(2) 无机械手换刀系统：无机械手的加工中心的换刀是通过刀库和主轴箱的配合动作来完成的，一般是采用把刀库放在主轴箱可以运动到的位置，或者是整个刀库或某一刀位能移动到主轴箱可以到达的位置的办法。刀库中刀具的存放位置方向与主轴装刀的方向一致。换刀时，主轴运动到刀位上的换刀位置，由主轴直接取走或放回刀具。

4.7.2 自动换刀装置的结构

各种加工中心的机床类型、工艺范围及刀具的种类和数量不同，自动换刀装置的结构也不相同。

1. 更换主轴换刀装置

更换主轴换刀的结构如图 4-24 所示。通常用转塔 1 的转位来更换主轴 3，以实现自动换刀。在转塔的各个主轴 3 上，预先安装有各工序所需的旋转刀具 4，当发出换刀指令时，各主轴头依次地转到加工位置，并接通主运动，成为工作主轴 2。而其他处于不加工位置上的主轴都与主运动脱开。

这种更换主轴换刀装置省去了自动松、夹、卸刀、装刀以及刀具搬运等一系列的复杂操作，从而缩短了换刀时间，并提高了换刀的可靠性。但是由于空间位置的限制，使主轴部件的结构尺寸不能太大,因而影响了主轴系统的刚性。为了保证主轴的刚性,必须限制主轴的数目,否则会使结构尺寸增大。因此,转塔主轴头通常只适用于工序较少、精度要求不太高的机床,例如数控钻床等。

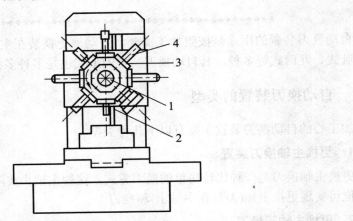

1—转塔;2—工作主轴;3—主轴;4—刀具

图 4-24   更换主轴换刀

2. 更换主轴箱换刀

更换主轴箱换刀的结构如图 4-25 所示。主轴箱库 8 吊挂着备用主轴箱 2～7。主轴箱两端的导轨上,装有同步运行的小车 Ⅰ 和 Ⅱ,它们在主轴箱库与机床动力头之间运送主轴箱。

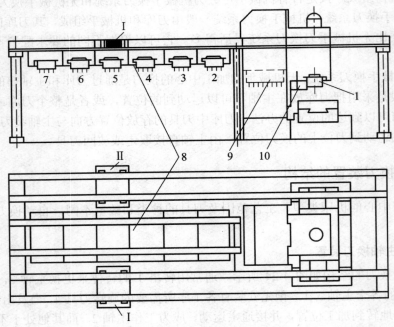

1—工作主轴箱;2～7—备用主轴箱;
8—主轴箱库 ;9—刀库;10—机械手;Ⅰ、Ⅱ—小车

图 4-25   更换主轴箱换刀

　　根据加工要求，先选好所需的主轴箱，待两小车运行至该主轴箱处时，将它推到小车Ⅰ上，小车Ⅰ载着主轴箱与小车Ⅱ同时运动到机床动力头两侧的更换位置。当上一道工序完成后，动力头带着工作主轴箱 1 上升到更换位置，夹紧机构将工作主轴箱 1 松开，定位销从定位孔中拔出，推杆机构将工作主轴箱 1 推到小车Ⅱ上，同时又将小车Ⅰ上的待用主轴箱推到机床动力头上，并进行定位夹紧。与此同时，两小车返回主轴箱库，停在下次待换的主轴箱旁的空位。也可通过机械手 10 在刀库 9 和工作主轴箱 1 之间进行刀具交换。这种换刀形式，对于加工箱体类零件，可以提高生产率。因此，更换主轴箱换刀结构通常适用于要加工的零件结构和精度要求高，工序较多或者零件较大运送不便的机床，例如加工中心等。

3. 带刀库的自动换刀系统

　　带刀库的自动换刀装置在镗铣加工中心上应用最广泛，主要有机械手换刀和刀库换刀两种方式。带刀库的自动换刀系统换刀过程复杂：首先把加工过程中需要使用的全部刀具分别安装在标准刀柄上，在机外进行尺寸预调后，按一定的方式放入刀库；换刀时，先在刀库中进行选刀，并由机械手从刀库和主轴上取出刀具，或直接通过主轴以及刀库的配合运动来取刀；然后，进行刀具交换，再将新刀具装入主轴，把旧刀具放回刀库。存放刀具的刀库具有较大的容量，它既可以安装在主轴箱的侧面或上方，也可以作为独立部件安装在机床以外。

　　图 4-26 所示为刀库装在机床的工作台(或立柱)上的数控机床的外观图。

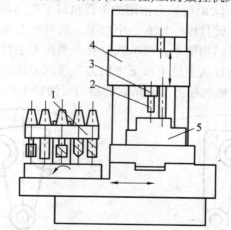

1—主轴箱；2—主轴；3—刀具；4—刀库；5—工件

图 4-26　刀库与机床为整体式的数控机床

　　图 4-27 所示为刀库装在机床之外，成为一个独立部件的数控机床的外观图。此时，刀库容量大，刀具可以较重，常常要附加运输装置来完成刀库与主轴之间刀具的运输。

　　采用这种自动换刀系统，需要增加刀具的自动夹紧、放松机构，刀库运动及定位机构，还需要有清洁刀柄及刀孔、刀座的装置，因而结构较复杂，换刀过程动作多，换刀时间长。

　　由于不同的加工中心的刀库与主轴的相对位置不同，因此各种加工中心的机械手也不相同，从手臂的类型看机械手有单臂机械手和双臂机械手等。

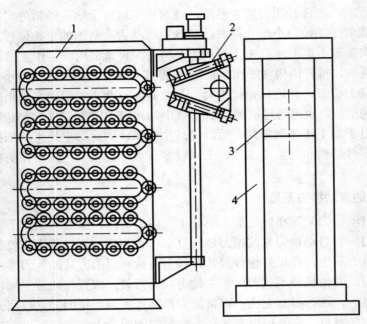

1—刀库；2—机械手；3—主轴箱；4—立柱

图 4-27　刀库与机床为分体式的数控机床

(1) 单臂机械手。如图 4-28 所示为常用的单臂机械手的结构形式，包括单爪式和双爪式。单爪式只有一个换刀手臂且仅一端有一个抓手，所有换刀动作均由单手完成，执行动作多，换刀时间较长，但是结构简单。双爪式只有一个换刀手臂两边各有一个抓手。两个抓手有分工，一个抓手只执行从主轴上取下"旧刀"送回刀库的任务，另一个抓手则执行由刀库取出"新刀"送到主轴的任务。双爪式的换刀时间较单爪式要短。

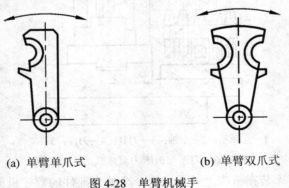

(a) 单臂单爪式　　　　　　　(b) 单臂双爪式

图 4-28　单臂机械手

(2) 双臂机械手。双臂机械手有两个机械手臂，每个手臂都有一个抓刀手。如图 4-29 所示为常用的双臂机械手的结构形式，这几种机械手能够完成抓刀、拔刀、回转、插刀、返回等一系列动作。为了防止刀具掉落，各机械手的活动爪都带有自锁机构。由于双臂回转机械手的动作比较简单，而且能够同时抓取和装卸机床主轴和刀库中的刀具，因此换刀时间进一步缩短。

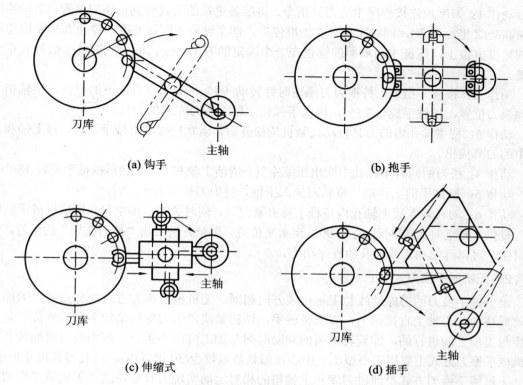

(a) 钩手

(b) 抱手

(c) 伸缩式

(d) 插手

图 4-29 常用的双臂机械手的结构形式

4.7.3 典型换刀装置的自动换刀过程

1. 通过机械手换刀

机械手换刀的动作过程如图 4-30 所示，刀库的轴线与主轴轴线方向相垂直，机械手为双臂机械钩手，一把等待更换的刀具停在换刀位置上。图 4-30 中(a)～(f)所示为一次换刀的循环过程。

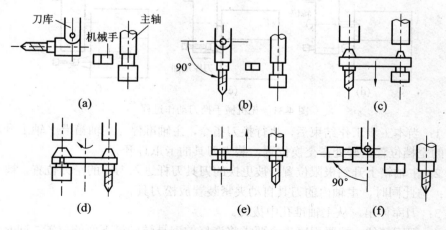

图 4-30 机械手换刀过程

动作 1：刀库预先按程序中的刀具指令，将准备更换的刀具转到待换刀位置，主轴箱回到最高处(Z 坐标零点)，同时实现"主轴准停"。即主轴停止回转并准确停止在一个固定不变的角度方位上，保证主轴端面的键也在一个固定的方位，使刀柄上的键槽能恰好对正端面键。

动作 2：按换刀指令，待换刀刀座逆时针转动 90°，处于垂直向下的位置，主轴箱上升到换刀位置，机械手旋转 75°，机械手抓住主轴上和刀库上的刀具。

动作 3：待主轴孔内的刀具自动夹紧机构松开后，活塞杆推动机械手下行，将主轴和刀座中的刀具拔出。

动作 4：松刀的同时主轴孔中吹出压缩空气，清洁主轴和刀柄，然后机械手旋转 180°。

动作 5：机械手向上移动，将新刀插入主轴，将旧刀插入刀座。

动作 6：刀具装入后主轴孔内拉杆上移夹紧刀具，同时关掉压缩空气；然后机械手回转75° 复位，刀座向上(顺时针)旋转 90° 至水平位置。限位开关发出"换刀完毕"的信号，主轴自由，可以开始加工或使其他程序动作。

2. 无机械手换刀

无机械手换刀的刀库轴线与主轴轴线方向相同。无机械手换刀方式的特点是：刀库整体前后移动与主轴上直接换刀，省去机械手，结构紧凑，但刀库运动较多，刀库旋转是在工步与工步之间进行的，即旋转所需的辅助时间与加工时间不重合，因而换刀时间较长。无机械手换刀方式主要用于小型加工中心，刀具数量较少(30 把以内)，而且刀具尺寸也小。

无机械手换刀方式是通过刀库和主轴箱的相对运动实现刀具交换的。无机械手换刀动作过程如图 4-31 所示。

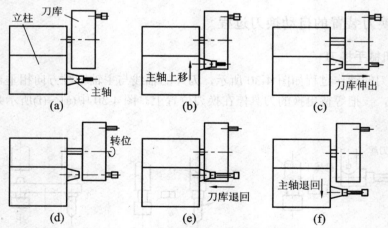

图 4-31   无机械手换刀动作过程

动作 1：当本工步工作结束后，执行换刀指令，主轴准停，主轴箱沿 Y 轴上升。这时刀库上刀位的空档位置正好处在交换位置，装夹刀具的卡爪打开。

动作 2：主轴箱上升到极限位置，被更换的刀具刀杆进入刀库的空刀位置，被刀具定位卡爪钳住；与此同时，主轴内的刀具自动夹紧装置放松刀具。

动作 3：刀库伸出，从主轴锥孔中拔刀。

动作 4：刀库转位，按照程序指令要求将选好的刀具转到最下面的位置，同时，压缩空气将主轴锥孔吹净。

动作 5：刀库回退，同时将新刀插入主轴锥孔，主轴内的刀具自动夹紧装置拉紧刀杆。

动作 6：主轴下降到加工位置后启动，进行下一工步的加工。

这种换刀机构中不需要机械手，结构比较简单。刀库旋转换刀时，机床不工作，因而影响到机床的生产效率。这种换刀方式常用于小型加工中心。

4.8　加工中心的气液控制系统

气液控制系统在数控机床中常用来完成如下的辅助功能：自动换刀所需动作；机床运动部件的平衡；数控机床运动部件的制动、离合器的控制、齿轮拨叉挂挡的实现等；机床运动部件的支撑；数控机床防护罩、板、门的自动打开与关闭；工作台的松开与夹紧，交换台的自动交换动作；夹具的自动松开与夹紧；定位面的自动吹屑清理；工件、工具定位面和交换工作台的自动吹屑、清理等。

4.8.1　加工中心的气动系统

图 4-32 为 H400 型卧式加工中心气压传动系统原理图。该系统主要包括松刀汽缸、双工作台交换、工作台夹紧、鞍座锁紧、鞍座定位、工作台定位面吹气、刀库移动、主轴锥孔吹气等几个动作完成的气压传动支路。

H400 型卧式加工中心气压传动系统要求提供额定压力为 0.7 MPa 的压缩空气。压缩空气通过直径为 8 mm 的管道连接到气压传动系统调压、过滤、油雾气压传动三联件 ST，经过气压传动三联件 ST 后，得以干燥、洁净并加入适当润滑用油雾，然后提供给后面的执行机构使用，从而保证整个气动系统的稳定安全运行，避免或减少执行部件、控制部件的磨损而使寿命降低。YK1 为压力开关，该元件在气压传动系统达到额定压力时发出电参量开关信号，通知机床气压传动系统正常工作。在该系统中为了减小载荷的变化对系统的工作稳定性的影响，在设计气压传动系统时均采用单向出口节流的方法调节汽缸的运行速度。

1.　松刀汽缸支路

松刀汽缸是完成刀具拉紧和松开的执行机构。在无换刀操作指令的状态下，松刀汽缸在自动复位控制阀 HF1 的控制下，始终处于上位状态，并由感应开关 LS11 检测该位置信号，以保证松刀汽缸活塞杆与拉刀杆脱离，避免主轴旋转时活塞杆与拉刀杆摩擦损坏。主轴对刀具的拉力由蝶形弹簧受压产生的弹力提供。当进行自动或手动换刀时，两位四通电磁阀 HF1 线圈 1YA 得电，松刀汽缸上腔通入高压气体，活塞向下移动，活塞杆压住拉刀杆克服弹簧弹力向下移动，直到拉刀爪松开刀柄上的拉钉，刀柄与主轴脱离。感应开关 LS12 检测到位信号，通过变送扩展板传送到 CNC 的 PMC(Programmable Machine Controller，它利用逻辑运算功能实现机床的各种开关量的控制)，作为对换刀机构进行协调控制的状态信号。DJ1 和 DJ2 是调节汽缸压力和松刀速度的单向节流阀，用于避免气流的冲击和振动的产生。电磁阀 HF1 用来控制主轴和刀柄之间的定位锥面在换刀时吹气清理气流的开关，主轴锥孔吹气的气体流量大小用节流阀 JL1 调节。

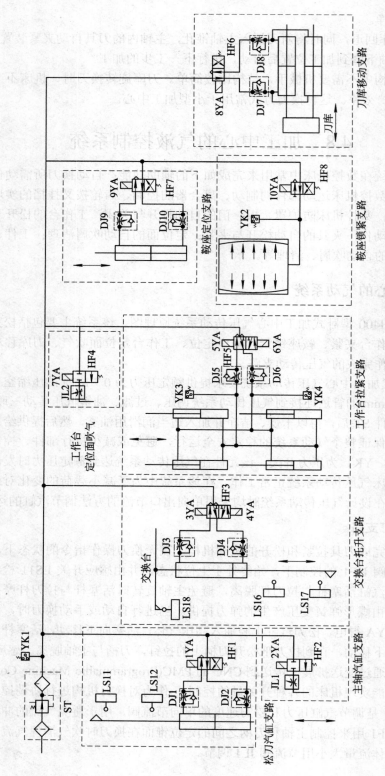

图 4-32　H400 型卧式加工中心气压传动系统原理图

2．工作台交换支路

交换台是实现双工作台交换的关键部件。机床无工作台交换时，在两位双电控电磁阀HF3 的控制下交换台托升缸处于下位，感应开关 LS17 有信号，工作台与托叉分离，工作台可以进行自由的运动。当进行自动或手动的双工作台交换时，数控系统通过 PMC 发出信号，使两位双电控电磁阀 HF3 的 3YA 得电，托升缸下腔通入高压气，活塞带动托叉连同工作台一起上升，当达到上下运动的上终点位置时，由接近开关 LS16 检测其位置信号，并通过变送扩展板传送到 CNC 的 PMC，控制交换台回转 180° 运动开始动作，接近开关 LS18 检测到回转到位的信号，并通过变送扩展板传送到 CNC 的 PMC，控制 HF3 的 4YA 得电，托升缸上腔通入高压气体，活塞带动托叉连同工作台在重力和托升缸的共同作用下一起下降；当达到上下运动的下终点位置时由接近开关 LS17 检测其位置信号，并通过变送扩展板传送到 CNC 的 PMC，双工作台交换过程结束，机床可以进行下一步的操作。在该支路中采用 DJ3、DJ4 单向节流阀调节交换台上升和下降的速度，以避免较大的载荷冲击及对机械部件的损伤。

3．工作台夹紧支路

可交换的工作台固定于鞍座上，由四个带定位锥的汽缸夹紧。工作台夹紧支路采用两位双电控电磁阀 HF4 进行控制，当双工作台交换将要进行或已经进行完毕时，数控系统通过 PMC 控制电磁阀 HF4，使线圈 5YA 或 6YA 得电，分别控制汽缸活塞的上升或下降，通过钢珠拉套机构放松或拉紧工作台上的拉钉，来完成鞍座与工作台之间的放松或夹紧动作。

为了避免活塞运动时的冲击，在该支路采用具有得电动作、失电不动作、双线圈同时得电不动作特点的两位双电控电磁阀 HF4 进行控制，可避免在动作进行过程中因突然断电而造成的机械部件冲击损伤。该支路还采用了单向节流阀 DJ5、DJ6 来调节夹紧的速度，以避免较大的冲击载荷。该位置由于受结构限制，用感应开关检测放松与拉紧信号较为困难，故采用可调工作点的压力继电器 YK3、YK4 检测压力信号，并以此信号作为汽缸到位信号。

4．鞍座定位与锁紧支路

当数控系统发出鞍座回转指令并作好相应的准备后，两位单电控电磁阀 HF7 得电，定位插销缸活塞向下带动定位销从定位孔中拔出，到达下运动极限位置后，由感应开关检测到位信号，通知数控系统可以进行鞍座与床鞍的放松，此时两位单电控电磁阀 HF8 得电动作，锁紧薄壁缸中高压气体放出，锁紧活塞弹性变形回复，使鞍座与床鞍分离。该位置由于受结构限制，检测放松与锁紧信号较困难，故采用可调工作点的压力继电器 YK2 来检测压力信号，并以此信号作为位置检测信号。该信号送入数控系统，控制鞍座进行回转动作，鞍座在电动机、同步带、蜗杆-蜗轮机构的带动下进行回转运动，当达到预定位置时，由感应开关发出到位信号，停止转动，完成回转运动的初次定位。电磁阀 HF7 断电，插销缸下腔通入高压气，活塞带动插销向上运动，插入定位孔，进行回转运动的精确定位。定位销到位后，感应开关发送信号通知锁紧缸锁紧，电磁阀 HF8 失电，锁紧缸充入高压气体，锁紧活塞变形，YK2 检测到压力达到预定值后，即是鞍座与床鞍夹紧完成。至此，整个鞍座回转动作完成。另外，在该定位支路中，DJ9、DJ10 是为避免插销冲击损坏而设置的调节上升、下降速度的单向节流阀。

5．刀库移动支路

在换刀时，当主轴到达相应位置后，通过对电磁阀 HF6 得电和失电使刀盘前后移动，到达两端的极限位置，并由位置开关感应到位信号，与主轴运动、刀盘回转运动协调配合完成换刀动作。其中 HF6 断电时，远离主轴的刀库部件原位。DJ7、DJ8 是为避免装刀和卸刀时产生冲击而设置的单向节流阀。该气压传动系统中，在交换台支路和工作台拉紧支路采用两位双电控电磁阀(HF3、HF4)，以避免在动作进行过程中因突然断电而造成机械部件的冲击损伤。

4.8.2　加工中心的液压系统

图 4-33 所示为 VP1050 加工中心的液压系统回路。在该加工中心中链式刀库的刀链驱动、主轴箱的配重、刀具的安装和主轴高低速切换等动作的完成均是通过液压传动实现的。

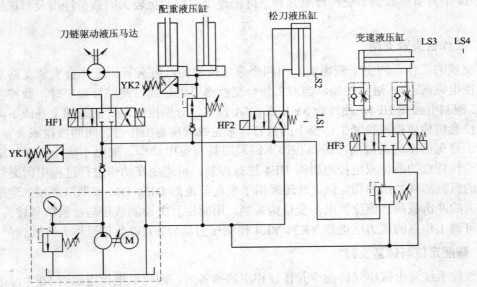

图 4-33　VP1050 加工中心的液压系统回路

1．液压泵源

VP1050 加工中心的液压系统采用变量泵供油，并在泵出口设置单向阀减小系统断电或其他故障造成液压泵压力突降对系统产生的不良影响，避免机械部件的冲击损坏。压力开关 YK1 用来检测液压系统压力状态，如果供油压力达到预定值，则数控系统可以正常工作；如果 YK1 没有发出信号，则整个数控系统的动作将全部停止。

2．刀链驱动

VP1050 加工中心的链式刀库有 24 个刀位。在换刀时，由一个双向液压马达驱动刀链转动，使刀位移动到机械手的抓刀位置。液压马达的转向、启停由一个 O 型中位的三位四通电磁换向阀 HF1 控制，到位信号由接近开关发出。

3．主轴箱配重

由于加工中心的 Z 轴进给是通过主轴箱上下移动来实现的，所以该加工中心利用 2 个液压缸进行主轴箱配重，其目的是消除主轴箱自重对 Z 轴进给精度的影响。主轴箱向上运动时，液压油通过单向阀和溢流减压阀向这两个液压缸下腔供油，产生向上的配重力。压力继电器 YK2 用于配重回路工作状态的监测。

4．刀具的安装

加工中心采用蝶簧拉紧机构对刀具进行拉紧，并利用松刀液压缸使刀具与主轴脱开。松刀液压缸的动作由一个单电控二位四通换向阀 HF2 控制。接近开关 LS1、LS2 用于松刀缸活塞杆运动位置的检测，它们发出的信号提供给 PLC，来协调刀库、机械手等其他机构完成整个换刀动作。

5．主轴高低速切换

加工中心主轴传动通过一级双联滑移齿轮进行高低速切换。变速液压缸在一个双电控三位四通换向阀 HF3 的控制下，通过推动拨叉来改变主轴变速箱的交换齿轮的位置，实现主轴高低速的切换。高、低速切换完成信号由接近开关 LS3 和 LS4 发出。通过溢流减压阀可调节变速液压缸的工作压力。单向节流阀用来控制变速液压缸的运动速度，以降低高、低速齿轮换位时的冲击振动。

4.9　典型加工中心的介绍

4.9.1　FV-800 立式加工中心

友嘉 FV-800 立式加工中心由台湾著名企业集团——友嘉实业集团生产。友嘉实业集团是全球前三大立式加工中心制造厂，年产量超过 5000 台数控机床。

友嘉 FV-800 立式加工中心采用 FANUC-OMA 型数控系统，其外观如图 4-34 所示。

图 4-34　FV-800 立式加工中心外观

该机床的显著特点为：FV-800 基础件均采用铸铁材料，机床稳定，抗震性能优良；外观造型精致细巧、全封闭防护板制作精良；人机环境良好，操作安全舒适。

友嘉 FV-800A 立式加工中心的主传动系统具有良好的高速运转性、高的精度保持性，主轴采用电机齿形带传动，配备高转速内循环制冷系统，确保主轴高速稳定。该加工中心的主要技术参数如表 4-1 所示。

表 4-1　友嘉 FV-800 加工中心的主要技术参数

行程	X/Y/Z 轴行程	800/500/505 mm
工作台	工作台面积	425 mm × 950 mm
	工作台最大载荷	5000 N
主轴	主轴转速	50～8000 r/min
	主轴孔锥度	7:24
	主轴直径	70 mm
	主轴电动机	9 kW
进给速度	X 轴快速进给	24 m/min
	Y 轴快速进给	24 m/min
	Z 轴快速进给	15 m/min
自动换刀	刀具数量(把)	24
	换刀时间(刀对刀)	4 s
	换刀时间(点对点)	7.5 s

4.9.2　MH-630 卧式加工中心

MH-630 卧式加工中心由台湾奕达精机股份有限公司生产。MH-630 卧式加工中心的外观如图 4-35 所示。

图 4-35　MH-630 卧式加工中心外观

该机床的显著特点是：丝杠全部采用先进的中空冷却技术，有效地控制了机床加工运动过程中的发热变形问题；机床具有温度补偿功能，提高了机床的加工精度；机床主轴最高转速达 8000 r/min 并具有内部两挡变速，可在满足低速切削要求的同时满足高速加工要求；床体为整体铸件，刚性高；自动换刀系统动作稳定快速，换刀时间 T-T 约为 8 s。该加工中心的主要技术参数如表 4-2 所示。

表 4-2　台湾奕达卧式加工中心 MH-630 的主要技术参数

项　目		MH-630
工作台	工作台尺寸	630 mm × 630 mm
	最大负荷	1200 kg
行程	X/Y/Z 轴最大行程	1000/800/750 mm
主轴	主轴锥孔	ISO No.50
	主轴转速	45～4500 r/min(三段变速)
	X/Y/Z 轴快速移动率	20/20/20 m/min
刀库	刀具容量	60 把刀
	刀具选择	双向任意
	相邻刀具最大直径×长度	140 mm × 500 mm
驱动马达	主轴电动机	11/15 kW
	X/Y/Z 轴伺服电动机	3.8/3.8/4.5 kW
一般规格	外型尺寸(长×宽×高)	6238 mm × 2950 mm × 2950 mm
	包装尺寸(长×宽×高)	7300 mm × 3365 mm × 3530 mm
	净重：主机/附件	17 200/3250 kg
	总重：主机/附件	21 710/3550 kg

4.10　实　训

1. 实训的目的与要求

(1) 对照实物了解加工中心的工艺范围、特点、分类、组成及布局。

(2) 通过实训熟悉加工中心的典型机械结构，理解并掌握加工中心主传动系统、进给传动系统、自动换刀系统、自动工件交换系统及液压气动控制系统的原理、结构和工作过程。

2. 实训仪器与设备

FV-800 立式加工中心、MH-630 卧式加工中心各一台。

3. 相关知识概述

(1) 加工中心的组成及布局。

(2) 加工中心的主传动系统、进给传动系统。

(3) 加工中心的刀库与机械手。

(4) 加工中心的自动工件交换系统。

(5) 加工中心的液压气动控制系统。

4. 实训内容

(1) 根据数控实训基地产品展柜展出的加工中心的学生作品和加工中心典型加工零件样品，归纳加工中心的主要加工对象的特点和分类，写出报告。

(2) 列出各种加工中心的组成部分并简要说明各部分的功用。

(3) 调查统计数控实训基地的加工中心的刀库，回转工作台的型式、型号、布局特点。

(4) 通过教师教学演示，学生观看加工中心机械手换刀和主轴换刀过程，观察换刀过程中刀库、机械手、主轴、液压和气动系统的传动关系。

5. 实训报告

通过课堂学习和查阅资料，写一篇论文论述你对加工中心结构的认识，对加工中心的结构提出创新或改进措施。

4.11　自　测　题

1. 判断题(请将判断结果填入括号中，正确的填"√"，错误的填"×")

(1) 加工中心是一种多工序集中的数控机床。(　　)

(2) 加工中心换刀时，必须通过机械手帮助。(　　)

(3) 加工中心是世界上产量最高、应用最广泛的数控机床。(　　)

(4) 加工中心通常都带刀库和自动换刀装置。(　　)

(5) 万能加工中心可以在一次装夹下完成箱体零件的五面加工。(　　)

2. 选择题(请将正确答案的序号填写在括号中)

(1) 加工中心按照加工范围可分为：车削加工中心、钻削加工中心、(　　)、磨削加工中心和电火花加工中心等。

　　　A. 立式加工中心　　　　　　　　B. 卧式加工中心

　　　C. 镗铣加工中心　　　　　　　　D. 立卧两用式加工中心

(2) 不适合采用加工中心进行加工的零件的特点是(　　)。

　　　A. 新研发试制产品　　　　　　　B. 多品种、小批量

　　　C. 单品种、大批量　　　　　　　D. 结构比较复杂

(3) 加工中心执行顺序控制动作和控制加工过程的中心是(　　)。

　　　A. 基础部件　　　B. 主轴部件　　　C. 数控系统　　　D. ATC

(4) 加工中心的刀具由(　　)管理。

　　　A. 可编程控制器　　　　　　　　B. 刀库

　　　C. 压力装置　　　　　　　　　　D. 自动解码器

(5) 加工中心与数控铣床的主要区别是(　　)。

　　　A. 是否有自动排屑装置　　　　　B. 是否有刀库和换刀机构

　　　C. 是否有自动冷却装置　　　　　D. 是否具有三轴联动功能

(6) 加工中心按照主轴在加工时的空间位置分类，不包括(　　)加工中心。

　　　A. 立式　　　　　B. 卧式　　　　　C. 立卧两用式　　　D. 工作台回转式

(7) 主轴准停是指主轴能实现准确的周向定位，可以用于(　)。

    A. 自动换刀　　　　B. 钻孔　　　　　C. 攻丝反转　　　　D. 机床回零

3．名词解释

(1) 主轴准停

(2) 顺序选择刀具

(3) 任意选择刀具

4．问答题

(1) 简述加工中心的特点。

(2) 简述加工中心的主要加工对象。

(3) 加工中心可分为哪几类？其主要特点有哪些？

(4) 简述机械手的换刀过程。

项目 5   数控特种加工机床

5.1   技能解析

(1) 了解特种加工的分类,熟悉数控电火花成型加工机床、数控电火花线切割加工机床、数控激光切割机床的分类、组成及各部分的功用。

(2) 通过实训了解数控电火花成型加工机床、数控电火花线切割加工机床、数控激光切割机床相关的设备部件构成、工作原理、加工零件工艺特点和使用条件。

5.2   项目的引出

典型零件 1:

如图 5-1 所示的零件为电火花成型加工的型腔。由于机械加工时,没有足够长度的刀具,或者这种刀具没有足够的刚性,不能加工具有足够精度的零件,此时可以用电火花进行加工。

图 5-1   型腔加工

典型零件 2:

如图 5-2 所示的零件为电火花成型加工的小孔。对各种圆形小孔、异形孔的加工,如线切割的穿丝孔、喷丝板型孔等,以及长深比非常大的深孔,很难采用钻孔方法加工,而采用电火花或者专用的高速小孔加工机可以完成各种深度的小孔加工。

图 5-2　小孔加工

典型零件 3：

如图 5-3 所示的零件为电火花成型加工的表面。如刻制文字、花纹，对金属表面的渗碳和涂覆特殊材料来进行电火花强化等。另外通过选择合理加工参数，也可以直接用电火花加工出一定形状的表面蚀纹。

图 5-3　表面处理加工

典型零件 4：

如图 5-4 所示的零件为电火花线切割加工的模具。电火花线切割加工主要用于冲模、挤压模、塑料模及电火花成型加工用的电极等。目前，电火花线切割加工的精度已达到可以与坐标磨床相竞争的程度，而且线切割加工的周期短、成本低，配合数控系统，操作简单。

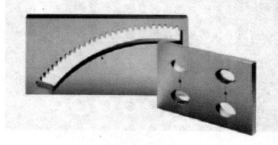

图 5-4　模具加工

典型零件 5：

如图 5-5 所示的零件为电火花线切割加工的微细结构和复杂形状的零件。电火花线切割利用细小的电极丝作为火花放电加工工具，又配有数控系统，所以可以轻易地加工出具有微细结构和复杂形状的零件。

图 5-5　具有微细结构和复杂形状的零件加工

典型零件 6：

如图 5-6 所示的零件为电火花线切割加工的硬质导电材料的零件。由于电火花加工不靠机械切削，与材料硬度无关，所以电火花线切割可以加工硬质导电的材料及硬质合金材料。

图 5-6　加工硬质合金与高速钢车刀

典型零件 7：

如同 5-7 所示为激光打孔。利用聚焦透镜直接打孔，孔的大小和圆度取决于激光光斑的大小及圆度。激光加工速度快、表面变形小，可以加工各种材料。

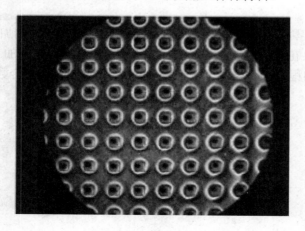

图 5-7　激光打孔

5.3　数控特种加工机床概述

5.3.1　特种加工的产生及发展

1943 年，苏联的拉扎林柯夫妇在研究开关触点遭受火花放电而腐蚀损坏的现象和原因的过程中，发现电火花的瞬时高温可使局部金属熔化甚至汽化而被蚀除掉，因而发明了电火花加工方法。至此，人们初次脱离了传统机械加工的旧方法，利用电能、热能，在不产生切削力的情况下，以低于工件金属硬度的工具去除工件上多余的部位，成功地获得了"以柔克刚"的技术效果。后来，由于各种先进技术的不断应用，产生了多种有别于传统机械加工的新加工方法。这些新加工方法从广义上定义为特种加工(Non-Traditional Machining, NTM)，也被称为非传统加工技术，其加工原理是将电、热、光、声、化学等能量或其组合施加到工件被加工的部位上，从而实现材料去除。

与传统的机械加工相比，特种加工的不同点包括：

(1) 不是主要依靠机械能，而是主要用其他能量(如电、热、光、声、化学等)去除金属材料。

(2) 加工过程中工具和工件之间不存在显著的机械切削力，故加工的难易程度与工件硬度无关。

正因为特种加工工艺具有上述特点，所以就总体而言，特种加工可以加工任何硬度、强度、韧性、脆性的金属或非金属材料，且专长于复杂、微细表面和低刚度的零件。

目前，国际上对特种加工技术的研究主要表现在以下几个方面：

(1) 微细化。目前，国际上对微细电火花加工、微细超声波加工、微细激光加工、微细电化学加工等的研究方兴未艾，特种微细加工技术有望成为三维实体微细加工的主流技术。

(2) 特种加工的应用领域正在拓宽。例如，非导电材料的电火花加工，电火花、激光、电子束的表面改性等。

(3) 广泛采用自动化技术。充分利用计算机技术对特种加工设备的控制系统、电源系统进行优化，建立综合参数自适应控制装置、数据库等，进而建立特种加工的 CAD/CAM 和 FMS 系统，这是当前特种加工技术的主要趋势。用简单工具电极加工复杂的三维曲面是电解加工和电火花加工的发展方向。目前已实现用四轴联动线切割机床切出扭曲变截面的叶片。随着设备自动化程度的提高，实现特种加工柔性制造系统已成为各工业国家追求的目标。

我国的特种加工技术起步较早。20 世纪 50 年代中期我国工厂已设计并研制了电火花穿孔机床，60 年代末上海电表厂张维良工程师在阳极——机械切割的基础上发明了我国独创的快走丝线切割机床，上海复旦大学研制出电火花线切割数控系统。但是由于我国原有的工业基础薄弱，特种加工设备和整体技术水平与国际先进水平有不少差距，每年还需从国外进口 300 台以上高档电加工机床。

5.3.2　特种加工的分类

特种加工的分类还没有明确的规定，一般按能量来源和作用形式以及加工原理可分为表 5-1 所示的形式。

表 5-1　常用特种加工方法的分类

加工方法		主要能量形式	作用形式	符号
电火花加工	电火花成型加工	电能、热能	熔化、汽化	EDM
	电火花线切割加工	电能、热能	熔化、汽化	WEDM
电化学加工	电解加工	电化学能	金属离子阳极溶解	ECM(ELM)
	电解磨削	电化学能、机械能	阳极溶解、磨削	EGM(ECG)
	电解研磨	电化学能、机械能	阳极溶解、研磨	ECH
	电铸	电化学能	金属离子阴极沉积	EFM
	涂镀	电化学能	金属离子阴极沉积	EPM
高能束加工	激光束加工	光能、热能	熔化、汽化	LBM
	电子束加工	光能、热能	熔化、汽化	EBM
	离子束加工	电能、机械能	切蚀	IBM
	等离子弧加工	电能、热能	熔化、汽化	PAM
物料切蚀加工	超声加工	声能、机械能	切蚀	USM
	磨料流加工	机械能	切蚀	AFM
	液体喷射加工	机械能	切蚀	HDM
化学加工	化学铣削	化学能	腐蚀	CHM
	化学抛光	化学能	腐蚀	CHP
	光刻	光能、化学能	光化学腐蚀	PCM
复合加工	电化学电弧加工	电化学能	熔化、汽化腐蚀	ECAM
	电解电化学机械磨削	电能、热能	离子溶解、熔化、切割	MEEC

5.4　数控电火花成型加工机床

5.4.1　电火花成型加工概述

1. 电火花成型加工的原理

电火花成型加工基于电火花腐蚀原理，是在工具电极与工件电极相互靠近时，极间形成脉冲性火花放电，在电火花通道中产生瞬时高温，使金属局部熔化，甚至汽化，从而将金属蚀除。那么两电极表面的金属材料是如何被蚀除下来的呢？这一过程大致分为以下几个阶段，如图 5-8 所示。

(1) 极间介质的电离、击穿，形成放电通道，如图 5-8(a)所示。工具电极与工件电极缓缓靠近，极间的电场强度增大，由于两电极的微观表面是凹凸不平的，因此在两极间距离最近的 A、B 处电场强度最大。

工具电极与工件电极之间充满了液体介质，液体介质中不可避免地含有杂质及自由电子，它们在强大的电场作用下，形成了带负电的粒子和带正电的粒子，电场强度越大，带电粒子就越多，最终导致液体介质电离、击穿，形成放电通道。放电通道是由大量高速运动的带正电和带负电的粒子以及中性粒子组成的。由于通道截面很小，通道内因高温热膨胀形成的压力高达几万帕，高温高压的放电通道急速扩展，产生一个强烈的冲击波向四周传播。在放电的同时还伴随着光效应和声效应，这就形成了肉眼所能看到的电火花。

(2) 电极材料的熔化、汽化热膨胀，如图 5-8(b)、(c)所示。液体介质被电离、击穿，形成放电通道后，通道间带负电的粒子奔向正极，带正电的粒子奔向负极，粒子间相互撞击，产生大量的热能，使通道瞬间达到很高的温度。通道高温首先使工作液汽化，然后高温向四周扩散，使两电极表面的金属材料开始熔化直至沸腾汽化。汽化后的工作液和金属蒸气瞬间体积猛增，形成了爆炸的特性。所以在观察电火花加工时，可以看到工件与工具电极间有冒烟现象，并听到轻微的爆炸声。

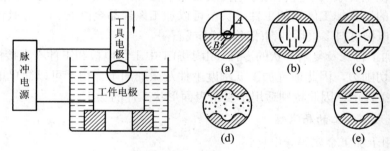

图 5-8　电火花成型加工原理

(3) 电极材料的抛出，如图 5-8(d)所示。正、负电极间产生的电火花现象，使放电通道产生高温高压。通道中心的压力最高，工作液和金属汽化后不断向外膨胀，形成内外瞬间压力差，高压力处的熔融金属液体和蒸气被排挤，抛出放电通道，大部分被抛入到工作液中。仔细观察电火花加工，可以看到橘红色的火花四溅，这就是被抛出的高温金属熔滴和碎屑。

(4) 极间介质的消电离，如图 5-8(e)所示。加工液流入放电间隙，将电蚀产物及残余的热量带走，并恢复绝缘状态。若电火花放电过程中产生的电蚀产物来不及排除和扩散，产生的热量将不能及时传出，使该处介质局部过热，局部过热的工作液高温分解、积炭，使加工无法继续进行，并烧坏电极。因此，为了保证电火花加工过程的正常进行，在两次放电之间必须有足够的时间间隔让电蚀产物充分排出，恢复放电通道的绝缘性，使工作液介质消电离。

上述步骤(1)～(4)在一秒内约数千次甚至数万次地往复式进行，即单个脉冲放电结束，经过一段时间间隔(即脉冲间隔)使工作液恢复绝缘后，第二个脉冲又作用到工具电极和工件上，又会在当时极间距离相对最近或绝缘强度最弱处击穿放电，蚀出另一个小凹坑。这样以相当高的频率连续不断地放电，工件不断地被蚀除，故工件加工表面将由无数个相互重叠的小凹坑组成，如图 5-9 所示。所以电火花加工是大量的微小放电痕迹逐渐累积而成的去除金属的加工方式。

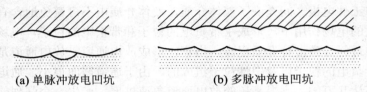

(a) 单脉冲放电凹坑   (b) 多脉冲放电凹坑

图 5-9　电火花表面局部放大图

实际上，电火花成型加工的过程远比上述复杂，它是电力、磁力、热力、流体动力、电化学等综合作用的过程。到目前为止，人们对电火花加工过程的了解还很不够，还需要进一步研究。

2. 电火花成型加工的特点

1) 主要优点

(1) 适合于难切削材料的加工：由于加工中材料的去除是靠放电时的电热作用实现的，材料的可加工性主要取决于材料的导电性及其热学特性，而几乎与其力学性能无关。因此可以实现用软的工具加工硬韧的工件，甚至可以加工像聚晶金刚石、立方氮化硼一类的超硬材料。目前电极材料多采用纯铜(俗称紫铜)或石墨。

(2) 可以加工特殊及复杂形状的零件：由于加工中工具电极和工件不直接接触，没有机械加工宏观的切削力，因此适宜加工低刚度工件及微细加工。由于可以简单地将工具电极的形状复制到工件上，因此特别适用于复杂表面形状工件的加工。

2) 电火花成型加工的局限性

(1) 主要用于加工金属等导电材料。

(2) 加工速度一般较慢。

(3) 存在电极损耗。

3. 电火花成型加工的应用

由于电火花成型加工具有许多传统切削所无法比拟的优点，因此其应用领域日益扩大，目前已广泛应用于机械(特别是模具制造)、宇航、航空、电子、电机电器、精密机械、仪器仪表、汽车、拖拉机、轻工等行业，以解决难加工材料及复杂形状零件的加工问题。电火花成型加工的加工范围已达到小至几微米的小轴、孔、缝，大到几十米的超大型模具和零件。

5.4.2　数控电火花成型加工机床

1. 数控电火花成型加工机床的组成

数控电火花成型加工机床包括主体、数控装置、脉冲电源等，如图 5-10 所示。

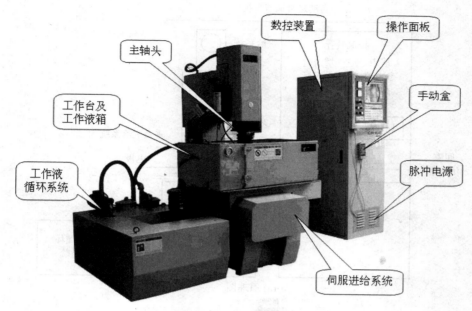

图 5-10　数控电火花成型加工机床

2. 数控电火花成型加工机床的主体

数控电火花成型加工机床主体主要由床身、立柱、主轴头、工作台及润滑系统等组成，如图 5-11 所示。

(1) 机床主体部分。主体主要包括：主轴头、床身、立柱、工作台和工作液槽几部分。床身和立柱是机床的主要结构件，要有足够的刚度。床身工作台面与立柱导轨面间应有一定的垂直度要求，还应有较好的精度保持性，这就要求导轨具有良好的耐磨性和充分消除材料内应力等。

做纵横向移动的工作台一般都带有坐标装置，常用刻度手轮来调整位置，随着加工精度要求的提高，可采用光学坐标读数装置、磁尺数显等装置。

近年来，由于工艺水平的提高及微机、数控技术的发展，已生产出有三坐标伺服控制以及主轴和工作台回转运动并加三向伺服控制的五坐标数控电火花机床，有的机床还带有工具电极库，可以自动更换工具电极。机床的坐标位移脉冲当量为 1 μm。

(2) 主轴头。主轴头是电火花成型机床中的关键部件，是自动调节系统中的执行机构，对加工工艺指标的影响极大。对主轴头的要求是：结构简单，传动链短，传动间隙小，热变形小，具有足够的精度和刚度，以适应自动调节系统惯性小、灵敏度好、能承受一定负载的要求。主轴头主要由进给系统、导向防扭机构、电极装夹及其调节环节组成。现在电火花机床中多采用电-机械式主轴头。它的传动链短，可由电动机直接带动进给丝杠，主轴头的导轨可采用矩形滚柱或滚针导轨。

(3) 工具电极夹具。工具电极的装夹及其调节装置的形式很多，其作用是调节工具电极和工作台的垂直度，以及调节工具电极在水平面内微量的扭转角，常用的有十字铰链式和球面铰链式。

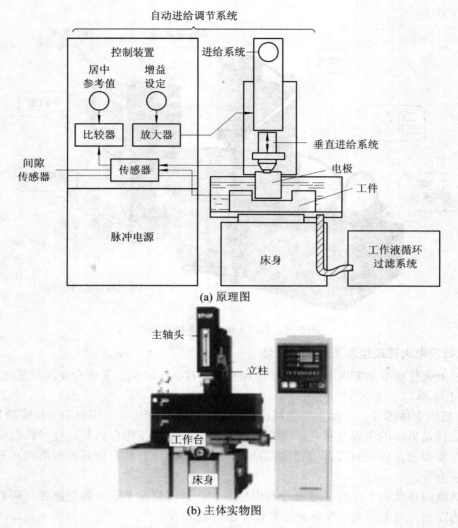

(a) 原理图

(b) 主体实物图

图 5-11   电火花成型加工机床主体

(4) 自动进给调节系统。在电火花成型加工设备中，自动进给调节系统占有很重要的位置，它的性能直接影响加工稳定性和加工效果。

电火花成型加工的自动进给调节系统，主要包括伺服进给系统和参数控制系统。伺服进给系统主要用于控制放电间隙的大小；而参数控制系统主要用于控制电火花成型加工中的各种参数(如放电电流、脉冲宽度、脉冲间隔等)，以便能够获得最佳的加工工艺指标等。

伺服进给系统的作用是在电火花成型加工中，电极与工件必须保持一定的放电间隙。由于工件不断被蚀除，电极也不断地损耗，故放电间隙将不断扩大。如果电极不及时进给补偿，放电过程会因间隙过大而停止。反之，间隙过小又会引起拉弧烧伤或短路，这时电极必须迅速离开工件，待短路消除后再重新调节到适宜的放电间隙。在实际生产中，放电间隙变化范围很小，且与加工规准、加工面积、工件蚀除速度等因素有关，因此很难靠人工进给，也不能像钻削那样采用"机动"、等速进给，而必须采用伺服进给系统。这种不等速的伺服进给系统也称为自动进给调节系统。

3. 脉冲电源及工作液系统

1) 脉冲电源

在电火花加工过程中，脉冲电源的作用是把工频正弦交流电流转变成频率较高的单向脉冲电流，向工件和工具电极间的加工间隙提供所需要的放电能量以蚀除金属。脉冲电源的性能直接关系到电火花加工的加工速度、表面质量、加工精度、工具电极损耗等工艺指标。

脉冲电源输入为 380 V、50 Hz 的交流电，其输出应满足如下要求：

(1) 要有一定的脉冲放电能量，否则不能使工件金属汽化。

(2) 火花放电必须是短时间的脉冲性放电，这样才能使放电产生的热量来不及扩散到其他部分，从而有效地蚀除金属，提高成型性和加工精度。

(3) 脉冲波形是单向的，以便充分利用极性效应，提高加工速度和降低工具电极损耗。

(4) 脉冲波形的主要参数(峰值电流、脉冲宽度、脉冲间歇等)有较宽的调节范围，以满足粗、中、精加工的要求。

(5) 有适当的脉冲间隔时间，使放电介质有足够时间消除电离并冲去金属颗粒，以免引起电弧而烧伤工件。

电源的好坏直接关系到电火花加工机床的性能，所以电源往往是电火花机床制造厂商的核心机密之一。从理论上讲，电源一般有如下几种。

(1) 弛张式脉冲电源。弛张式脉冲电源是最早使用的电源，它是利用电容器充电储存电能，然后瞬时放出，形成火花放电来蚀除金属的。因为电容器时而充电，时而放电，一弛一张，故又称“弛张式”脉冲电源(如图 5-12 所示)。由于这种电源是靠电极和工件间隙中工作液的击穿作用来恢复绝缘和切断脉冲电流的，因此间隙大小、电蚀产物的排出情况等都影响脉冲参数，使脉冲参数不稳定，所以这种电源又称为非独立式电源。

弛张式脉冲电源结构简单，使用维修方便，加工精度较高，粗糙度值较小，但生产率低，电能利用率低，加工稳定性差，故目前这种电源的应用已逐渐减少。

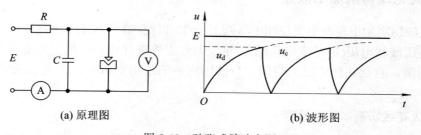

图 5-12　弛张式脉冲电源

(2) 闸流管脉冲电源。　闸流管是一种特殊的电子管，当对其栅极通入一脉冲信号时，便可控制管子的导通或截止，输出脉冲电流。由于这种电源的电参数与加工间隙无关，故又称为独立式电源。闸流管脉冲电源的生产率较高，加工稳定，但脉冲宽度较窄，电极损耗较大。

(3) 晶体管脉冲电源。晶体管脉冲电源是近年来发展起来的以晶体元件作为开关元件的用途广泛的电火花脉冲电源，其输出功率大，电规准调节范围广，电极损耗小，故适用于型孔、型腔、磨削等各种不同用途的加工。晶体管脉冲电源已越来越广泛地应用在电火花加工机床上。

2) 工作液

数控电火花成型加工机床的工作液主要为煤油、变压器油和专用油，专用油是为放电加工专门研制的链烷烃系，以碳化氢为主要成分的矿物油为主体，其黏度低、闪电高、冷却性好、化学稳定性好，但分馏工艺要求高、价格较贵。

工作液在放电过程中的作用是：压缩放电通道，使能量高度集中；加速放电间隙的冷却和消除电离，并加剧放电的液体动力过程。

工作液循环过滤系统由工作液箱、油泵、电动机、过滤器、工作液分配器、阀门、油泵等组成，可进行冲液和抽液。有的机床上还采用脉动冲液方式，与电极抬升同步使用，这样既能充分排除加工产物，又可降低冲液压力，使电极损耗与加工稳定性有所改善。

工作液过滤装置常用介质有纸质、硅藻土等，过滤器的过滤精度一般为 10 μm，微精度加工要求 1～2 μm。使用中应注意滤芯堵塞程度，及时更换。

为了不使工作液越用越脏，影响加工性能，必须加以净化、过滤。其具体方法有：

(1) 自然沉淀法：这种方法速度太慢，周期太长，只用于单件小用量或精微加工。

(2) 介质过滤法：此法常用黄砂、木屑、棉纱头、过滤纸、硅藻土、活性炭等过滤介质。这些介质各有优缺点，但对中小型工件、加工用量不大时，一般都能满足过滤要求，可就地取材，因地制宜。其中以过滤纸效率较高，性能较好，已有专用纸过滤装置生产供应。

(3) 高压静电过滤、离心过滤法等：这些方法技术上比较复杂，采用较少。

5.5　数控电火花线切割加工机床

5.5.1　电火花线切割加工概述

电火花线切割加工是在电火花加工基础上于 20 世纪 50 年代末发展起来的一种新的工艺形式，是用线状电极(钼丝或铜丝)靠火花放电对工件进行切割，故称为电火花线切割，简称为线切割。它已获得广泛的应用，目前国内外的线切割机床已占电加工机床的 60%以上。

1. 电火花线切割加工的原理

电火花线切割加工的基本原理是利用移动的细金属导线(铜丝或钼丝)作电极，对工件进行脉冲火花放电、切割成型。

根据电极丝的运行速度，电火花线切割机床通常分为两大类：一类是高速走丝电火花线切割机床，这类机床的电极丝作高速往复运动，一般走丝速度为 8～10 m/s，这是我国生产和使用的主要机种，也是我国独创的电火花线切割加工模式；另一类是低速走丝电火花线切割机床，这类机床的电极丝作低速单向运动，一般走丝速度低于 0.2 m/s，这是国外使用的主要机种。

图 5-13 所示为高速走丝电火花线切割工艺及装置的示意图。利用细钼丝 4 作工具电极

进行切割，储丝筒 7 使钼丝做正反向交替移动，加工能源由脉冲电源 3 供给。在电极丝和工件之间浇注工作液介质，工作台在水平面两个坐标方向各自按预定的控制程序并根据火花间隙状态做伺服进给移动，从而合成各种曲线轨迹，使工件切割成型。

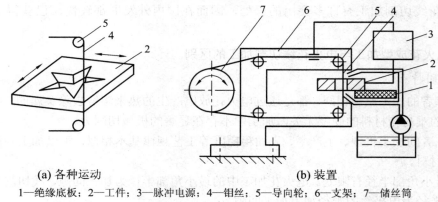

(a) 各种运动　　　　　　　　(b) 装置

1—绝缘底板；2—工件；3—脉冲电源；4—钼丝；5—导向轮；6—支架；7—储丝筒

图 5-13　电火花线切割工作原理

2．电火花线切割加工的特点

(1) 由于电极工具是直径较小的细丝，故脉冲宽度、平均电流等不能太大，加工工艺参数的范围较小，属中、精正极性电火花加工，工件常接电源正极。

(2) 采用水或水迹工作液，不会引燃起火，容易实现安全无人运转，但由于工作液的电阻率远比煤油小，因而在开路状态下，仍有明显的电解电流。电解效应易于改善加工表面粗糙度。

(3) 一般没有稳定电弧放电状态。因为电极丝与工件始终有相对运动，尤其是快速走丝点火花线切割加工，因此，线切割加工的间隙状态可以认为是由正常火花放电、开路和短路这三种状态组成的，但往往在单个脉冲内有多种放电状态，有"微开路"、"微短路"现象。

(4) 电极与工件之间存在着"疏松接触"式轻压放电现象。近年来的研究结果表明，当柔性电极丝与工件接近到通常认为的放电间隙(例如 8～10 μm)时，并不发生火花放电。甚至当电极丝已接触到工件，从显微镜中已看不到间隙时，也常常看不到火花。只有当工件将电极丝顶弯，偏移一定距离(几微米到几十微米)时，才发生正常的火花放电。亦即每进给 1 μm，放电间隙并不减小 1 μm，而是钼丝增加一点张力，向工件增加一点侧向压力，只有电极丝和工件之间保持轻微接触压力，才形成火花放电。可以认为，在电极丝和工件之间存在着某种电化学产生的绝缘薄膜介质，当电极丝被顶弯所造成的压力和电极丝相对工件的移动摩擦使这种介质减薄到可被击穿的程度，才发生火花放电。放电发生之后产生的爆炸力可能使电极丝局部振动而脱离接触，但宏观上仍是轻压放电。

(5) 省掉了成型的工具电极，大大降低了成型工具电极的设计和制造费用，缩短了生产准备时间，加工周期短，这对新产品的试制是很有意义的。

(6) 电极丝比较细，可以加工微细异形孔、窄缝和复杂形状的工件。由于切缝很窄，且只对工件材料进行"套料"加工，因此实际金属去除量很少，材料的利用率很高，这对加工、节约贵重金属有重要意义。

(7) 由于采用移动的长电极丝进行加工，使单位长度电极丝的损耗较少，从而对加工精度的影响比较小，特别在低速走丝线切割加工时，电极丝一次性使用，电极丝损耗对加工精度的影响更小。

电火花线切割加工有许多突出的长处，因而在国内外发展都较快，已获得了广泛的应用。

3．电火花成型加工与电火花线切割加工的区别

1) 共同特点

(1) 二者的加工原理相同，都是通过电火花放电产生的热来熔解去除金属的，所以二者加工材料的难易与材料的硬度无关，加工中不存在显著的机械切削力。

(2) 二者的加工机理、生产率、表面粗糙度等工艺规律基本相似，可以加工硬质合金等一切导电材料。

(3) 最小角部半径有限制。电火花加工中的最小角部半径为加工间隙，线切割加工中的最小角部半径为电极丝的半径加上加工间隙。

2) 不同特点

(1) 从加工原理来看，电火花加工是将电极形状复制到工件上的一种工艺方法，如图5-14(a)所示，在实际中可以加工通孔(穿孔加工)和盲孔(成型加工)，如图 5-14(b)、(c)所示，而线切割加工是利用移动的细金属导线(铜丝或钼丝)做电极，对工件进行脉冲火花放电、切割成型的一种工艺方法。

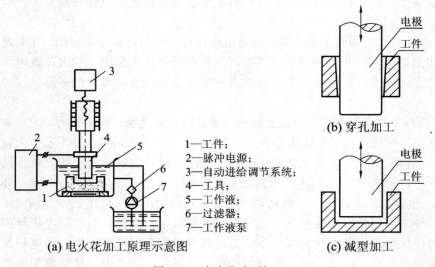

1—工件；
2—脉冲电源；
3—自动进给调节系统；
4—工具；
5—工作液；
6—过滤器；
7—工作液泵

(a) 电火花加工原理示意图　　(b) 穿孔加工　　(c) 减型加工

图 5-14　电火花成型加工

(2) 从产品形状角度看，电火花加工必须先用数控加工等方法加工出与产品形状相似的电极；线切割加工中产品的形状是通过工作台按给定的控制程序移动而合成的，只对工件进行轮廓图形加工，余料仍可利用。

(3) 从电极角度看，电火花加工必须制作成型用的电极(一般用铜、石墨等材料制作而成)；线切割加工用移动的细金属导线(铜丝或钼丝)做电极。

(4) 从电极损耗角度看，电火花加工中电极相对静止，易损耗，故通常采用多个电极加

工；而线切割加工中由于电极丝连续移动，使新的电极丝不断地补充和替换在电蚀加工区受到损耗的电极丝，避免了电极损耗对加工精度的影响。

(5) 从应用角度看，电火花加工可以加工通孔、盲孔，特别适宜加工形状复杂的塑料模具等零件的型腔以及刻文字、花纹等，如图 5-15(a)所示；而线切割加工只能加工通孔，能方便地加工出小孔、形状复杂的窄缝及各种形状复杂的零件，如图 5-15(b)所示。

(a) 电火花加工产品　　　　　　　　(b) 线切割加工产品

图 5-15　加工产品实例

5.5.2　数控电火花线切割加工机床

1. 数控电火花线切割加工机床的分类和型号

1) 分类

数控电火花线切割加工机床可按多种方法进行分类，通常按电极丝的走丝速度分成快速走丝线切割机床(WEDM-HS)与慢速走丝线切割机床(WEDM-LS)。

此外，数控电火花线切割加工机床按控制方式可分为靠模仿形控制、光电跟踪控制、数字程序控制等；按加工尺寸范围可分为大、中、小型及普通型与专用型等。目前国内外95%以上的线切割机床都已采用数控化。

(1) 快速走丝线切割机床。如图 5-16 所示为快速走丝线切割机床。这类机床的线电极运行速度快(钼丝电极以 8～10 m/s 做高速往复运动)，而且是双向往返循环的运行，即成千上万次地反复通过加工间隙，一直使用到断线为止。线电极主要是钼丝(直径为 0.1～0.2 mm)，工作液通常采用乳化液，也可采用矿物油(切割速度低，易产生火灾)、去离子水等。由于电极线的快速运动能将工作液带进狭窄的加工缝隙，起到冷却作用，同时还能将加工的点蚀物带出加工间隙，以保持加工间隙的"清洁"状态，有利于切割速度的提高。相对来说，快速走丝电火花线切割加工机床的结构比较简单，但是由于它的运丝速度快、机床的振动较大，线电极的振动也大，导丝导轮耗损也大，给提高加工精度带来较大的困难。另外，线电极在加工反复运行中的放电损耗也是不能忽视的，因而要得到高精度的加工和维持加工精度是相当困难的。

数控线切割机床的床身是安装坐标工作台和走丝系统的基础，应有足够的强度和刚度。坐标工作台由步进电动机经双片消隙齿轮、传动滚珠丝杠螺母副和滚动导轨实现 X、Y 方向的伺服进给运动，当电极丝和工件间维持一定间隙时，即产生火花放电。工作台的定位精度和灵敏度是影响加工曲线轮廓精度的重要因素。

走丝系统的储丝筒由单独电动机、联轴节和专门的换向器驱动，做正反向交替运转，走丝速度一般为 6～10 m/s，并且保持一定的张力。

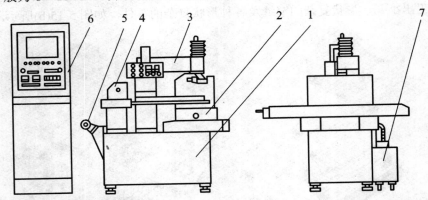

1—床身；2—工作台；3—丝架；4—储丝筒；5—走丝电动机；6—数控箱；7—工作液循环系统

图 5-16　快速走丝数控电火花线切割机床

为了减小电极丝的振动，通常在工件的上下采用蓝宝石 V 形导向器或圆孔金刚石模导向器，其附近装有引电部分，工作液一般通过引电区和导向器再进入加工区，可使全部电极丝的通电部分冷却。

(2) 慢速走丝线切割机床。如图 5-17 所示为慢速走丝线切割机床，运行速度一般为 3 m/min 左右，最高为 153 m/min。可使用纯铜、黄铜、钨、钼和各种合金以及金属涂覆线作为线电极，其直径为 0.03～0.35 mm。这种机床线电极只是单方向通过加工间隙，不重复使用，可避免线电极损耗给加工精度带来的影响。工作液主要用去离子水、煤油等，生产率较高，没有引起火灾的危险。慢速走丝线切割机床，由于解决了能自动卸除加工废料、自动搬运工件、自动穿电极丝和自适应控制技术的应用，因而已能实现无人操作的加工。

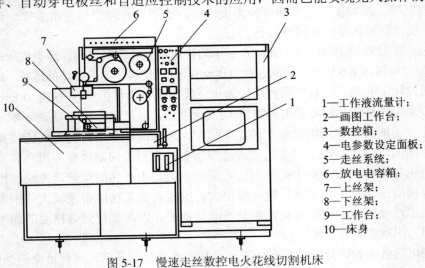

1—工作液流量计；
2—画图工作台；
3—数控箱；
4—电参数设定面板；
5—走丝系统；
6—放电电容箱；
7—上丝架；
8—下丝架；
9—工作台；
10—床身

图 5-17　慢速走丝数控电火花线切割机床

　　慢走丝机床主要由日本、瑞士等国生产，目前国内有少数企业引进国外先进技术与外企合作生产慢走丝机床。

　　2) 型号

　　我国机床型号是根据 GB/T16768—1997《金属切削机床型号编制方法》的规定进行编制的。机床型号由汉语拼音字母和阿拉伯数字组成，分别表示机床的类别、组别、结构特性和基本参数。

　　数控电火花线切割机床型号的含义如下：

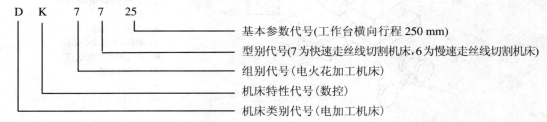

```
D   K   7   7   25
                └─────────── 基本参数代号(工作台横向行程 250 mm)
            └─────────────── 型别代号(7 为快速走丝线切割机床,6 为慢速走丝线切割机床)
        └─────────────────── 组别代号(电火花加工机床)
    └─────────────────────── 机床特性代号(数控)
└─────────────────────────── 机床类别代号(电加工机床)
```

2. 数控电火花线切割加工机床的组成

　　数控电火花线切割加工机床主要由机械装置、脉冲电源装置、工作液供给装置、数控装置和编程装置所组成。

　　机械装置由床身、坐标工作台、走丝机构、锥度切割装置等组成。

　　(1) 坐标工作台。坐标工作台是安装工件相对线电极进行移动的部分，由工作台驱动电动机(直流或交流电动机和步进电动机)、测速反馈系统、进给丝杠(一般使用滚珠丝杠)、X 向拖板、Y 向拖板、安装工件工作台和工作液盛盘所组成。工作台驱动系统与其他数控机床一样，有开环、半闭环和闭环方式。

　　(2) 锥度切割。为了切割有落料角的冲模和某些有锥度(斜度)的内外表面，线切割机床一般具有锥度切割功能。一般可采用上(或下)丝臂沿 X 或 Y 方向平移，如图 5-18(a)所示，这种方法锥度不宜过大，否则导轮易损坏；上、下丝臂同时绕一中心移动，如图 5-18(b)所示，此方法加工锥度也不宜过大；上、下丝臂分别沿导轮径向平动和轴向摆动，如图 5-18(c)所示，此方法不影响导轮磨损，最大切割锥度通常可达 15°。

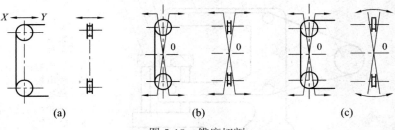

(a)　　　　　　　　　(b)　　　　　　　　　(c)

图 5-18　锥度切割

(a) 上(下)丝臂平动法；(b) 上(下)丝臂绕一中心移动；(c) 上(下)丝臂沿导轮径向平动和轴向摆动

　　在一些高功能的线切割机床上，上导向器具有 U、V 轴(平行 X、Y 轴)的驱动，与工作台的 X、Y 轴形成四轴同时控制，如图 5-19 所示。这种方式的数控系统须强有力的软件支持，可实现上下异形截面形状的加工，最大倾斜角可达 5°，甚至达 30°。

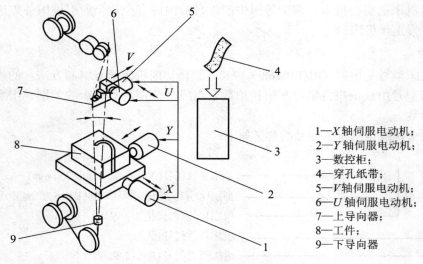

1—X轴伺服电动机;
2—Y轴伺服电动机;
3—数控柜;
4—穿孔纸带;
5—V轴伺服电动机;
6—U轴伺服电动机;
7—上导向器;
8—工件;
9—下导向器

图 5-19   U、V、X、Y 四轴同时控制

(3) 线电极驱动装置。线电极驱动装置也叫走丝系统。快速走丝线切割的线电极,被排列整齐地绕在一只由电动机(交流或直流)驱动的储丝筒上,如图 5-20 所示,线电极经丝架,由导轮和导向器定位,穿过工件,再经过导向器、导轮返回到储丝筒。加工线电极在储丝筒电动机的驱动下,将它经导轮、导向器送到加工间隙进行放电加工,从间隙出来后,再由导向器、导轮送回储丝筒,并排列整齐地收回到储丝筒上,这样反复地通过加工间隙。如果驱动贮丝筒的电动机是交流电动机,则一般线电极通过加工区的速度(450 m/min 左右,取决于储丝筒的外径)是固定的。采用直流电动机驱动储丝筒的,其结构大致相同,但是它可以根据加工工件的厚度调节线电极走丝速度,使加工参数更为合理。尤其在进行大厚度工件切割时,要有较高的走丝速度,这样会更有利于线电极的冷却和电蚀物的排除,以获得较小的表面粗糙度。为了保持加工时线电极有一个较固定的张力,在绕线时要有一定的拉力(预紧力),以减少加工时线电极的振动幅度,并提高加工精度。

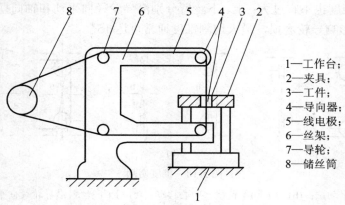

1—工作台;
2—夹具;
3—工件;
4—导向器;
5—线电极;
6—丝架;
7—导轮;
8—储丝筒

图 5-20   快速走丝架结构示意图

慢速走丝电火花线切割加工机床的走丝系统如图 5-21 所示。它是单向运丝,即新线电极只一次通过加工间隙,因而线电极的损耗对加工精度的影响较小。线电极通过加工间隙

的速度(走丝速度)可根据工件厚度进行调节。加工时，要保持线电极的恒速、恒张力，因而使加工切缝能自始至终稳定(切缝的一致性还与脉动电源、伺服方式和导向器形式等有关)，具有更高的加工精度。

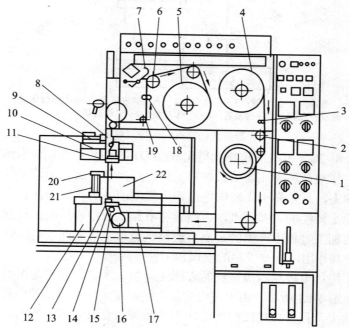

1—张力轮；2、19—导轮；3—导线器；4—放线盘；5—收线盘；6—走丝速度轮；7—压丝轮；8—上导轮；9—U、V形工作台；10—上导向器；11—上喷嘴；12—工件安装台；13—下喷嘴；14—下导向器；15—导电块；16—下导轮；17—下丝架；18—断丝检测杆；20—压板；21—线电极；22—工件

图 5-21　慢速走丝电火花线切割机走丝系统

经过加工区，加工过的线电极被收线轮绕在废丝轮上。在加工时，由于放电的反作用力，会引起线电极的复杂振动，所以要尽量缩短上下导向器之间线电极的跨度。另外，为了防止放电反作用力，引起线电极的振动对精度的影响，最好不要使用 V 形导向器，而要使用拉丝模作为导向器更为有利。

3．脉冲电源及工作液系统

(1) 脉动电源是数控电火花线切割机床最重要的组成部分，是决定线切割加工工艺指标的关键部件，即数控电火花线切割加工机床的切割速度、加工面的表面粗糙度、加工尺寸精度、加工表面的形状和线电极的损耗，主要决定于脉动电源的性能。

数控电火花线切割脉冲电源与电火花成型加工电源基本相同，不过受表面粗糙度和电极丝允许承载电流的限制，线切割加工脉冲电源的脉宽较窄(2～60 μs)，单个脉冲能量、平均电流(1～5 A)一般较小，所以线切割加工总是采用正极性加工。脉冲电源的形式和品种很多，如晶体管矩形波脉冲电源、高频分组脉冲电源、并联电容型脉冲电源和低损耗电源等。

(2) 工作液系统。在电火花线切割加工过程中，需要稳定地供给有一定绝缘性能的工作液，以冷却电极丝和工件，排除电蚀物等，保证线切割加工的持续进行。工作液系统由工作液、工作液箱、工作液泵和循环导管等组成。线切割机床工作液系统图如图 5-22 所示。

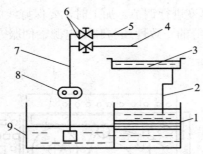

1—过滤器；2—回液管；3—工作台；4—下丝臂进液管；5—上丝臂进液管；
6—流量控制阀 ；7—进液管；8—工作液泵；9—工作液箱

图 5-22　线切割机床工作液系统图

　　工作液一般采用 7%～10%的植物性皂化液或 DX-1 油酸钾乳化油水溶液。工作方式为由工作液泵提供工作液循环喷注的压力进行工作。每次脉冲放电后，工件与电极丝之间必须迅速恢复绝缘状态，这是靠工作液的绝缘作用实现的。工作液喷注到切口中，使得脉冲放电不能转变为稳定持续的电弧放电，否则会影响加工质量和精度。在加工过程中，工作液的喷注压力会将加工过程中产生的金属小颗粒迅速从电极之间冲走，以保证正常加工。工作液还可以起冷却作用，冷却受热的电极和工件，防止工件变形。

　　工作液一般采用从电极丝四周进液的方法流向加工区域，通常是用喷嘴直接冲到工件与电极丝之间，如图 5-23 所示。由于液流实际上是不稳定的，容易使电极丝产生振动，因此当线架的跨距较大，且直接进液产生的冲击力和振动会影响到工件的精度时，建议采用环形喷嘴结构，如图 5-24 所示。

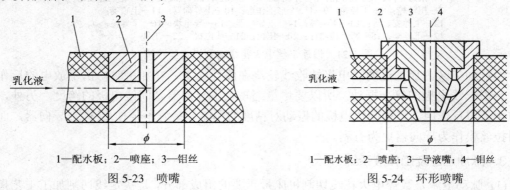

1—配水板；2—喷座；3—钼丝

图 5-23　喷嘴

1—配水板；2—喷座；3—导液嘴；4—钼丝

图 5-24　环形喷嘴

5.6　数控激光切割机床

5.6.1　激光加工的原理及特点

1. 激光加工的原理

　　激光是一种强度高、方向性好、单色性好的相干光。由于激光的发散角小和单色性好，理论上可以聚焦到尺寸与光的波长相近的(微米甚至亚微米)小斑点上，加上它本身强度高，故可以使其焦点处的功率密度达到 $10^7 \sim 10^{11}$ W/cm²，温度可达 10 000℃ 以上。在这样的高温下，任何材料都将瞬时急剧熔化和汽化，并爆炸性地高速喷射出来，同时产生方向性很强的冲击。因此，激光加工是工件在光热效应下产生高温熔融和受冲击波抛出的综合过程，如图 5-25 所示。

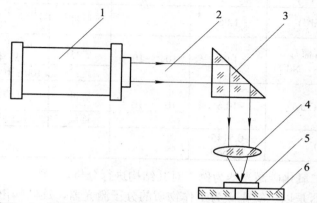

1—激光器；2—激光束；3—全反射棱镜；4—聚焦物镜；5—工件；6—工作台

图 5-25 激光加工示意图

2. 激光加工的特点

(1) 激光加工的功率密度高达 $10^7 \sim 10^{11}$ W/cm²，几乎可以加工任何材料。例如，耐热合金、陶瓷、石英、金刚石等硬脆性材料都能加工。

(2) 激光光斑大小可以聚焦到微米级，输出功率可以调节，因此可用于精密微细加工。

(3) 加工所用的工具是激光束，是非接触加工，所以没有明显的机械力，没有工具损耗问题；加工速度快、热影响区小，容易实现加工过程自动化；还能通过透明体进行加工，如对真空管内部进行焊接加工等。

(4) 与电子束加工等比较起来，激光加工装置比较简单，不要求复杂的抽真空装置。

(5) 激光加工是一种瞬时、局部熔化、汽化的热加工，影响因素很多，因此，精微加工时，精度，尤其是重复精度和表面粗糙度不易保证，必须进行反复试验，寻找合理的参数，才能达到一定的加工要求。由于光的反射作用，对于表面光泽或透明材料的加工，必须预先进行色化或打毛处理。

(6) 加工过程中会产生金属气体及火星等飞溅物，要注意通风抽走，操作者应戴防护眼镜。

5.6.2 数控激光切割机床的组成

数控激光切割机床的基本设备包括激光器、电源、光学系统及机械系统等四大部分。

1. 激光器

激光器是数控激光切割机床的重要设备，它把电能转变成光能，产生激光束。

目前常用的激光器按激活介质的种类可以分为固体激光器和气体激光器；按激光器的工作方式大致分为连续激光器和脉冲激光器。表 5-2 列出了激光加工常用激光器的主要性能特点。

表 5-2　常用激光器的性能及特点

种类	工作物质	激光波长 /μm	发散角 /rad	输出方式	输出能量或功率	主要用途
固体激光器	红宝石 $(Al_2O_3，Cr^{3+})$	0.69	$10^{-2} \sim 10^{-8}$	脉冲	几个至十几焦耳	打孔、焊接
	钕玻璃(Nd^{3+})	1.06		脉冲	几个至几十焦耳	打孔、焊接
	掺钕钇铝石榴石 YAG$(Y_3Al_5O_{12}，Nd^{3+})$	1.06	$10^{-2} \sim 10^{-3}$	脉冲	几个至几十焦耳	打孔、焊接、切割、微调
				连续	$100 \sim 1000$ W	
气体激光器	二氧化碳(CO_2)	10.6	$10^{-2} \sim 10^{-3}$	脉冲	几焦耳	切割、焊接、热处理、微调
				连续	几十至几千瓦	
	氩(Ar)	0.5145 0.4880				光盘录刻存储

本节以常用的二氧化碳激光器为例，对其结构进行分析。

二氧化碳激光器是以二氧化碳为工作物质的分子激光器，连续输出功率可达万瓦，是目前连续输出功率最高的气体激光器，它发出的谱线是在 10.6 μm 附近的红外区，比其他加工用的激光的波长要长得多，非金属材料对其吸收性能好。

二氧化碳激光器的效率可以高达 20%以上，这是因为二氧化碳激光器的工作能级寿命比较长，大约在$10^{-3} \sim 10^{-1}$s 范围内。工作能级寿命长有利于粒子数反转的积累。另外，二氧化碳的工作能级离基态近，激励阈值低，而且电子碰撞分子时把分子激发到工作能级的几率比较大。

为了提高激光器的输出功率，二氧化碳激光器一般都加进氮(N_2)、氦(He)、氙(Xe)等辅助气体和水蒸气。

二氧化碳激光器的一般结构如图 5-26(a)所示，主要包括放电管、谐振腔、冷却系统和激励电源等部分。

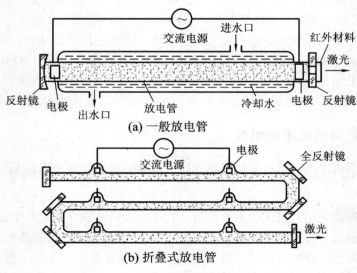

图 5-26　二氧化碳激光器的结构示意图

放电管一般用硬质玻璃管做成,对要求高的二氧化碳激光器可以采用石英玻璃管来制造,放电管的直径约几厘米,长度可以从几十厘米至十米。二氧化碳气体激光器的输出功率与放电管的长度成正比,通常每米长的管子其输出功率平均可达 $40\sim50$ W。为了缩短空间长度,长的放电管可以做成折叠式,如图 5-26(b)所示。折叠的两段之间用全反射镜来连接光路。

二氧化碳气体激光器的谐振腔多采用平凹腔,一般总以凹面镜作为全反射镜,而以平面镜作输出端反射镜。全反射镜一般镀金属膜,如金膜、银膜或铝膜。这三种膜对 $10.6~\mu m$ 的反射率都很高,金膜稳定性最好,所以用的最多。输出端的反射镜可有几种形式:第一种形式是在一块全反射镜的中心开一个小孔,外面再贴上一块能透过 $10.6~\mu m$ 波长的红外材料,激光就从这个小孔输出;第二种形式是用锗或硅等能透过红外的半导体材料做成反射镜,表面也镀上金膜,而在中央留个小孔不镀金,效果和第一种差不多;第三种形式是用一块能透过 $10.6~\mu m$ 波长的红外材料,加工成反射镜,再在它上面镀以适当反射镜的金膜或介质膜。目前第一种形式用的较多。

二氧化碳激光器的激励电源可以用射频电源、直流电源、交流电源和脉冲电源等,其中交流电源用得最为广泛。二氧化碳激光器一般都用冷阴极,常用电极材料有镍、钼和铝。因为镍发射电子的性能比较好,溅射比较小,而且在适当温度时还有使 CO 还原成 CO_2 分子的催化作用,有利于保持功率稳定和延长寿命。所以,现在一般都用镍做电极材料。

2. 激光电源

电源为激光器提供所需的能量。大功率激光器一般用特殊负载的电源来激励工作物质(例如固体和气体工作物质)。在气体激光器中,电源直接激励气体放电管;在固体激光器中,激励工作物质的是泵浦灯。根据激光器的不同工作状态,电源可在连续或脉冲状态下运转。

3. 光学系统

光学系统是激光加工设备的主要组成部分之一,它由导光系统(包括折反镜、分光镜、光导纤维及耦合元件等)、观察系统及改善光束性能装置(如匀光系统)等部分组成,如图 5-27 所示。

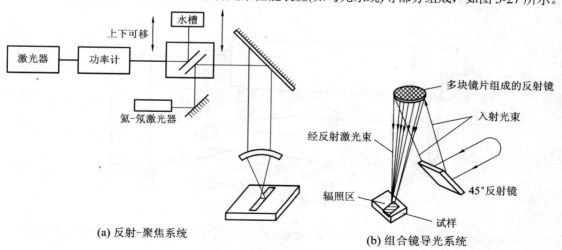

(a) 反射-聚焦系统　　　(b) 组合镜导光系统

图 5-27　激光导光系统

光学系统的特性直接影响激光加工的性能。在加工系统中,它的作用如下:

(1) 将激光束从激光器输出窗口引导至被加工工件的表面,并在加工部位获得所需的光斑形状、尺寸及功率密度。

(2) 指示加工部位。由于大多数用于激光加工的激光器工作在外红外波段，故光束不可见。为了便于激光束对准加工部位，多采用可见的氦-氖激光器或白炽灯光同轴对准，以指示激光器加工位置，便于调整整个光路系统。

(3) 观察加工过程及加工零件。尤其在微小型件的加工中光学系统是必不可少的。

4．机械系统

机械系统包括工件定位夹紧装置、机械运动系统、工件的上料下料装置等。它用来确定工件相对于加工系统的位置。

激光加工是一种微细精密加工，机床设计时要求机械传动链短，尽可能减少传动间隙，光路系统调整灵活方便，并牢靠锁紧；激光加工不存在明显的机械力，强度问题不必过多考虑，但机床刚度问题不可忽视，还要防止受环境温度影响而引起的变形；为保持工件表面及聚焦物镜的清洁，必须及时排除加工产物，因此机床上都设计有吹气或吸气装置。

激光加工中激光束与工件位置的控制，可用以下三种方式实现：

(1) 工件移动，而激光头和光束制导装置固定不动。

(2) 激光头和光束制导装置移动，工件固定不动。

(3) 光束制导装置移动，激光头和工件不动。

5．控制系统

控制系统用以控制激光光斑与工件间的相对运动，比金属切削机床、激光加工机床的运动速度快，精度要求也相当高，因而对数控系统的插补速度和分解度有更高的要求。此外，控制系统还能随运动状态而自动调节激光功率、连续与脉冲运行方式，并对激光加工过程所需的气体、添加材料等进行控制。

以济南铸造锻压机械研究所生产的 LC 系列数控激光切割机为例，简要介绍其主要组成，如图 5-28 所示。

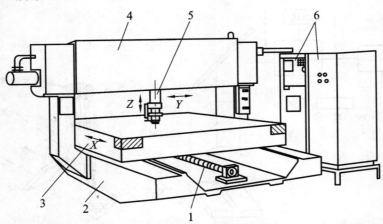

1—纵向滚珠丝杠；2—床身；3—工作台；4—横梁；5—切割头；6—数控电气箱和激光发生器控制箱

图 5-28　LC 系列数控激光切割机外形图

该机床主要由床身、工作台、横梁、Z 轴切割箱、数控系统和激光发生器等组成。板材放于工作台上，由气动夹钳固定，工作台做 X 轴运动，切割箱在横梁上做 Y 轴向运动，切割嘴相对板材的距离随板材的起伏上下(Z轴)移动。加工时,从激光器发出的激光经反射光道由切割嘴射出,聚焦在板材内部。

数控系统主要进行加工轨迹插补控制、补偿控制和作为辅助功能的开关光、切割嘴的提升、落下等控制,还有显示、自诊断等功能。有些数控切割机还带有数字化仪,具有数字化仿形编程功能,使复杂零件的程序编制十分方便。

数控激光切割机工作台上插有板材支撑杆,使工作台不被激光束损坏,并能使切割下的废渣料落入下面的废料槽中,再由不锈钢拖链自动排出废渣料。

切割头下面带有压力传感器,压力传感器通过探脚将切割嘴距板材的距离信号传回数控系统,数控系统根据板材的上下起伏,控制 Z 轴伺服电动机使切割头上下浮动,保持切割嘴与板材的距离恒定,以保证激光束的聚焦点落在板材内部。

5.7 典型数控特种加工机床介绍

5.7.1 数控电火花成型加工机床

在众多的数控电火花成型加工机床中,典型的有汉川机床厂生产的 HCD300K 型精密数控电火花成型机床,如图 5-29 所示。

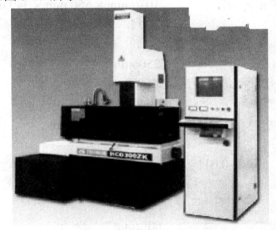

图 5-29 HCD300K 型精密数控电火花成型机床外形图

HCD300K 型精密数控电火花成型机床是一种中等规格的高精密特种加工机床,该机床兼备国内外同类机床的特点,是以用户的实际需要为目的设计开发的一种结构新颖、性能可靠的精密电火花成型机床,具有造型美观、操作方便、附件齐全等特点。它采用紫铜、石墨、钢、铜钨合金等电极材料,能对碳素钢、工具钢、合金钢、淬火钢、硬质合金及其他高硬度金属材料进行放电加工,可加工冲压模(落料模、复合模、级进模等)、型腔模(精锻模、压注模、压延模、注塑模等)以及各种零件的坐标孔及复杂的异形曲面,还可以加工 0.1 mm 以上的小孔和 0.2 mm 的窄缝,广泛应用于电机、仪表、仪器、汽车、航空、航天、轻工、军工、模具等行业。

1. HCD300K 机床的性能特点

(1) 该机床具有三轴数控的特点。

(2) 机床主轴采用方形结构，具有刚性好、抗扭转性能高的特点，主轴用精密直线滚动导轨块，精密滚珠丝杠传动，灵敏度高，伺服性能好，加工稳定。

(3) 机床伺服坐标采用精密滚珠丝杠副作为坐标定位元件，配以高品质的直线滚动导轨，定位精度高。

(4) 机床除了具有电机夹头及安装工件用的必备附件外，还备有用户选用附件及用户特殊选用附件，增强了机床的使用功能，扩大了机床的使用范围。

(5) 机床的工作液槽采用双开门结构，操作空间大，方便工件的装卸。简捷的管路可快速地上油或放油，节约辅助时间，提高工作效率。

2. HCD300K 机床的主要规格及技术参数

(1) 工作台。

工作台面积(长×宽)	630 mm × 350 mm
工作台最大行程　纵向(X)	300 mm
横向(Y)	200 mm
工作台允许承载最大重量	300 kg

(2) 工作液槽。

内部尺寸(长×宽×高)	1070 mm × 550 mm × 340 mm
容量	200 L

(3) 主轴。

主轴垂直行程(Z)	250 mm
主轴端面距工作台面最大距离	≥510 mm
允许最大电极重量	50 kg
电极连接板尺寸	124 mm × 180 mm

(4) 坐标定位精度。

　　　X轴：0.014　　Y轴：0.011

(5) 油箱。

容量	330 L
液泵流量	60L/min
外形尺寸(长×宽×高)	1120 mm × 800 mm × 520 mm

(6) 效率。

最大加工电流	50 A
最大加工生产率	400 mm^3/min
最佳加工表面粗糙度	Ra≤0.3 μm
最低电极损耗	≤0.3%

(7) 主机外形尺寸(长×宽×高)　　1335 mm × 1110 mm × 2213 mm

(8) 机床质量　　1600 kg

(9) 整机噪声　　≤70 dB

5.7.2 数控电火花线切割加工机床

在众多的数控电火花线切割机床中，典型的有江苏东成机床制造有限公司生产的 DK7725 数控电火花线切割机床，如图 5-30 所示。

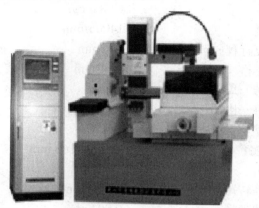

图 5-30 DK7725 数控电火花线切割机床的外形图

DK7725 数控电火花线切割机床属于中型电火花线切割设备，主要由机床、高频电源控制柜、PC586 型计算机、驱动电源组成。

该机床适用切割厚度 120 mm 以内的各种淬火金属材料制作的通孔模具，以及用其他手段无法加工的形状复杂的精密金属零件。

该机床利用电蚀加工原理由高频电源控制柜提供电蚀电源(可调)，用金属丝(钼丝)作为工具电极，零件作为另一极进行电蚀加工。机床工作台的运动是按预先编制的程序由 PC586 型计算机控制的，因此该设备可以自动切割出任意角度的直线和半径在 9.999 m 以内圆弧所组成的复杂平面图形。

1. DK7725 机床的性能特点

(1) 具有大锥度、大厚度、高效率、高精度、新结构等特色，处于同行业领先地位。

(2) 机床控制柜集计算机、机床电气、脉冲电源为一体。

(3) 主机有单板机和微机两种。

(4) 微机控制系统采用双 CPU 结构，编程和加工可同时进行。

(5) 刚性好、运行平稳、功能强、操作方便可靠。

(6) 全封闭床身、台面带 T 形槽、方框夹具。

(7) 适合加工高精度、高韧性、难加工的导电金属模具，以及复杂的金属零件和模板。

(8) 可加工平面、斜面、上下异形面，大大地扩展了线切割机床的加工范围。

(9) 可根据用户需要增配半闭环。

2. DK7725 机床的技术规格

(1) 主要规格。

工作台面尺寸(长×宽×高)　　　　500 mm × 320 mm
工作台最大行程(纵×横)　　　　　320 mm × 250 mm
切割工件最大厚度　　　　　　　　120 mm

切割零件总重量 ≤125 kg

(2) 主要参数。

切割用钼丝直径	$\phi 0.12 \sim \phi 0.25$ mm
储丝筒直径	$\phi 120$ mm
钼丝移动速度	约 8.8 m/s
储丝筒回转速度	1400 r/min
储丝筒最大往复行程	150 mm
手转刻度盘每一格	0.01 mm
手转刻度盘每转一周工作台移动	1 mm
上下拖板标尺每一格	1 mm
工作台面 T 形槽槽数	5 条
T 形槽槽宽 × 槽距	10 mm × 63 mm
步进电机步距角	1.5°
步进电机最大静转矩	9 kgf·cm
工作台移动脉冲当量	0.001 mm
储钼丝筒电机功率	250 W
张紧机构可逆电机功率	10 W
冷却泵电机功率	60 W
冷却泵流量	25 dm³/min
设备总功耗	1.5 kW

(3) 外形尺寸及重量。

机床外形最大尺寸(长 × 宽 × 高)	1585 mm × 1120 mm × 1326 mm
机床重量	约 1.2 t
设备总重量	约 1.25 t

5.7.3 数控激光切割机床

广东大族粤铭激光科技股份有限公司生产的 YM-1218 型恒定光路激光切割机床是典型的数控激光切割机床,如图 5-31 所示。该机床广泛应用于现代工业、彩盒、电子、轻工等各类模切板加工;碳钢、不锈钢、铝合金等金属薄板的切割加工;亚克力、塑胶、复合材料等各类非金属中厚板材的切割加工。

图 5-31 YM-1218 型恒定光路激光切割机床外形图

1. YM-1218 机床的性能特点

(1) YM-1218 型数控激光切割机床采用"恒定光路"的原理进行设计、制造，切割功率不受光程远近的影响，确保切割缝隙均匀一致，校光及维护保养便利。该数控激光切割机床工作台的运行方式为十字滑台式。

(2) YM-1218 型数控激光切割机床配置了性能优良的轴快流二氧化碳激光器，激光器输出激光束，经外光路系统处理及传输，再经切割头聚焦，并吹以辅助切割气体，在数控机床的精密驱动下，实现对各种非金属以及金属板材的激光切割加工。

(3) YM-1218 型数控激光切割机床的控制软件运行在 Windows 操作系统上，具有CAD/CAM 自动编程功能，可识别多种 CAD 图形文件。为方便使用，客户还可在系统中建立自己的激光切割工艺数据库，使用时可直接从工艺数据库中选取适宜的工艺方案。

(4) YM-1218 型数控激光切割机床的关键器件，如 CNC 数控系统、交流伺服电动机及其驱动器、精密滚动直线导轨、精密滚珠螺杆、光学镜片等均采用原装进口，以保证设备的可靠性和稳定性。

2. YM-1218 机床的技术规格

工作面积	1800 mm × 1250 mm
定位精度	±0.03
重复定位精度	±0.01
最大速度	10 m/min
额定功率	1200 W
机组重量	4200 kg
占地面积	35 m²

5.8　典型数控成型加工机床介绍

板材冲压加工设备主要有数控压力机床、数控剪板机床和数控折弯机床三类，它们可对板材进行冲压、剪压和折弯等加工。下面介绍数控压力机床和数控折弯机床。

5.8.1　数控压力机床

常用的数控压力机床有：数控步冲压力机和数控冲模回转头压力机。如图 5-32 所示为J92K-30A 型数控冲模回转头压力机，是济南铸造锻压机械研究所生产的高效精密数控钣金加工设备，可以进行冲孔、起伏成型(百叶窗、压筋、浅拉伸、翻边、切缝成型等)、半切断、压标记、打中心孔、步冲大孔、方孔、曲线孔等加工。

J92K-30A 型数控冲模回转头压力机床采用 FANUC 0-PC 系统可在屏幕上显示零件形状，具有图形功能指令，采用四轴控制，配有交流数字伺服系统和高性能交流电动机。

1. 主要组成

如图 5-32 所示，该机床主要可分为冲压主体、送进工作台和数控柜三大部分。主体部分包括主传动部件、转盘部件、转盘驱动部件等，这些均在外罩 2 内；送进工作台部分包括基座、工作台、滑动托架、板材夹钳、X 轴及 Y 轴传动系统和气动系统等。

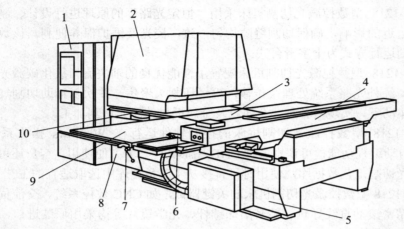

1—数控柜；2—外罩；3—中心工作台，板材滑道；4—滑动托架，X 轴传动；5—基座，Y 轴传动；
6—板材夹钳及接近开关；7—原点定位器；8—机身；9—前工作台；10—补充工作台

图 5-32   J92K-30A 型数控冲模回转头压力机床外形图

2. 传动系统及工作原理

图 5-33 为 J92K-30A 型数控压力机床的机械传动系统图。传动系统主要由主传动系统、转盘选模系统和进给传动系统三部分组成。另外还有气动系统等。

转盘选模系统的作用是将所需模具转到打击器下。上、下转盘实际上是一个可回转的模具库，设有 40 个模具位置，可装 40 套模具，其中两套为自转模，一套自转模本身又带 12 套模具(自转模是一个单独的数控轴，称为 C 轴，由伺服电动机驱动，能在 360° 范围内任意旋转定位，可扩大冲孔功能，如冲放射形孔、多边孔等)。上转盘装上模具，下转盘装下模具，板材在上、下转盘之间。进给传动系统的作用是将板材的冲压部位准确定位在冲模打击器处。主传动系统用于驱动打击器进行冲压。

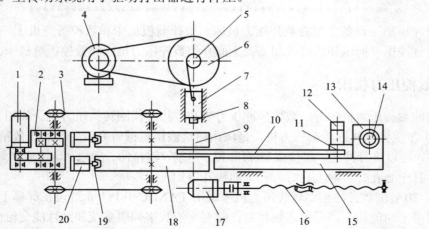

1—转盘伺服电动机；2—转盘减速器；3—链传动；4—主电动机；5—偏心轴；6—飞轮；7—滑块；
8—打击器；9—上转盘；10—板材；11—夹钳；12—夹钳汽缸；13—滑架；14—X 轴传动系统；15—工作台；
16—Y 轴滚珠丝杠；17—Y 轴伺服电动机；18—下转盘；19—转盘定位锥销；20—转盘定位汽缸

图 5-33   J92K-30A 型机床传动系统

工作时，在数控程序的指令下，板材由夹钳 11 夹持在工作台上，Y 轴伺服电动机 17 通过联轴器直接与滚珠丝杠相连接，带动活动工作台作 Y 轴移动；X 轴传动系统 14 带动滑架 13 做 X 轴移动，使板材在 X 轴、Y 轴方向移动定位，与此同时，转盘伺服电动机 1 通过减速器 2 以及上下一对链条传动副带动上下转盘同步转动，将所需冲模迅速、准确地转到打击器下，并由定位汽缸将锥销插入转盘侧面定位锥孔中，然后主电动机 4 通过带传动和偏心轴 5 推到滑块 7 使打击器 8 压上模具下行，进行冲压。板材一次装夹后，可进行多个模具的冲压，完成各种形状、尺寸和孔距的加工，从而减少装夹、测量和调整的时间，提高了加工精度和生产效率。

5.8.2 数控折弯机床

数控折弯机床利用所配备的模具(通用或专用模具)将冷态下的金属板材折弯成各种几何截面形状的工件，如图 5-34 所示。

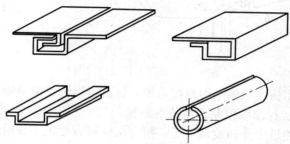

图 5-34 各种折弯工件截面图

1. 数控折弯机床的主要组成

如图 5-35 所示为 WC67K 系列数控折弯机床外形图，主要由床身、滑块、前托料架、凸模、挡块机构、悬挂式操作台、凹模、电气箱、脚踏开关等组成。

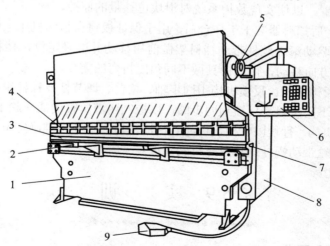

1—床身；2—前托料架；3—凸模；4—滑块；5—挡块机构；
6—悬挂式操作台；7—凹模；8—电气箱；9—脚踏开关

图 5-35 WC67K 型数控折弯机床外形图

2．工作性能

如图 5-36 所示，将板材放于前托料架 5 上，推入凹模和凸模之间，板材顶上后挡料器的挡块，踏动脚踏开关或按压按钮，滑块下移，凹模和凸模将板材折成所要求的角度。

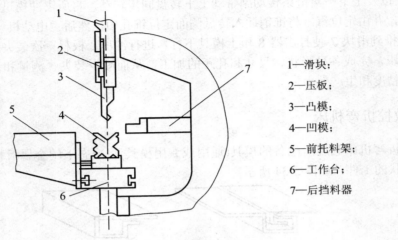

1—滑块；
2—压板；
3—凸模；
4—凹模；
5—前托料架；
6—工作台；
7—后挡料器

图 5-36 折弯工作部位简图

折弯机床一般采用折弯机床专用数控系统，目前坐标轴已由单轴发展到 12 轴，可由数控系统自动实现滑块运行深度控制、滑块左右倾斜调节、后挡料器前后调节、左右调节、压力吨位调节及滑块趋近工作速度调节等。折弯机床可方便地实现滑块向下、点动、连续、保压、返程和中途停止等动作，以及一次上料完成相同角度或不同角度的多弯头折弯。

3．部件简介

(1) 滑块。滑块由液压缸、滑块体、导轨等组成，滑块体两侧装有导轨，床身左右固定有两个单杆液压缸，推动滑块上下移动，在床身中部还装有柱塞缸以增大折弯力。上部装有滑块位移转换装置，以便实现数控系统对滑块位移量的监控。

(2) 后挡料器。后挡料器装于工作台后，用于保证板材在折弯机床上的准确定位，伺服电动机通过齿形带驱动滚珠丝杠带动挡料架做前后移动并准确定位，挡料器还可通过升降丝杠及滚轮做上下方向移动，保证模具做不同角度折弯的需要。

(3) 滑块同步反馈机构。反馈机构由同步轴、摆臂、调节杆及杠杆组成，将滑块作用两液压缸活塞运动的不同步误差反馈到同步阀，以控制两液压缸的活塞趋于同步。

(4) 挡块调节机构。行程限位挡块可起到保证滑块在下死点准确定位的作用，其调节由伺服电动机通过齿轮带动蜗杆蜗轮及螺母副实现。

5.9 实 训

1．实训的目的与要求

(1) 了解电火花成型加工的基本原理、主要特点及在模具制造中的应用。

(2) 熟悉电火花成型加工机床的组成和作用。

(3) 了解数控电火花成型加工机床加工时影响工件质量的主要因素。

(4) 了解数控电火花线切割机床的工作原理及加工特点。

(5) 熟悉数控电火花线切割机床的组成和作用。

(6) 熟悉数控激光切割机床的组成和工作原理。

2．实训仪器与设备

数控电火花成型加工机床、电火花线切割机床、激光加工机床数台。

3．相关知识概述

(1) 数控电火花加工机床的原理和设备组成，电火花加工的特点及其应用。

(2) 数控电火花线切割加工的原理、特点及应用范围；数控电火花线切割加工设备的组成。

(3) 激光加工的原理和特点以及激光加工基本设备的组成。

(4) 数控压力机床和折弯机床的主要组成。

4．实训内容

(1) 分析数控电火花加工机床、数控电火花线切割机床、激光加工机床的典型工作环境。

(2) 观看数控电火花加工机床、数控电火花线切割机床、激光加工机床的加工演示过程。

(3) 分析各类数控电火花加工机床、数控电火花线切割机床、激光加工机床的结构，并掌握它们的工作原理。

5．实训报告

(1) 写出观看各类数控特种加工演示的感受。

(2) 文字说明数控电火花加工机床、数控电火花线切割机床、激光加工机床的工作原理。

(3) 分析数控电火花加工机床、数控电火花线切割机床、激光加工机床的典型结构和布局。

(4) 分辨零件加工所需的特种机床。

按照上述实训内容的过程顺序写出实训报告。

5.10 自　测　题

1．判断题(请将判断结果填入括号中，正确的填"√"，错误的填"×")

(1) 电火花线切割加工中，电源可以选用直流脉冲电源或交流电源。　　(　　)

(2) 电火花成型加工的加工范围已达到小至几微米的小轴、孔、缝，大到几十米的超大型模具和零件。　　(　　)

(3) 纯水(去离子水)主要用于慢速走丝数控电火花线切割加工机床中。　(　　)

(4) 激光技术是 20 世纪 70 年代初发展起来的一门科学。(　　)

(5) 陶瓷、石英等硬脆材料能用激光加工。　　(　　)

2．选择题(请将正确答案的序号填写在括号中)

(1) D7132 代表电火花成型机床工作台的宽度是(　　　)。

A. 32 mm　　　　　B. 320 mm　　　　C. 3200 mm　　　　D. 32000 mm

(2) 目前常用激光器按工作方式可大致分为(　　　)和脉冲激光器。

　　A. 氩离子激光器　　　　　　　　B. 固体激光器

　　C. 二氧化碳激光器　　　　　　　D. 连续激光器

(3) 快走丝线切割加工广泛使用(　　　)作为电极丝。

　　A. 钨丝　　　　　B. 紫铜丝　　　　C. 钼丝　　　　D. 黄铜丝

(4) 下列加工方法中，(　　　)为特种加工。

　　A. 电火花加工　　B. 手削加工　　　C. 磨削加工　　　D. 铣削加工

(5) 下列论述选项中，描述正确的是(　　　)。

　　A. 电火花线切割加工中，只存在电火花放电一种放电状态

　　B. 电火花线切割加工中，由于工具电极丝高速运动，故工具电极丝不损耗

　　C. 电火花线切割加工中，电源可选用直流脉冲电源或交流电源

　　D. 电火花线切割加工中，工作液一般采用水基工作液

3. 名词解释

(1) 闸流管脉冲电源

(2) 弛张式脉冲电源

(3) 二氧化碳激光器

4. 问答题

(1) 简述数控电火花成型加工的原理。

(2) 简述数控电火花线切割加工的原理。

(3) 数控电火花线切割加工机床由哪些部分组成？各组成部分的主要作用是什么？

(4) 数控激光切割机床主要由哪些部分组成？各组成部分的主要作用是什么？

(5) 数控压力机床是如何工作的？

(6) 数控冲压机床是如何工作的？

项目6　数控机床的典型机械结构及功能部件

6.1　技 能 解 析

(1) 熟悉数控机床典型机械结构的种类、功能和特点，掌握数控机床主传动系统及进给传动系统的典型结构和原理，了解数控机床常用的辅助装置。

(2) 通过实训理解数控机床主轴轴承、滚珠丝杠螺母副和直线滚动导轨副的结构和原理，掌握齿轮传动间隙消除装置和滚珠丝杠副间隙消除装置的工作原理。

6.2　项 目 的 引 出

典型数控机床结构 1:

如图 6-1 所示为去掉防护装置的卧式数控车床，主轴单元、回转刀架、滚珠丝杠副、滚动导轨副及防护装置等是组成数控车床的主要功能部件。

典型数控机床结构 2:

如图 6-2 所示为去掉防护装置的卧式加工中心，主轴单元、滚珠丝杠副、回转工作台、刀库和机械手及防护装置等是组成卧式加工中心的主要功能部件。

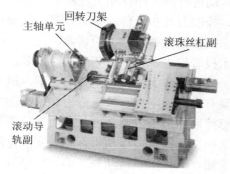

图 6-1　卧式数控车床结构图

图 6-2　卧式加工中心结构图

数控系统、主轴单元、滚珠丝杠副、滚动导轨副和辅助装置等是组成数控机床的重要功能部件。了解和掌握各功能部件的组成、结构特点及工作原理，对操作和维护数控机床具有重要的指导意义。

6.3   数控机床的典型机械结构及功能部件概述

6.3.1   数控机床的机械结构

数控机床可按照预先编制的程序，根据计算机发出的指令自动进行加工，且在加工过程中不需要进行频繁的测量和手动补偿等人工干预。为避免振动、热变形、爬行和间隙对加工工件精度的影响，这就要求数控机床机械结构具有较高的静刚度、动刚度和热稳定性，同时要求数控机床的结构精密、完善且能长时间稳定可靠的工作，以满足重复加工过程。

早期的数控机床机械结构继承了普通机床的结构模式，其零部件的设计方法类似于普通机床。随着数控机床的发展，人们对数控机床的生产率、加工精度和使用寿命提出了更高的要求，传统机床的某些基本结构已不能满足数控机床技术性能发挥的要求，故现代数控机床在机械结构上许多地方与普通机床显著不同，具有独特的机械结构。

数控机床的机械结构主要由主传动系统、进给传动系统、床身、导轨和辅助装置等几部分组成。主传动系统与进给传动系统的性能和精度决定了数控机床本身可能具有的性能和加工精度。如主轴部件支承轴承决定了数控机床的最高转速可能达到的极限，而轴承的精度决定了主轴的运动精度。床身与导轨用于保证和支承安装在其上的各零部件的相对位置。辅助装置是实现某些部件动作和辅助功能的系统和装置，如液压、润滑、排屑和防护等装置。

6.3.2   数控机床机械结构的特点

数控机床的机械结构与普通机床相比有如下特点。

1. 切削功率大，动、静刚度高

数控机床加工工件是按预先编制的加工程序自动进行的，即在加工过程中，由数控装置根据程序指令和机床位置检测装置的测量结果，控制刀具和工件的相对位置，从而达到控制工件尺寸的目的。机床→刀具→工件的工艺系统弹性变形及产生的误差，在加工过程中不能进行人为调整和补偿。同时，由于数控机床投资较大，为取得相应的经济效益，要求数控机床使用率高、传动效率大、承载能力强。数控机床上通常采用强力切削，最大限度地提高切削效率。因此，要求数控机床的结构具有良好的刚度、抗振能力和承载能力，以便把移动部件的重量和切削力所引起的弹性变形控制在最小限度之内，从而保证所要求的加工精度与表面质量。数控机床主传动装置多采用交流或直流电动机拖动，实现无级变速或分段无级变速，利用程序控制主轴的变向和变速，简化了主传动系统的机械结构，增大了主轴的调速范围。有些数控机床的主传动系统已开始采用结构紧凑、性能优异的电主轴。床身、导轨等主要支承件采用合理的截面形状，且采取一些补偿变形的措施，使其具有较高的结构刚度和抗震性能，从而提高数控机床的切削用量。

2．精度和灵敏度高

数控机床的运动精度和定位精度不仅受到机床零部件的加工精度和装配精度、刚度及热变形的影响，而且与运动件的摩擦特性有关。同时，由于数控机床进给系统设定的脉冲当量(或称最小设定单位)一般为 0.001～0.01 mm，故要求运动件能以极低的速度运动。要提高运动精度和定位精度，就必须设法提高进给运动的低速运动的平衡性。例如，采用降低运动件的质量；减少运动件的静、动摩擦力之差；减少传动间隙，缩短传动链等措施，以提高传动精度。数控机床进给传动装置中广泛采用滚珠丝杠传动和无间隙齿轮传动，以及摩擦系数很低的贴塑导轨、滚动导轨和静压导轨，可减少运动副的摩擦力，提高机床动静运动的灵敏度和传动精度。

3．热稳定性好

数控机床的热变形是影响加工精度的重要因素。引起机床热变形的热源主要是机床的内部热源，如电动机发热、摩擦热以及切削热等。热变形影响加工精度的原因，主要是由于热源分布不均，各处零部件的质量不均匀，形成各部位的温升不一致，从而产生不均匀的热膨胀变形，以致影响刀具与工件的相对位置。

机床的热稳定性是多方面综合的结果。数控机床采取减少机床内部热源和发热量，改变机床散热和隔热条件，改善的机床结构和布局等措施来减小热变形，保证机床的精度稳定，从而获得可靠的加工质量。

4．自动化程度高

为了提高数控机床的生产率，在提高切削效率、缩短切削时间的同时，在数控机床上还采取各种措施来缩短辅助时间(包括装卸刀具、装卸搬运工件、测量工件尺寸、调整机床等辅助时间)。数控机床采用自动排屑、自动润滑、冷却及安全防护装置等，以减少辅助时间，提高安全防护性能；采用多主轴、多刀架的结构以及自动换刀和自动更换工件装置，进行多工序加工，以减少停机时间，提高单位时间内的切削效率。

6.4 主传动系统的典型机械结构及功能部件

主传动系统是数控机床重要的组成部分之一，它将主轴电动机的转矩和功率传递给主轴部件，使安装在主轴内的工件或刀具旋转，实现主运动。主传动系统由主轴、轴承及其传动部件等组成。数控机床主传动系统的精度决定了零件的加工精度，其工作性能对加工质量和机床生产效率有重要的影响。

为了满足数控机床加工精度高、加工柔性好、自动化程度高等要求，数控机床主传动系统应具有较大的调速范围，较高的精度、刚度和抗振性，并尽可能降低噪声与热变形，从而获得最佳的生产效率、加工精度和表面质量。

6.4.1 主传动系统的特点

数控机床主传动运动是指数控机床产生切屑的传动运动，它是通过主轴电动机拖动的。数控机床与普通机床比较，其主传动系统具有如下特点：

(1) 主轴转速高，变速范围广，并可无级变速。

为了保证在加工时能合理选用切削用量，充分发挥刀具的性能，获得较高的生产率和较好的加工质量，数控机床必须具有更大的输出功率、更高的转速和更宽的变速范围，以适应高速、高效的加工要求。目前，数控机床的主传动电机已不再采用普通的交流异步电动机或传统的直流调速电动机，它们已逐步被新型的交流调速电动机和直流调速电动机所代替。

数控机床的变速是按照控制指令自动进行的，数控机床主传动系统采用高性能伺服电动机和高精度主轴部件，可使机床主轴转速迅速可靠地进行自动无级变换，保证切削工作始终在最佳状态下进行，满足主传动系统粗加工高功率、高扭矩和精加工高转速要求。

(2) 主轴传动平稳，噪声低，精度高。

数控机床的加工精度与主传动系统的刚度密切相关。为此，应提高传动件的制造精度与刚度。例如，齿轮齿面应进行高频淬火增加耐磨性；最后一级采用斜齿轮传动，使传动平稳；采用高精度轴承及合理的支承跨距等，以提高主轴组件的刚度。

(3) 具有良好的抗振性和热稳定性。

数控机床一般要同时承担粗加工和精加工任务，加工时可能由于断续切削、加工余量不均匀、运动部件不平衡以及切削过程中的自激振动等原因，造成主轴振动，影响加工精度和表面粗糙度，严重时甚至会破坏刀具或工件，使加工无法进行。因此在主传动系统中的主要零部件不但要具有一定的静刚度，而且要求具有良好的抗振性。此外，在切削加工过程中，主传动系统的发热往往使其零部件产生热变形，破坏零部件之间的相对位置精度和运动精度，造成加工误差。因此，要求主轴部件具有较高的热稳定性，保持合适的配合间隙，并采用循环润滑、冷却等措施。

6.4.2　主轴的传动方式

与普通机床相比，数控机床的工艺范围更宽，工艺能力更强，因此要求其主传动具有较宽的调速范围，以保证加工时能选用合理的切削用量，从而获得最佳的生产率、加工精度和表面质量。数控机床的变速是按照控制指令自动进行的，因此变速机构必须适应自动加工的要求。故数控机床广泛采用无级变速或分段无级变速传动，有级变速传动仅用于经济型数控机床。用交流调速电动机或直流调速电动机驱动，能方便地实现无级变速，且传动链短、传动件少。根据数控机床的类型与大小，其主轴传动系统主要有以下几种传动方式。

1. 带有变速齿轮的主传动方式

如图 6-3 所示，带有变速齿轮的主传动是在交流或直流伺服电动机无级变速的基础上，通过少数几对齿轮的降速传动，使主传动系统成为分段无级变速。这种配置方式在大中型数控机床中应用较多，也有一部分小型数控机床采用这种传动方式，以获得强力切削所需的扭矩。

带有变速齿轮的主传动方式的优点是能够确保低速时输出大扭矩，以满足主轴输出扭矩特性的要求，而且变速范围广；其缺点是结构复杂，需增加润滑和温度冷却系统，成本较高。

带有变速齿轮的主传动方式常用的变速操纵方法有液压拨叉变速和电磁离合器变速，在一些简易或教学型数控机床中采用手动换挡变速。

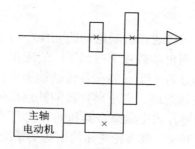

图 6-3　变速齿轮传动方式

1) 液压拨叉变速

变速机构中滑移齿轮的移位采用液压缸和拨叉或直接由液压缸带动齿轮来实现。如图 6-4 所示为三位液压拨叉的工作原理图。滑移齿轮的拨叉与变速液压缸的活塞杆连接，通过改变不同通油方式可以使三联齿轮获得三个变速位置，带动滑移齿轮移动实现变速。其工作原理如下所述。

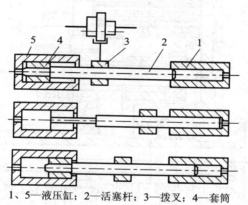

1、5—液压缸；2—活塞杆；3—拨叉；4—套筒

图 6-4　三位液压拨叉的工作原理图

(1) 如图 6-4(上)所示。当液压缸 1 通压力油、液压缸 5 卸荷时，活塞杆 2 带动拨叉 3 向左移动到极限位置，同时带动三联滑移齿轮滑移到左端啮合位置。

(2) 如图 6-4(中)所示。当液压缸 5 通压力油、液压缸 1 卸荷时，活塞杆 2 和套筒 4 一起向右移动，套筒 4 碰到液压缸 5 的端部后，活塞杆 2 继续右移到极限位置，同时带动拨叉 3 向右移动，从而带动三联滑移齿轮滑移到右端啮合位置。

(3) 如图 6-4(下)所示。当液压缸 1、5 同时通入压力油时，由于活塞杆 2 右端直径大于左端直径，在压力油的作用下活塞杆 2 向左移动，又因为套筒圆环的面积加上活塞杆左端的面积大于活塞杆右端的面积，所以活塞杆 2 向左移动碰到套筒 4 后，紧靠在套筒 4 的右端，套筒 4 仍然压在液压缸 5 的右端，此时三联滑移齿轮在拨叉 3 的作用下，被限制在中间啮合位置。

液压拨叉变速必须在主轴停止转动之后才能进行，但停止转动时拨叉拨动滑移齿轮啮合又可能产生"顶齿"现象。因此，在这种主传动系统中通常设有一台微电动机，它在拨叉移动齿轮的同时带动各齿轮做低速回转，使滑移齿轮与主动齿轮顺利啮合。液压拨叉变速需附加一套液压装置，因而增加了变速装置的复杂性。

2）电磁离合器变速

电磁离合器是利用电磁效应接通或切断运动的元件，由于它便于实现自动操纵并有诸多的系列产品可供选用，因而在自动装置中得到了广泛应用。电磁离合器用于数控机床主传动时，能简化变速机构，通过若干个安装在各传动轴上离合器的吸合与分离，形成不同的齿轮传动路线组合，实现主轴变速。电磁离合器的缺点是体积大，易使其他机件磁化。在数控机床中常使用无滑环摩擦片式电磁离合器和啮合式电磁离合器。

如图 6-5 所示为一种数控车床二级齿轮变速的主传动系统，滑移齿轮轴的右端与主轴伺服电动机相连接，通过滑移齿轮的移位，使主轴变速分为高速无级变速段和低速无级变速段。

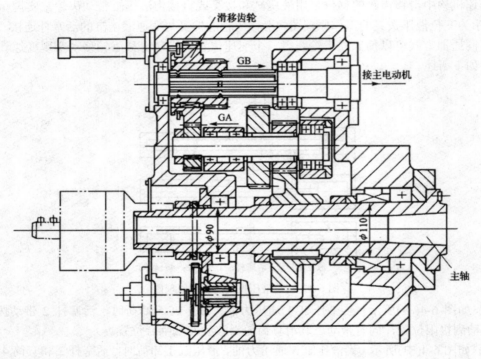

图 6-5　二级齿轮变速的主传动系统

2．通过带传动的主传动方式

如图 6-6 所示，通过带传动的主传动是由伺服电动机通过一级带传动，直接带动主轴旋转的主传动方式，主要应用在转速较高、变速范围不大的小型数控机床上。伺服电动机本身的调速就能满足要求，不用齿轮变速，可以避免齿轮传动时引起的振动和噪声。

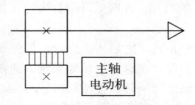

图 6-6　带传动方式

带传动的主传动方式结构简单，安装调试方便，但变速范围受伺服电动机调速范围的限制，因此只能适用于高速、低转矩特性要求的主轴，常用的有同步齿形带、多楔带和 V 形带等。

(1) 同步齿形带传动。同步齿形带传动是一种综合了带传动和链传动优点的传动方式，它可使主、从动带轮做无相对滑动的同步传动，避免齿轮传动时引起的振动和噪声，是数控机床上应用较多的一种带传动形式。

如图 6-7 所示为同步带的结构和传动结构。同步带的传动结构如图 6-7(a)所示，同步带的工作面及带轮外圆上均制成齿形。工作时，通过带齿与轮齿相啮合，做无滑动的啮合传动。同步带的结构如图 6-7(b)所示，同步带内采用了承载后无弹性伸长的材料做强力层，以保持带的节距不变，使主、从动带轮做无相对滑动的同步传动。

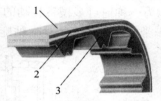

(a) 同步带的传动结构　　(b) 同步带的结构

1—带背；2—强力层；3—带齿

图 6-7　同步带的传动和结构

与一般带传动相比，同步齿形带传动具有如下优点：无相对滑动，传动比准确；传动效率高，可达 98%以上；传动平稳，噪声小；使用范围广，速度可达 50 m/s，传递功率由几千瓦至数千瓦；维修保养方便，不需要润滑。

同步齿形带传动的缺点是：主、从动带轮中心距要求严格，同步齿形带和带轮的制造工艺复杂，成本高。

同步齿形带根据齿形不同分为梯形齿和圆弧形齿。梯形齿同步带在传递功率时，由于应力集中在齿根部位，使功率传递能力下降，且与齿轮啮合时受力状况差，会产生振动与噪声，一般仅在转速不高或小功率的传动中使用。而圆弧齿同步带均化了应力，改善了啮合条件，因此数控机床使用带传动时，总是优先考虑采用圆弧齿同步带。而梯形齿同步带，一般仅在转速不高或小功率的传动中使用。

同步齿形带的带轮在结构上与直齿轮相似，带轮的表面需要加工出轮齿，为防止工作时同步齿形带脱落，一般在小带轮两边装有挡边。当带轮轴垂直安装时，两带轮一般都需要有挡边，或至少主动轮的两侧和从动轮的下侧装有挡边。

(2) 多楔带传动。多楔带也叫多联 V 形带或复合三角带，横向断面呈多个楔形，如图 6-8 所示，楔角为 40°，为一次加工成型，它不会因长度不一致而受力不均，因而承载能力比多根 V 形带(截面积之和相同)高。同样的承载能力，多楔带的截面积比多根 V 形带小，因而质量较轻，耐挠曲性能高，允许的带轮最小直径小，线速度高。多楔带综合了 V 形带和平带的优点，与带轮接触紧密，负载分配均匀，运转平稳、发热少，即使瞬时超载，也不会产生打滑现象，但在安装时需要较大的张紧力，使机床主轴和电机轴承受较大的径向负载。

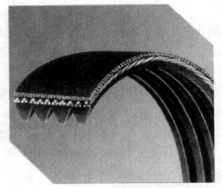

图 6-8　多楔带

如图 6-9 所示为一种通过多楔带传动的立式加工中心主传动系统，主轴伺服电动机 11 通过带轮 10、多楔带 9 和带轮 5 带动主轴旋转。

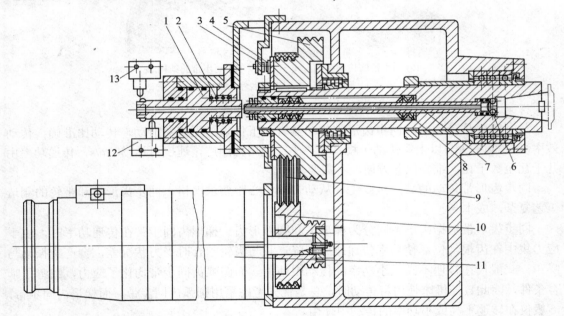

1—活塞；2—弹簧；3—传感器；4—永久磁铁；5、10—带轮；6—钢球；
7—拉杆；8—碟形弹簧；9—多楔带；11—伺服电动机；12、13—行程开关

图 6-9　立式加工中心主传动系统

3．由调速电动机直接驱动的主传动方式

如图 6-10 所示为由调速电动机直接驱动主轴传动。无级调速的主轴电动机通过精密联轴器直接驱动主轴旋转，大大简化了主轴箱体和主轴的结构，有效地提高了主轴部件的刚度。但主轴转速的变化及转矩的输出和电动机的输出特性完全一致，主轴输出转矩小，电动机发热对主轴的精度影响较大。使用这种电动机可实现纯电气定向，而且主轴的控制功能可以很容易与数控系统相连接并可提高启动、停止的响应特性。

如图 6-11 所示为内装电动机主轴(简称电主轴)。即将主轴电动机的定子、转子直接装入主轴单元内部，主轴与电动机转子合为一体，通过交流变频控制系统，使主轴获得所需的工作速度和扭矩，主轴工作转速可达每分钟数万转，适于高速加工的数控机床。其优点是主轴组件结构紧凑、速度快、传动效率高；质量轻、转动惯量小，提高了主轴启动、停止的响应特性；取消了传动带、带轮和齿轮等环节，实现"零传动"，彻底解决了主轴高速运转时传动带、带轮和齿轮等传动件引起的振动和噪声问题。缺点是制造和维护困难且成本较高；电动机发热易使主轴产生热变形，影响机床加工精度，因此控制温升是使用内装电动机主轴要解决的关键问题。

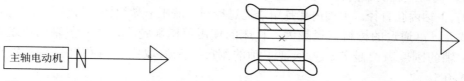

图 6-10　电动机直接驱动主轴　　　　　　图 6-11　内装电动机主轴

如图 6-12 所示为用于加工中心的电主轴外观图，如图 6-13 所示为用于加工中心电主轴的结构示意图。

图 6-12　加工中心用电主轴外观

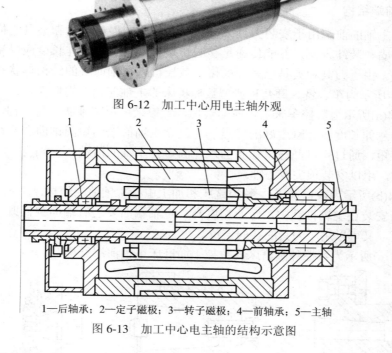

1—后轴承；2—定子磁极；3—转子磁极；4—前轴承；5—主轴

图 6-13　加工中心电主轴的结构示意图

6.4.3　主轴主要参数及前端结构

数控机床的主轴部件是组成数控机床的主要部件之一，它直接影响机床的加工质量。主轴部件一般包括主轴、主轴轴承和传动件等，是影响数控机床加工质量的主要部件，它的回转精度影响工件的加工精度；它的功率大小与回转速度影响加工效率；它的自动变速、准停、换刀等影响数控机床的自动化程度。主轴部件带动工件或刀具按照系统指令，执行机床的主切削运动，主轴直接承受切削力，而且主轴的转速范围很大，因此数控机床的主轴应具有高的回转精度、刚度、抗振性和耐磨性。

1. 主轴的主要尺寸参数

(1) 主轴直径。主轴的直径越大，刚度越高，但同时使得轴承和轴上的其他零件的尺寸相应增大。轴承的直径越大，同等级精度轴承的公差值也越大，保证主轴的回转精度就会越困难，同时主轴的最高转速也会受到制约。

(2) 主轴内孔直径。主轴内孔是用于通过棒料、液压卡盘拉杆或刀具夹紧装置的，主轴孔径越大，可通过的棒料直径越大，机床的使用范围就越广，同时主轴的质量也越轻，但是主轴的刚度就会越差。为保证主轴的刚度，一般取主轴内孔直径与主轴直径之比为 0.3～0.5。

(3) 悬伸长度。主轴的悬伸长度对主轴的刚度影响很大，悬伸长度越短则主轴刚度越大。主轴的悬伸长度与主轴前端结构的形状尺寸、前轴承的类型和轴承的润滑密封形式有关。

(4) 主轴的支承跨距。主轴的支承跨距对主轴刚度和对支承部件刚度有很大影响。主轴的支承跨距存在着最佳跨距，但数控机床的主轴部件由于受结构的限制以及要保证主轴部件的重心落在两支承点之间，实际的支承跨距要大于最佳跨距。

2. 主轴前端结构

数控机床主轴的前端用于安装刀具或夹具。其结构应保证刀具和夹具定位准确、安装可靠、连接牢固、装卸方便，并能传递足够的转矩。同时主轴悬伸长度应尽量短，以便提高主轴的刚度。由于刀具和夹具已经标准化，数控机床主轴前端的结构形状和尺寸也已标准化。图 6-14 所示为车、铣、磨几种典型数控机床的主轴前端结构形式。

如图 6-14(a)所示为数控车床主轴前端结构，一般采用短圆锥法兰盘结构，具有定心精度高、主轴的悬伸长度短、刚度好的优点。卡盘靠主轴前端的短圆锥面和凸缘端面定位，用拨销传递扭矩，通过穿过凸缘上通孔的螺栓固定在主轴的前端。主轴为空心，前端加工有莫氏锥度孔，用以安装顶尖或心轴。

如图 6-14(b)所示为数控镗床、数控铣床和加工中心主轴前端结构，主轴前端为 7：24 的锥孔，刀柄安装在主轴锥孔中，定心精度高。主轴端面安装有端面键，既可以通过它向刀具传递扭矩，又可以用于刀具的径向定位。

如图 6-14(c)所示为数控外圆磨床、数控平面磨床主轴前端结构。

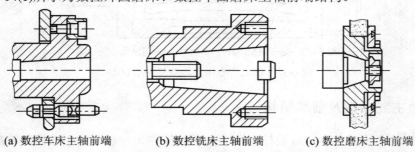

(a) 数控车床主轴前端　　　(b) 数控铣床主轴前端　　　(c) 数控磨床主轴前端

图 6-14　车、铣、磨三种主要数控机床主轴前端的结构形式

6.4.4 主轴轴承及配置形式

数控机床的主轴轴承是主轴系统的重要组成部分，它的类型、结构、精度、配置、安装、润滑和冷却都直接影响主轴系统的工作性能。

1. 主轴轴承

数控机床的主轴轴承根据其摩擦性质不同，可分为滑动摩擦轴承(简称滑动轴承)和滚动摩擦轴承(简称滚动轴承)两大类。而每一类轴承，按其所能承受载荷方向的不同，又可分为向心轴承(承受径向载荷)、推力轴承(承受轴向载荷)和向心推力轴承(同时承受径向和轴向载荷)等。

数控机床根据机床规格、精度的不同，采用不同的主轴轴承。一般中、小规格的数控机床(如车床、铣床、加工中心、磨床)的主轴部件多采用成组高精度滚动轴承，重型数控机床采用液体静压轴承，高精度数控机床(如坐标磨床)采气体静压轴承，转速达每分钟数万转的高速数控机床的主轴可采用磁力轴承或氮化硅材料的陶瓷滚珠轴承。

(1) 滚动轴承。滚动轴承摩擦阻力小，可以预紧，润滑维护简单方便，能在一定转速范围和载荷变动下稳定地工作，由专业化工厂生产，选购维修方便。但与滑动轴承相比，滚动轴承噪声大，对转速有很大的限制。

滚动轴承根据滚动体的不同分为球轴承、圆柱滚子轴承和圆锥滚子轴承等。线接触的滚子轴承比点接触的球轴承刚度高，但在一定温升下允许的转速较低。圆锥滚子轴承由于圆锥滚子的大端面与内圈挡边之间为滑动摩擦，发热较多。为了降低温升，提高转速，可使用空心滚子轴承。如图 6-15 所示为数控机床主轴常用的滚动轴承类型。

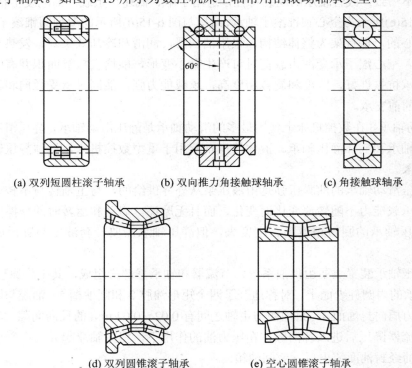

(a) 双列短圆柱滚子轴承　　(b) 双向推力角接触球轴承　　(c) 角接触球轴承

(d) 双列圆锥滚子轴承　　(e) 空心圆锥滚子轴承

图 6-15　数控机床主轴常用滚动轴承类型

如图 6-15(a)所示为双列短圆柱滚子轴承，内圈为 1∶12 的锥孔，当轴承内圈沿锥形轴颈的轴向移动时，内圈向外膨胀，以调整滚道间隙。该轴承的两列滚子交错排列，承载能力大、支承刚性好、允许的极限转速高，但只能承受径向载荷。

如图 6-15(b)所示为双列推力角接触球轴承，接触角为 60°，能承受双向轴向载荷。修磨中间隔套可以调整轴承间隙或预紧。该轴承轴向刚度较高，允许的极限转速高，一般与双列短圆柱滚子轴承配套做主轴的前支承，其外圈外径为负偏差，与箱体孔之间有间隙，只承受轴向载荷。

如图 6-15(c)所示为角接触球轴承，能同时承受径向和轴向载荷，结构简单，调整方便，允许的极限转速高，承载力较低，适用于高速、轻载的精密主轴，常在一个支承中使用多个角接触球轴承，以提高支承刚性。角接触球轴承有背靠背、面对面和同向排列三种基本组合方式。这三种组合方式中的两个轴承都能共同承受径向载荷，背靠背和面对面组合都能承受双向轴向载荷，同向排列则只能承受单向轴向载荷。背靠背与面对面相比，支承点(接触线与轴线的交点)间的距离前者比后者大，因而能产生一个较大的抗弯力矩，故支承刚度较大。数控机床主轴既承受弯曲力矩，又要高速旋转，因此角接触球轴承一般采用背靠背组合方式。

如图 6-15(d)所示为双列圆锥滚子轴承，能同时承受径向和轴向载荷，刚度和承载能力很高，发热大，允许的极限转速低。它有一个公用外圈和两个内圈，外圈带凸缘可以在箱体上进行轴向定位，修磨中间隔套可以调整轴承间隙或预紧，两列滚子数目相差一个，可使振动频率不一致，改善轴承的动态特性，适用于中、低速，重载，高刚度主轴。

如图 6-15(e)所示为空心圆锥滚子轴承，结构与图 6-15(d)所示的双列圆锥滚子轴承相似，但滚子是空心的，保持架为整体结构，采用油润滑，润滑和冷却效果好、发热少，允许的极限转速高。空心滚子承受冲击载荷时可产生微小变形，能增大接触面积并有吸振和缓冲作用。该轴承抗振性好，刚度和旋转精度高，承载能力强，能同时承受径向和轴向载荷，常用于主轴的前支承。

(2) 滑动轴承。在数控机床上使用最多的滑动轴承是静压滑动轴承，静压滑动轴承又分为液体静压轴承和气体静压轴承。液体静压轴承用于重型数控机床，气体静压轴承用于高精度数控机床。

液体静压滑动轴承的油膜压强是由液压泵从外界供给的，与主轴转与不转、转速高低无关。它的承载能力不随转速变化而变化，而且无摩擦，启动和运转时的摩擦阻力力矩相同，所以静压轴承的回转精度高、刚度大，但静压轴承需要一套液压装置，成本高、污染大。

液体静压轴承装置主要由供油系统、节流器和轴承三部份组成，其工作原理如图 6-16 所示。在轴承的内圆柱表面上，对称地开了四个矩形油腔 2 和回油槽 5，油腔与回油槽之间的圆弧面成为周向封油面 4，封油面与主轴之间有 0.02～0.04 mm 的径向间隙。液压系统的压力油经节流器降压后进入各油腔，在压力油的作用下，将主轴浮起并处在平衡状态，油腔内的压力油经封油面流出后，流回油箱。

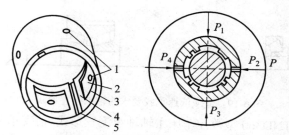

1—进油孔；2—油腔；3—轴向封油面；4—周向封油面；5—回油槽

图 6-16　液体静压轴承

2. 主轴轴承的配置

主轴轴承的配置主要取决于主轴转速和主轴刚度的要求，合理配置轴承，可以提高主轴精度，降低温升，简化支承结构。一般都采用 2～3 个角接触球轴承组合或用角接触球轴承与圆柱滚子轴承组合构成支承系统，这些轴承经过预紧后，可以得到很好的刚度。在数控机床上主轴轴承的轴向定位采用的是前端定位，这样前支承受轴向力，前端悬伸量小，主轴受热时可向后延伸，使前端变形小、精度高。

数控机床主轴轴承的配置形式主要有以下几种：

(1) 适应高刚度要求的轴承配置形式。

这种配置形式如图 6-17 所示，前支承采用双列短圆柱滚子轴承和 60° 双列推力角接触球轴承组合，后支承采用双列短圆柱滚子轴承或两个角接触球轴承。该种配置形式大幅提高了主轴的综合刚度，能够满足强力切削的要求，主要适用于大中型卧式加工中心主轴和强力切削数控机床主轴。

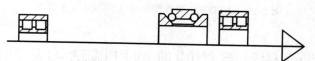

图 6-17　适应高刚度要求的轴承配置形式

(2) 适应高速要求的轴承配置形式。

这种配置形式如图 6-18 所示，前支承采用一对高精度角接触球轴承和一个角接触球轴承的组合，后支承采用一对角接触球轴承，这种配置形式高速性能好，但承载能力较小，适用于高速、轻载和精密的数控机床。

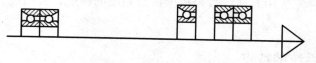

图 6-18　适应高速要求的轴承配置形式

(3) 适应低速重载要求的轴承配置形式。

这种配置形式如图 6-19 所示，前支承采用双列圆锥滚子轴承，后支承为单列圆锥滚子轴承。由于圆锥滚子轴承的径向和轴向刚度高，承载能力强，尤其能承受较大的动载荷，安装和调整方便，但这种结构限制了主轴转速和精度，因而仅适用于中等精度、低速与重载的数控机床主轴。

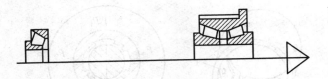

图 6-19　适应低速重载要求的轴承配置形式

　　如图 6-20 所示为 TND360 型数控车床主轴轴承配置形式。前支承为三个角接触球轴承，前面两个轴承开口朝向主轴前端，第三个轴承开口朝向主轴后端，用以承受前、后两个方向的轴向切削力；后支承由一对背靠背的角接触球轴承组成，只承受径向载荷。

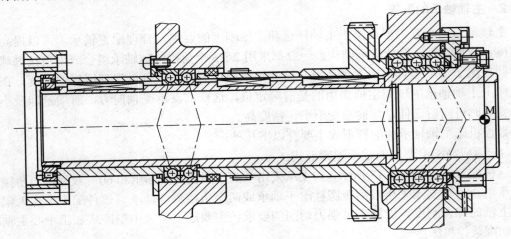

图 6-20　TND360 型数控车床主轴轴承配置形式

6.5　进给传动系统的典型机械结构及功能部件

　　数控机床的进给传动系统是指将伺服电动机旋转运动转变为执行部件直线运动的整个机械传动链，主要包括伺服电动机、联轴器、减速装置、滚珠丝杠螺母副、执行部件(回转刀架、工作台、主轴箱、滑座、横梁和立柱等)及导向元件等。减速装置常采用齿轮机构和带轮机构，导向元件常采用导轨。数控机床进给系统的精度、灵敏度和稳定性将直接影响工件的加工精度。

6.5.1　进给传动系统的特点

　　数控机床的进给传动系统是数字控制的直接对象，它接受数控系统发出的进给脉冲，经放大和转换后驱动执行元件实现预期的运动。机床的定位精度和轮廓加工精度都会受到进给传动系统的精度、灵敏度和稳定性的影响。因此，数控机床的进给传动系统一般具有以下特点。

1. 摩擦阻力小

为了提高数控机床进给传动系统的快速响应性能和运动精度，必须减小运动件的摩擦阻力和动、静摩擦阻力之差。机械传动结构的摩擦阻力主要来自丝杠螺母副和导轨等。为了减小摩擦阻力，数控机床的进给传动系统中，普遍采用滚珠丝杠螺母副、静压丝杠螺母副、滚动导轨、静压导轨和塑料导轨。在减小摩擦阻力的同时，各运动部件还应有适当的阻尼，以保证它们抗干扰的能力。

2. 传动精度和刚度高

进给传动系统的传动精度和刚度，主要取决于传动间隙和丝杠螺母副、蜗轮蜗杆副及其支承结构的精度和刚度。传动间隙主要来自传动齿轮副、蜗轮副、联轴器、丝杠螺母副及其支承部件之间，因此数控机床进给传动系统广泛采取施加预紧力或其他消除间隙的措施。缩短传动链可以提高传动精度。加大丝杠直径，以及对丝杠螺母副、支承部件、丝杠本身施加预紧力，是提高传动刚度的有效措施。

3. 运动部件惯量小

运动部件的惯量对伺服机构的启动和制动特性都有影响，尤其是处于高速运转的零件，其惯量的影响更大。因此，在满足部件强度和刚度的前提下，尽可能减小运动部件的质量，减小旋转零件的直径和质量，以减小其惯量。

6.5.2 齿轮传动间隙消除装置

齿轮传动是应用最广泛的一种机械传动，各种机床的传动装置中几乎都有齿轮传动。在数控机床进给传动系统中，采用齿轮传动装置是为了使高转速、低转矩的伺服电动机的输出，改变为低转速、大扭矩的执行部件的输出，从而适应机床加工工件的需要；同时可使滚珠丝杠、工作台的惯量在进给传动系统中占有较小的比重。

由于数控机床进给传动系统的传动齿轮副存在间隙，在开环系统中会造成进给运动的位移值滞后指令值；反向时，会出现反向死区，影响加工精度。在闭环系统中，由于有反馈作用，滞后量虽可得到补偿，但反向时会使伺服系统产生振荡而不稳定。为了提高数控机床进给传动系统的性能，必须采取相应的措施来减小或消除齿轮传动间隙。消除齿轮传动间隙通常采用下列装置。

1. 直齿圆柱齿轮传动间隙消除装置

1) 偏心套调整装置

如图 6-21 所示为偏心套调整装置，小齿轮 1 装在电动机的输出轴上，大齿轮 3 装在机床传动轴上，而电动机的止口通过偏心套 2 安装在机床箱体孔中，通过转动偏心套 2 就能够使电动机轴线的位置上移，而大齿轮 3 的轴线位置不变，因此相互啮合的两个齿轮的中心距减小，从而达到消除齿侧间隙的目的。此装置结构简单，调整方便，但只能用在尺寸不大的传动链端部。步进电动机常采用此法与进给传动链相连。

2) 轴向垫片调整装置

垫片调整装置是通过调整齿轮轴上的垫片厚度来改变齿轮的轴向位置，从而达到消除间隙的目的。如图 6-22 所示为轴向垫片调整装置。在加工相互啮合的直齿轮 1、2 时，将分度圆柱面加工成沿轴向带有小锥度的圆锥面，即齿厚沿轴向逐渐增大，装配时，两齿轮按齿厚相反变化走向啮合。调整时，只需调整垫片 3 的厚度，即可使齿轮 2 做轴向移动，相互啮合的两直齿轮沿轴向产生相对位移，从而消除了齿侧间隙。

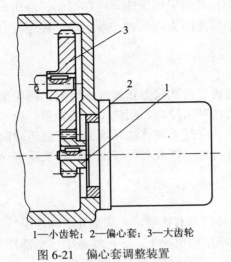

1—小齿轮；2—偏心套；3—大齿轮

图 6-21　偏心套调整装置

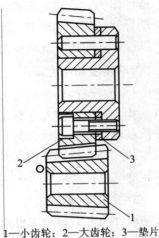

1—小齿轮；2—大齿轮；3—垫片

图 6-22　轴向垫片调整装置

采用上述两种装置消除直齿轮传动间隙，具有结构简单、工作可靠、传动刚度高的优点。但调整要求较高，尤其是垫片调整装置，如果垫片厚度控制不当，齿轮的公差及齿厚控制不严格，可能会造成间隙消除不完全或齿轮运行不灵活的情形。此外，若采用上述两种装置消除直齿轮传动间隙，则在齿轮磨损后齿侧间隙不能自动补偿。

3）双齿轮错齿调整装置

如图 6-23 所示为双齿轮错齿调整装置，两个齿数相同的薄片齿轮 1 和齿轮 2 与另一个宽齿轮相啮合，齿轮 1 空套在齿轮 2 上，可以相对回转。每个齿轮端面分别均匀装有四个螺纹凸耳 3 和 8，齿轮 1 的端面开有四个通孔，凸耳 8 可以从中穿过，弹簧 4 分别钩在调节螺钉 7 和凸耳 3 上。调节螺钉 7 安装在凸耳 8 的圆孔中，旋转螺母 5 可以调节弹簧 4 的拉力，调节完毕用螺母 6 锁紧。弹簧的拉力可以使两薄片齿轮相互错位，即两薄片齿轮的左、右齿轮面分别与宽齿轮齿槽的左、右侧面贴紧，从而消除了齿侧间隙。

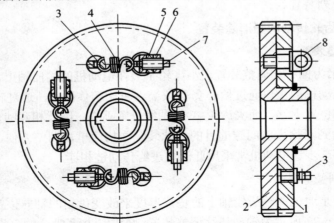

1、2—薄片齿轮；3、8—凸耳；4—弹簧；5、6—螺母；7—螺钉

图 6-23　双齿轮错齿调整装置

采用双齿轮错齿调整装置,无论齿轮正向或反向旋转,都分别只有一个薄片齿轮承受转矩,故齿轮的承载能力较小,而且弹簧的拉力要能克服最大转矩,弹簧力过低会影响传动刚度,起不到消除间隙的作用,过高则会加速齿轮磨损。该装置结构较复杂,传动刚度低,不宜传递大扭矩,但可始终保持无间隙啮合,实现齿轮磨损后的间隙自动补偿,是一种常见的无间隙齿轮传动装置,适用于负荷不大的传动系统中,尤其适用于检测装置。

2. 斜齿圆柱齿轮传动间隙消除装置

1) 轴向垫片调整装置

如图 6-24 所示为斜齿圆柱齿轮传动间隙消除装置,其原理与直齿双齿轮错齿调整装置相似。宽齿轮 1 同时与两个相同齿数的薄片斜齿轮 3 和 4 啮合,两个薄片斜齿轮经平键与轴连接,相互间无相对转动。在两个薄片斜齿轮 3 和 4 之间加一垫片 2,使薄片斜齿轮 3 和 4 的齿面产生错位,两齿面分别与宽齿轮 1 的齿槽两侧面贴紧,从而消除齿侧间隙。垫片的厚度采用测试法确定,一般要经过几次修磨,直至既消除齿侧间隙又使齿轮转动灵活为止。

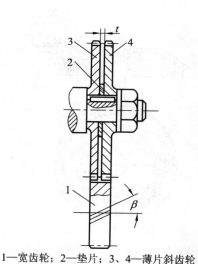

1—宽齿轮;2—垫片;3、4—薄片斜齿轮

图 6-24 斜齿圆柱齿轮传动间隙消除装置

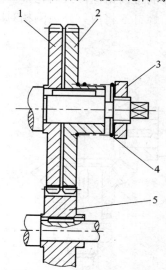

1、2—薄片斜齿轮;3—螺母;4—弹簧;5—宽齿轮

图 6-25 斜齿轮轴向压簧调整装置

这种调整装置结构简单,具有较好的传动刚度,但调整费时,磨损后齿侧间隙不能自动补偿,同时,无论齿轮正向或反向旋转,都分别只有一个薄片齿轮承受转矩,故齿轮的承载能力较小。

2) 轴向压簧调整装置

如图 6-25 所示为斜齿轮轴向压簧调整装置,两个相同齿数的薄片斜齿轮 1 和 2 经平键滑套在轴上,相互间无相对转动,并同时与宽齿轮 5 啮合。螺母 3 用来调节弹簧 4 的轴向压力,使薄片斜齿轮 1 和 2 的两侧齿面分别与宽齿轮 5 的齿槽两侧面贴紧,以消除齿侧间隙。

斜齿轮轴向压簧调整装置与斜齿轮轴向垫片调整装置相似,它采用轴向弹簧压紧薄片斜齿轮的方法来消除齿侧间隙,可实现齿轮磨损后的齿侧间隙自动补偿,但对弹簧力要求较高。弹簧力过低会影响传动刚度,过高则会加速齿轮磨损。这种装置比较复杂,轴向尺寸大,传动刚度低,传动平稳性差。

3. 锥齿轮传动间隙消除装置

对于圆锥齿轮传动的间隙消除装置，其原理与上述方法相同。通常采用轴向压簧调整装置和周向压簧调整装置。

1) 轴向压簧调整装置

如图 6-26 所示为锥齿轮轴向压簧调整装置，锥齿轮 1、2 相互啮合，在安装锥齿轮 1 的传动轴 5 上装有压簧 3，用螺母 4 调整压簧 3 的压力。锥齿轮 1 在弹簧力的作用下沿轴向移动，从而消除锥齿轮 1 和 2 间的齿侧间隙。

2) 周向压簧调整装置

如图 6-27 所示为锥齿轮周向压簧调整装置，大锥齿轮由外齿圈 1 和内齿圈 2 两部分组成，外齿圈 1 上开有三个圆弧槽 8，内齿圈 2 的下端面带有三个凸爪 4，凸爪 4 插入外齿圈 1 的圆弧槽 8 中，镶块 7 镶嵌在外齿圈 1 上。弹簧 6 的两端分别顶在凸爪 4 和镶块 7 上，使内、外齿圈的锥齿错位，大齿轮锥齿两侧齿面分别与小锥齿轮 3 的齿槽两侧面贴紧，消除齿侧间隙。螺钉 5 将内、外齿圈相对固定是为了安装方便，安装完毕后即可卸去。

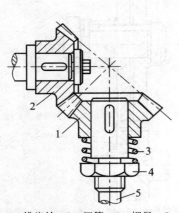

1、2—锥齿轮；3—压簧；4—螺母；5—传动轴

图 6-26　锥齿轮轴向压簧调整装置

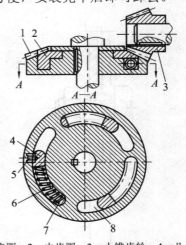

1—外齿圈；2—内齿圈；3—小锥齿轮；4—凸爪；
5—螺钉；6—弹簧；7—镶块；8—圆弧槽

图 6-27　锥齿轮周向压簧调整装置

4. 齿轮齿条副传动间隙消除装置

大型数控机床不宜采用滚珠丝杠传动，因长丝杠制造困难，且容易弯曲下垂，影响传动精度，同时轴向刚度和扭转刚度也很难提高。如加大丝杠直径，由于转动惯量增大，伺服系统的动态特性不宜保证，故常用齿轮齿条副传动。数控机床采用齿轮齿条副传动时，必须采取措施消除齿侧间隙。当传动负载较小时，可采用双片薄齿轮分别与齿条齿槽的左、右两侧面贴紧，从而消除齿侧间隙，其结构与直齿双齿轮错齿调整装置相同。当传动负载较大时，可采用双齿轮传动装置，消除齿侧间隙。如图 6-28 所示为齿轮齿条副传动间隙消除装置，进给运动由轴 2 输入，通过两对斜齿轮将运动传递给轴 1 和轴 3，然后由两个直齿轮 4 和 5 去驱动齿条，带动执行部件移动。如果在轴 2 上施加一个轴向力 F，由于轴 2 上的两个斜齿轮的螺旋线方向相反，在两对斜齿轮的作用下，轴 1 和轴 3 向相反的方向转过微小的角度，使直齿轮 4 和 5 分别与齿条齿槽的两侧面贴紧，从而消除齿侧间隙。

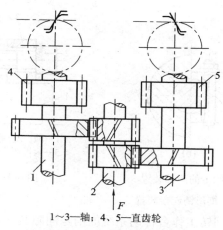

1~3—轴；4、5—直齿轮

图 6-28　齿轮齿条副传动间隙消除装置

5. 蜗轮蜗杆副传动间隙消除装置

在数控机床上要实现回转进给运动或大降速比的传动，常采用蜗轮蜗杆传动副。蜗轮蜗杆传动副的啮合侧隙对传动精度和定位精度影响很大，为提高传动精度，可用双导程蜗杆来消除或调整蜗轮蜗杆传动副的间隙。如图 6-29 所示，双导程蜗杆的左、右两侧面具有不同的导程 $t_左$、$t_右$，而同一侧的导程是相同的，因此该蜗杆的齿厚从蜗杆的一端向另一端均匀地逐渐增厚或减薄，故双导程蜗杆也称为变齿厚蜗杆，即可用移动蜗杆的办法来消除或调整蜗轮蜗杆副之间的啮合间隙。

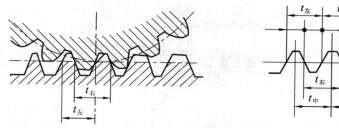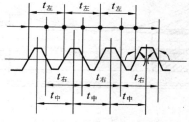

图 6-29　双导程蜗杆齿形示意图

6. 键连接间隙的消除装置

数控机床进给传动装置中，齿轮等传动件与轴键的配合间隙，如同齿侧间隙一样，也会影响机床的加工精度，需将其消除。

如图 6-30 所示为消除键连接间隙的两种装置。图 6-30(a)为双键连接装置，用双螺钉逆向顶紧双键，以消除轴与轮之间的间隙。图 6-30(b)为楔形销连接装置，用螺母拉紧楔形销，以消除轴与轮之间的间隙。

如图 6-31 所示为一种可获得无间隙传动的锥环无键连接装置。图中 5 和 6 是锥面相互配合的内、外锥环，当拧紧螺钉 2 时，使法兰盘 3 推动圆环 4 压迫内锥环 5，使其向内收缩，外锥环 6 受力后向外膨胀，从而依靠摩擦力使传动件 7 和 1 连接在一起。这种连接方式无需在被连接件上开键槽，而且锥环的内外圆锥面压紧后，使连接配合面无间隙，对中性好。选用锥环对数的多少取决于传递扭矩的大小。

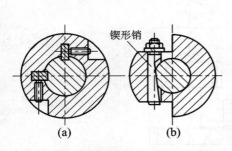

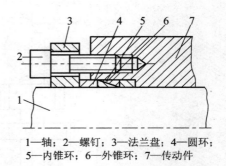

1—轴；2—螺钉；3—法兰盘；4—圆环；
5—内锥环；6—外锥环；7—传动件

图 6-30 消除键连接间隙的两种装置
(a) 双键连接装置；(b) 楔形销连接装置

图 6-31 锥环无键连接装置

如图 6-32 所示为数控回转工作台传动系统的消除间隙装置。数控回转工作台是由步进电动机 1 驱动，经齿轮 2 和 4 带动蜗杆 9，通过蜗轮 10 使工作台回转。为了尽量消除反向间隙和传动间隙，通过偏心套 3 来消除齿轮 2 与齿轮 4 之间的啮合间隙；用楔形销 5 来消除齿轮 4 与蜗杆 9 之间的联接配合间隙；通过调整双导程蜗杆 9 的轴向位置，来调节蜗杆 9 与蜗轮 10 之间的啮合间隙。调整时，先松开螺母 7 的锁紧螺钉 8，使压块 6 与调整套 11 松开，然后转动调整套 11 带动蜗杆 9 做轴向移动。调整间隙后，锁紧调整套 11 和楔形销 5。

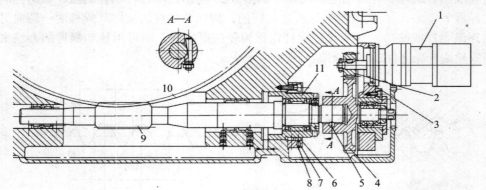

1—步进电动机；2、4—齿轮；3—偏心套；5—楔形销；6—压块
7—螺母；8—锁紧螺钉；9—蜗杆；10—蜗轮；11—调整套

图 6-32 数控回转工作台传动系统消除间隙装置

6.5.3 滚珠丝杠螺母副

在数控机床的进给传动链中，滚珠丝杠螺母副(简称滚珠丝杠副)是回转运动与直线运动相互转换的理想传动装置，是数控机床的重要功能部件。其结构特点是在具有螺旋槽的丝杠螺母间装有滚珠作为中间传动元件，以减少摩擦。

滚珠丝杠的优点是：① 传动效率高。滚珠丝杠副的传动效率很高，可达 92%~98%，是普通丝杠传动的 2~4 倍。② 摩擦力小。滚珠滚动时的动、静摩擦系数相差较小，因而传动灵敏，运动平稳，低速运行不易产生爬行，随动精度和定位精度高。③ 使用寿命长。滚珠丝杠副采用优质合金钢，其滚道表面硬度高达 60~62HRC，又因为是滚动摩擦，所以磨损小、寿命长、精度保持性好。④ 刚度高。滚珠丝杠副经预紧后可以消除轴向间隙，提高系统的刚度。⑤ 运动精度高。由于滚珠丝杠副反向运动无空行程，故可以提高轴向运动精度。⑥ 有可逆性。滚珠丝杠副既能将旋转运动转换为直线运动，也能将直线运动转换为旋转运动，可满足一些特殊场合的需求。

滚珠丝杠的缺点是：① 制造成本高。滚珠丝杠副对加工精度和装配精度要求严格，其制造成本大大高于普通丝杠。② 不能实现自锁。由于滚珠丝杠副的摩擦系数小、不能自锁，当滚珠丝杠副垂直布置时，自重和惯性会造成机床移动部件下滑，因此必须加设制动装置。

1. 滚珠丝杠螺母副的结构与分类

滚珠丝杠副的丝杠和螺母上都加工有圆弧形螺旋槽，将它们套装起来形成螺旋滚道，在滚道内装满滚珠。当丝杠相对螺母做旋转运动时，滚珠沿螺旋滚道在丝杠上滚过数圈后，通过回程引导装置构成一个闭合回路。滚珠丝杠副的结构如图 6-33 所示。

按滚珠循环方式的不同，滚珠丝杠副可以分为外循环式和内循环式两种。

(1) 外循环式滚珠丝杠副。外循环式滚珠丝杠副是指滚珠在返回过程中，脱离与丝杠的接触，在螺旋滚道外进行循环。如图 6-33(a)所示，在外循环式滚珠丝杠副的螺母上设有一个回程引导装置，滚珠从螺旋滚道的一端滚入回程引导装置中被迫转弯，经返回滚道回到螺旋滚道的另一端，从而形成一个闭合的循环回路。

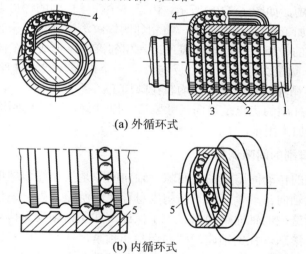

(a) 外循环式

(b) 内循环式

1—丝杠；2—螺母；3—滚珠；4—回珠管；5—反向器

图 6-33 滚珠丝杠副的结构

外循环式的滚珠丝杠副按滚珠返回滚道的形式不同，又可分为插管式和螺旋槽式。

如图 6-34(a)为插管式滚珠丝杠副，在螺母两端加工有两个与螺旋槽相切的通孔，插入一段弯管(也称为回珠管)将其连接起来，构成闭合的循环回路，该弯管即为滚珠的返回滚道。插管式滚珠丝杠副的特点是结构工艺性好，但由于回珠管突出于螺母体外，径向尺寸较大。如图 6-34(b)为螺旋槽式滚珠丝杠副，在螺母外圆上铣出螺旋槽，槽的两端钻两个通孔与螺旋槽相切，以形成返回滚道。与插管式的结构相比，螺旋槽式滚珠丝杠副的径向尺寸小，但制造较为复杂。

外循环式滚珠丝杠副制造工艺简单，使用较广泛，其缺点是滚道接缝处很难做得平滑，影响滚珠滚动的平稳性，且噪声较大。

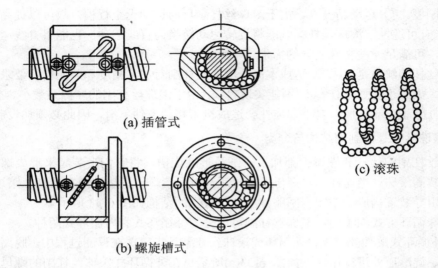

(a) 插管式

(b) 螺旋槽式

(c) 滚珠

图 6-34　外循环式滚珠丝杠

(2) 内循环式滚珠丝杠副。内循环式滚珠丝杠副是指滚珠在整个循环过程中始终与丝杠保持接触的滚珠丝杠副，如图 6-33(b)所示。内循环滚珠丝杠副的螺母上开有侧孔，孔内镶有反向器，反向器上加工有 S 形回珠槽，将相邻两螺纹滚道连接起来。滚珠从螺旋滚道进入反向器，在反向器的作用下越过丝杠齿顶进入相邻滚道，形成一个闭合的循环回路。一个循环回路里只有一圈滚珠，设有一个反向器。一个内循环式滚珠丝杠副的螺母常设置 2～4 个循环回路，各循环回路的反向器均布在圆周上。

内循环式滚珠丝杠副的优点是径向尺寸紧凑，刚性好，因其返回滚道较短，故摩擦损失小。缺点是反向器加工困难。

2. 滚珠丝杠螺母副的间隙调整

滚珠丝杠螺母副的传动间隙是轴向间隙。轴向间隙是指丝杠和螺母无相对转动时，丝杠和螺母之间的最大轴向窜动量，除了结构本身存在的游隙之外，还包括施加轴向载荷后丝杠产生弹性变形所造成的轴向窜动量。为了保证滚珠丝杠副反向传动精度和轴向刚度，必须消除轴向间隙。滚珠丝杠副轴向间隙的调整和预紧，通常采用双螺母结构，其原理是利用两个螺母产生相对轴向位移，使两个螺母中的滚珠分别贴紧螺旋滚道的两个相反侧面上，以达到消除间隙、产生预紧力的目的。调整时应控制好预紧力的大小，预紧力过小，不能完全消除轴向间隙，起不到预紧的作用；预紧力过大，又会使空载力矩增加，从而降低传动效率，缩短丝杠使用寿命。所以，一般要经过多次调整才能保证机床在最大轴向载荷下既能消除间隙又能转动灵活。

常用的双螺母滚珠丝杠副消除间隙的方法有以下几种：

(1) 垫片调隙式。如图 6-35 所示，双螺母垫片调隙式结构是通过调整垫片的厚度，使左、右两个螺母间产生相对轴向位移，从而使两螺母中的滚珠分别与丝杠螺旋滚道的左、右侧接触，以达到消除间隙和产生预紧力的作用。这种方法结构简单、可靠、刚性好，但调整费时，很难在一次修磨中调整完成，调整精度不高，仅适用于一般精度的数控机床。

(2) 螺纹调隙式。如图 6-36 所示为双螺母螺纹调隙式结构，螺母 7 的外端有凸缘，螺母 5 的外端有螺纹，螺母 5 和螺母 7 与螺母座 6 之间用平键连接，以限制螺母在螺母座内的转动。调整时，拧动圆螺母 1 使螺母 5 相对丝杠沿轴向移动一定距离，在消除间隙之后用圆螺母 2 将其锁紧。这种结构简单、紧凑，工作可靠，调整方便，但调整位移量不易精确控制，精度较差。这种结构在数控机床中应用比较广泛。

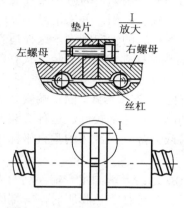

图 6-35 双螺母垫片调隙式结构

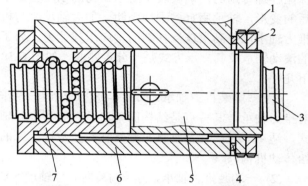

1、2—圆螺母；3—丝杠；4—垫片；5、7—螺母；6—螺母座

图 6-36 双螺母螺纹调隙式结构

(3) 齿差调隙式。如图 6-37 所示为双螺母齿差调隙式结构，在螺母 1 和螺母 2 的凸缘上分别加工有齿数为 Z_1 和 Z_2 的直齿圆柱齿轮，两个齿轮的齿数仅相差一个齿，即 $Z_2 - Z_1 = 1$。两个内齿圈 4 和 5 与相啮合的外齿轮齿数分别相同，并用螺钉和圆柱销固定在螺母座 3 的两端。调整时先将内齿圈取下，根据轴向间隙的大小，使两个螺母 1 和 2 相对丝杠 6 分别向同一方向转过相同的齿数，然后再将两个内齿圈套上，并固定在螺母座 3 上。两个螺母的轴向相对位置发生变化从而实现调整间隙和施加预紧力的目的。

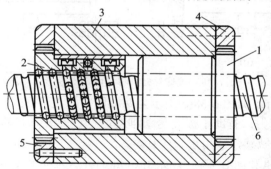

1、2—螺母；3—螺母座；4、5—内齿圈；6—丝杠

图 6-37 双螺母齿差调隙式结构

齿差调隙式的结构比较复杂，尺寸较大，但调整方便，可获得精确的调整量，多用于高精度的数控机床。间隙消除量 Δ 可用下式简便地计算：

$$\Delta = nt/(Z_1 \cdot Z_2)$$

式中，n 为两螺母向同一方向转过的齿数；t 为滚珠丝杠的导程；Z_1、Z_2 为两螺母凸缘上齿轮的齿数。

例如：$Z_1 = 99$，$Z_2 = 100$，$t = 10 \text{ mm}$，当两个螺母向同一方向各转过一个齿时，其相对

轴向位移量为：$s = t/(Z_1 \cdot Z_2) = 10/(99 \times 100) \approx 0.001$ mm，若间隙量为 0.005 mm，则两螺母向同一方向转过 5 个齿即可将间隙消除，即 $n = \Delta/s = 0.005/0.001 = 5$。

3. 滚珠丝杠螺母副的安装

数控机床的进给系统要获得较高的传动刚度，除了加强滚珠丝杠副本身的刚度外，滚珠丝杠螺母副的正确安装及支承结构的刚度也是不可忽视的因素。例如，为减小丝杠受力后的变形，轴承座宜增添加强肋，加大轴承座与机床结合面的接触面积，并采用高刚度的推力轴承以提高滚珠丝杠副的轴向承载能力。为了提高滚珠丝杠副的轴向刚度，选择适当的滚动轴承及其支承方式是十分重要的。如图 6-38 所示，滚珠丝杠副常用的安装方式有以下几种：

(1) 一端装推力轴承。如图 6-38(a)所示为一端固定一端自由的支承形式，固定端安装一对推力轴承，其特点是结构简单，承载能力小，轴向刚度和临界转速都较低。这种安装方式，适用于短丝杠及垂直布置丝杠。如数控机床的调整环节或升降台式铣床的垂直坐标进给传动机构。

(2) 一端装推力轴承，另一端装向心球轴承。如图 6-38(b)所示为一端固定一端浮动的支承形式，固定端安装一对推力轴承，浮动端安装向心球轴承。当丝杠受热膨胀时，一端固定，另一端能做微量的轴向浮动，减小丝杠的热变形影响。这种安装方式，适用于丝杠较长或水平布置的丝杠。当滚珠丝杠较长时，为了减少丝杠热变形的影响，推力轴承的安装位置应远离热源(如液压马达)及丝杠上的常用段，以减小丝杠的热变形影响。

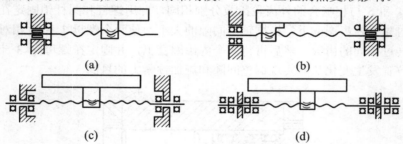

图 6-38　滚珠丝杠螺母副两端支承形式

(3) 两端装推力轴承。如图 6-38(c)所示为两端固定的支承形式。将推力轴承装在滚珠丝杠的两端，并施加预紧力，有助于提高传动刚度。这种安装方式的结构和装配工艺都很复杂，对丝杠热变形较为敏感，适用于长丝杠。

(4) 两端装推力轴承和向心球轴承。如图 6-38(d)所示为双重支承，两端固定的支承形式。在丝杠两端均采用推力轴承和向心球轴承的双重支承，并施加预紧力。使丝杠具有较大的刚度，这种安装方式还可以使丝杠的热变形转化为推力轴承的预紧力。

为了提高滚珠丝杠副的轴向刚度，选择适当的滚动轴承也是十分重要的。目前，中小型数控机床的滚珠丝杠副多采用接触角为 60° 的双向推力角接触球轴承，如图 6-39 所示。这是一种能承受很大轴向力的特殊角接触球轴承，与一般角接触球轴承相比，接触角增大到 60°，增加了滚珠数目并相应减小了滚珠直径，其轴向刚度比一般轴承提高两倍以上，与圆柱滚子轴承和圆锥滚子轴承相比，启动力矩小，装配时只要用螺母和端盖将内外环压紧，就能获得出厂时已经调整好的预紧力，使用极为方便。

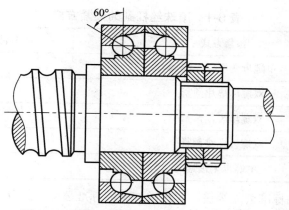

图 6-39 滚珠丝杠螺母副用 60°角接触球轴承

4．滚珠丝杠螺母副的标注和精度等级

（1）滚珠丝杠副的标识符号。滚珠丝杠副的标识符号是根据 GB/T 17587.1—1998《滚珠丝杠副 第 1 部分：术语和符号》的规定，采用汉字、汉语拼音字母、数字和英文字母按给定顺序排列的，用以表示滚珠丝杠副的规格、类型、标准公差等级和螺纹旋向等特征。其具体内容和格式如下：

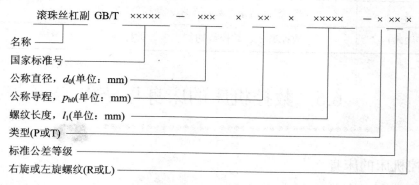

（2）滚珠丝杠副的公称直径和公称导程。在 GB/T 17587.2—1998《滚珠丝杠副 第 2 部分：公称直径和公称导程公制系列》中规定，滚珠丝杠副的公称直径系列为：6、8、10、12、16、20、25、32、40、50、63、80、100、125、160、200 mm。滚珠丝杠副的公称导程系列为：1、2、2.5、3、4、5、6、8、10、12、16、20、25、32、40 mm。

（3）滚珠丝杠副的结构类型。滚珠丝杠副的类型有两种，P 类为定位用滚珠丝杠副，即用于精确定位且能够根据旋转角度和导程间接测量轴向行程的滚珠丝杠副。这种滚珠丝杠副是无间隙的，也称为预紧滚珠丝杠副。T 类为传动用滚珠丝杠副，即用于传递动力的滚珠丝杠副。其轴向行程的测量用与滚珠丝杠副的旋转角和导程无关的测量装置来完成。

目前，国内生产滚珠丝杠副的厂家都有各自的滚珠丝杠副标注方法，其中除了 GB/T 17587.1—1998 中规定的公称直径、公称导程、螺纹长度、类型、标准公差等级和螺纹旋向等内容外，一般还要标注循环方式、预紧方式和结构特征等。例如，表示循环方式的代号：F 为内循环浮动式，G 为内循环固定式，C 为外循环插管式；表示结构特征的代号：M 为导珠管埋入式，T 为导珠管凸出式。表示预紧方式的代号如表 6-1 所示。

表 6-1　滚珠丝杠副的预紧方式

预紧方式	标注代号
单螺母变位导程预紧	B
双螺母垫片预紧	D
双螺母齿差预紧	C
双螺母螺纹预紧	L
单螺母无预紧	W

(4) 滚珠丝杠副的标准公差等级。滚珠丝杠副的标准公差等级分 1、2、3、4、5、7 和 10 级，1 级精度最高，依次递减。不同精度等级滚珠丝杠副的适用范围如表 6-2 所示。

表 6-2　滚珠丝杠副精度等级的适用范围

精度等级	适 用 范 围
7，10	传动滚珠丝杠副
5	普通机床
4，3	数控钻床、数控车床、数控铣床、机床改造
2，1	数控磨床、数控线切割机床、数控镗床、坐标镗床

6.6　数控机床的床身与导轨

6.6.1　数控机床的床身

床身是机床的主体，是整个机床的基础支承件，一般用来支承机床的导轨、立柱、主轴箱、升降台等零部件，并保证这些零部件在加工过程中占有的准确位置。为了满足数控机床高速度、高精度、高生产率、高可靠性和高自动化程度的要求，其床身必须比普通机床具备更高的静、动刚度，更强的抗振性、热稳定性，更好的精度保持性。根据数控机床的类型不同，床身的结构也有各种不同的形式。

1. 数控车床的床身结构

数控车床的床身结构有平床身、斜床身、平床身斜滑板和立床身等几种类型。斜床身结构排屑容易，操作方便，机床占地面积小，能够设计成封闭的腔型结构，床身刚度高，因此被中小型数控车床广泛采用。如图 6-40 所示为数控车床斜床身。

图 6-40　数控车床斜床身

2.数控铣床和加工中心的床身结构

数控铣床和加工中心的床身结构有固定立柱式和移动立柱式两种。

(1) 固定立柱式床身。如图 6-41 所示为固定立柱式卧式铣床床身结构,在固定立柱式床身结构中,立柱固定不动,由滑板和工作台实现平面上的两个坐标轴移动,故床身结构比较简单。固定立柱式床身一般适用于中、小型立式或卧式数控铣床和加工中心,由于床身体积不大,故大多采用整体结构。

当工作台在滑板上移动时,由于传动导轨跨距较窄,致使工作台在滑板上移动到行程的两端时容易出现翘曲现象,影响加工精度。为了避免工作台翘曲,有些立式床身增设了辅助导轨来保证移动部件的刚度。如图 6-42 所示为固定立柱式带辅助导轨

图 6-41　固定立柱式卧式铣床床身

的床身,图 6-42(a)中,床身没有安装辅助导轨,滑板与工件移动到工作台行程的两端时发生翘曲现象(双点划线所示);图 6-42(b)中,床身安装了辅助导轨 6 来增加滑板的刚度,滑板与工件移动到工作台行程的两端时未发生翘曲现象。

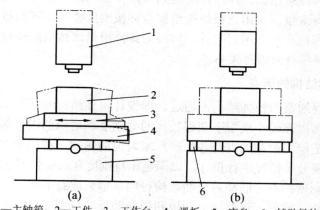

1—主轴箱;2—工件;3—工作台;4—滑板;5—床身;6—辅助导轨

图 6-42　固定立柱式带辅助导轨的床身

(2) 移动立柱式床身。移动立柱式床身通常采用 T 形床身。它是由横置的前床身(又称为横床身)和与它垂直的后床身(又称为纵床身)组成的。T 形床身又分为整体 T 形床身和前、后床身可分开组装的分离式 T 形床身。整体式床身的刚性和精度保持性都比较好,但铸造和加工不方便,尤其是大型数控机床的整体床身,制造时需要大型的专用设备。分离式 T 形床身的铸造工艺性和加工工艺性大大改善,在组装时前、后床身的连接处要刮研,用专用的定位销和定位键定位,然后沿截面四周用大螺栓固定。这种分离式 T 形床身,在刚度和精度保持性方面基本能够满足使用要求。因此,大、中型卧式加工中心常采用分离式 T 形床身。如图 6-43 所示为移动立柱式整体床身结构,图 6-44 所示为移动立柱 T 形床身卧式加工中心。

图 6-43　移动立柱式整体床身结构　　　　图 6-44　移动立柱 T 形床身卧式加工中心

3.钢板焊接结构的床身

随着焊接技术的发展和焊接质量的提高，焊接结构的床身在数控机床中的应用越来越多。轧钢技术的发展，为焊接结构的床身提供了多种形式的型钢，焊接结构床身的突出优点是制造周期短，省去了制作木模和浇铸工序，不易出废品。焊接结构设计灵活，便于产品更新、扩大规格和改进结构。焊接件能达到与铸件相同，甚至更好的结构特性，可提高床身刚度，减小床身重量。采用钢板焊接结构能够按刚度要求布置肋板的形式，充分发挥壁板和肋板的支撑和抗变形作用。另外，钢板的弹性模量比铸铁的弹性模量大，采用钢板焊接床身有利于提高床身的固有频率。

4.封闭式箱形结构的床身

数控机床的床身通常为箱体结构，通过合理设计箱体结构的截面形状及尺寸，采用合理布置的肋板结构可以在较小质量下获得较高的静刚度和适当的固有频率。箱体的截面形状受机床结构和铸造能力的制约以及各生产厂家习惯的影响，种类繁多。床身肋板通常是根据床身结构和载荷分布情况进行设计，以满足床身刚度和抗振性要求。V 形肋有利于加强导轨支承部分的刚度；斜方肋和对角肋结构可明显增强床身的扭转刚度，并且便于设计成全封闭的箱体结构。此外，还有纵向肋板和横向肋板，分别对抗弯刚度和抗扭刚度有显著效果，"米"字形肋板和"井"字形肋板的抗弯刚度也较高。床身中常用的几种箱形结构截面肋板布置如图 6-45 所示。

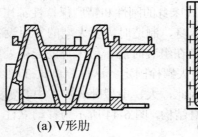
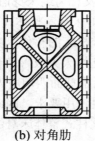

(a) V 形肋　　　　　(b) 对角肋　　　　(c) 斜方肋

图 6-45　箱形结构床身截面肋板的布置

在封闭式箱形结构的床身中，将砂芯留在铸件中不清除，利用砂粒良好的吸振性能，可以提高床身结构的阻尼比；还可以在床身内腔填充混凝土等阻尼材料，在振动发生时，利用阻尼材料之间的相对摩擦来耗散振动能量，有明显的消振作用。此外，填充物增加了床身的质量，从而可提高床身的静刚度。如图 6-46 所示为德国DNE480L 型数控车床床身示意图，在床身底座型腔内填充混凝土来增大阻尼，从而提高其静刚度和抗振性，减小振动。

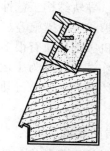

图 6-46　DNE480L 床身

6.6.2　数控机床的导轨

数控机床的导轨主要用来支承和引导运动部件沿一定的轨道运动，是机床的基本结构要素之一。导轨副中与机床运动部件连成一体的导轨称为动导轨，与机床支承部件连成一体而固定不动的导轨称为支承导轨。动导轨相对于支承导轨的运动，通常是直线运动或者回转运动。数控机床导轨的精度、刚度及结构形式等对机床的加工精度、承载能力和使用寿命有直接影响。

1. 数控机床导轨的要求与分类

为了保证数控机床具有较高的加工精度和较大的承载能力，要求其导轨导向精度和灵敏度高，高速进给时不振动，低速进给时不爬行；刚度和耐磨性高，精度保持性好，能在重负载下长期连续工作；结构简单，便于制造、调整和维护。

(1) 导向精度高。导向精度主要是指动导轨沿支承导轨运动时，直线运动导轨的直线性及圆周运动导轨的真圆性，以及导轨同其他运动件之间相互位置的准确性。导轨的几何精度综合反映在静止或低速下的导向精度。直线运动导轨的检验内容为导轨在垂直平面内的直线度、导轨在水平面内的直线度以及两导轨平行度。圆周运动导轨几何精度的检验内容与主轴回转精度的检验方法类似，用导轨回转时的端面跳动及径向跳动表示。

(2) 精度保持性好。精度保持性是指导轨能否长期保持原始精度，丧失精度保持性的主要因素是由于导轨的磨损、导轨的结构形式及支承件(如床身)材料的稳定性。数控机床的精度保持性比普通机床要求高，常采用摩擦系数小的滚动导轨、静压导轨或塑料导轨。

(3) 有足够的刚度。机床各运动部件所受的外力，最后都由导轨面来承受，若导轨受力后变形过大，不仅破坏了导向精度，而且恶化了导轨的工作条件。导轨的刚度主要决定于导轨类型、结构形式和尺寸大小、导轨与床身的连接方式、导轨材料和表面加工质量等。数控机床常采用加大导轨截面积的尺寸或在主导轨外添加辅助导轨来提高刚度。

(4) 有良好的摩擦特性。导轨的摩擦系数要小，而且动、静摩擦系数应尽量接近，以减小摩擦阻力和导轨热变形。当动导轨进行低速运动或微量移动时，应保证导轨运动平稳，不产生爬行现象。

(5) 有良好的耐磨性。导轨的不均匀磨损破坏导轨的导向精度，从而影响机床的加工精度。导轨的耐磨性与导轨的材料、导轨面的摩擦性质、导轨受力情况及两导轨相对运动的精度有关。

此外，导轨结构工艺性要好，便于制造和装配，便于检验、调整和维修，而且有合理的导轨防护和润滑措施等。

数控机床的导轨有很多分类方法，按运动轨迹可分为直线运动导轨和圆周运动导轨；按导轨工作性质可分为主运动导轨、进给运动导轨和调整导轨；按导轨受力情况可分为开式导轨和闭式导轨；按导轨接触面间摩擦性质的不同又可分为滑动导轨、滚动导轨和静压导轨。

2. 滑动导轨

滑动导轨具有结构简单、制造方便、接触刚度大的优点，但传统的滑动导轨摩擦阻力大，磨损快，动、静摩擦系数差别大，低速时易产生爬行现象。为改变传统滑动导轨的这种状况，数控机床广泛采用塑料滑动导轨。塑料滑动导轨由于其导轨面的摩擦系数小，且动、静摩擦系数接近，不易产生爬行现象；化学性能稳定，耐磨性好，具有良好的自润滑能力；塑料的阻尼性能好，具有吸收振动能力，可减少振动和噪声；可加工性能好，制造成本低，使用维护方便等优点，已被广泛应用于承载较大的数控机床。目前，数控机床上使用的塑料导轨分为贴塑滑动导轨和注塑滑动导轨两种形式。

1) 贴塑滑动导轨

贴塑滑动导轨是一种金属对塑料的摩擦形式，属滑动摩擦导轨，它是在动导轨的摩擦表面上贴上一层由塑料与其他化学材料组成的塑料薄膜软带，以提高导轨的耐磨性，降低摩擦系数，而支承导轨则是铸铁导轨或淬火钢导轨。塑料薄膜软带是以聚四氟乙烯为基体，加入青铜粉、二硫化钼和石墨等填充剂混合烧结并做成软带状。如图 6-47 所示为贴塑导轨，塑料软带通过粘结材料粘贴在机床导轨副的短导轨面上，圆形导轨应粘贴在下导轨面上。粘贴时，先用清洗剂(如丙酮、三氯乙烯和全氯乙烯)分别彻底清洗被粘贴导轨面和塑料软带，并擦拭干净，然后将粘贴材料用油灰刀分别涂抹在塑料软带和导轨粘贴面上。为了保证粘贴可靠，被贴导轨面应沿纵向涂抹，而塑料软带的粘贴面则沿横向涂抹。粘贴时，从一端向另一端缓慢挤压，以利于赶走气泡。粘贴后，在导轨面上施加一定压力加以固化，为保证粘贴材料充分扩散和硬化，室温下加压固化时间应为 24 小时以上。粘贴好的导轨面上还要进行精加工，如图 6-48(a)的手工刮研和图 6-48(b)的开油槽等。在局部修整时要用刮刀，切不可用砂布或砂纸，以防砂粒脱落嵌入贴塑导轨中，而破坏导轨工作面。有时为了使导轨对塑料软带起到定位作用，被粘贴导轨面上要加工出 0.5～1 mm 深的凹槽，与贴塑导轨配对使用的金属导轨，硬度在 160HBS 以上，表面粗糙度 Ra 为 0.4～0.8 μm。

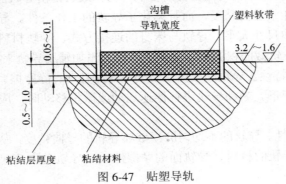

图 6-47　贴塑导轨

(a) 手工刮研

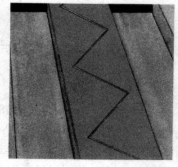
(b) 开油槽

图 6-48 贴塑导轨表面的加工

贴塑导轨的优点：动、静摩擦系数差值小，低速无爬行，运动平稳，可获得较高的定位精度；耐磨性好，本身具有润滑作用，且塑料质地较软，当有硬粒落入导轨面上也可挤入塑料内部，避免了磨损和撕伤导轨，可延长导轨副的使用寿命；减振性能好，塑料具有良好的阻尼性能，其减振消声的性能对提高摩擦副的相对运动速度有很大意义；工艺性好，可在原导轨面上进行粘结，不受导轨形式的限制，塑料软带可降低对金属导轨基体的硬度和表面质量的要求；化学稳定性好(耐水，耐油)、可加工性能好、维护修理方便、成本低、经济性好。贴塑滑动导轨的主要缺点是软带与导轨粘贴面粘结不牢，容易开裂。

2) 注塑滑动导轨

注塑滑动导轨是采用在支承导轨和动导轨之间注入或涂抹注塑材料的方法制成的导轨。注塑滑动导轨的注塑(抗磨涂层)材料是以环氧树脂和二硫化钼为基体，加入增塑剂，混合成膏状为一组份，固化剂为另一组份的双组份塑料，国内牌号为 HNT，称为环氧树脂耐磨涂料。这种材料附着力强，可用涂敷工艺或压注成型工艺涂到预先加工成锯齿形的导轨上，涂层厚度为 1.5～2.5 mm。调整好支承导轨和动导轨间相互位置后，注入双组份塑料，固化后将支承导轨与动导轨分离即成塑料导轨副，用这种方法制作的塑料导轨习惯上又称为塑料涂层导轨。

注塑滑动导轨的优点：塑料涂层摩擦系数小，在无润滑油的情况下仍有较好的润滑和防爬行的效果；具有良好的可加工性，可进行车、铣、刨、钻、磨和刮削加工；制造工艺简单，可节省大量的加工制作时间；固化后体积不收缩，尺寸稳定，抗压强度比塑料软带高，特别适用于大型和重型机床以及不能用塑料软带的复杂配合面。注塑滑动导轨的主要缺点是耐磨涂层材料脆性较大，受冲击载荷或意外碰撞时容易损坏。

3) 滑动导轨的形状及其组合形式

数控机床导轨的刚度的大小、制造工艺性、间隙的调整方法、摩擦损耗性能以及导轨精度保持性等，在很大程度上取决于导轨的截面形状及其导轨的组合形式。

(1) 直线滑动导轨的常见截面形状。数控机床常用直线运动滑动导轨，其截面形状如图 6-49 所示，有矩形、三角形、燕尾形及圆形截面，不同形状的导轨的各个平面所起的作用也各不相同。在矩形和三角形导轨中，M 面主要起支承作用，N 面是保证直线移动精度的导向面，J 面是防止运动部件抬起的压板面；在燕尾形导轨中，M 面起导向和压板作用，J 面起支承作用。

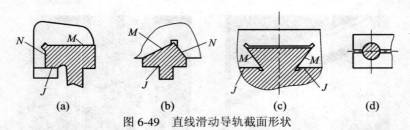

图 6-49　直线滑动导轨截面形状

　　根据支承导轨的凸凹状态，又可分为凸形和凹形两类导轨。凸形导轨需要有良好的润滑条件。凹形导轨容易存油，但也容易积存切屑和尘粒，因此适用于具有良好防护的环境。矩形导轨也称为平导轨；而三角形导轨，在凸形时称为山形导轨，在凹形时称为 V 形导轨。

　　① 矩形导轨。如图 6-49(a)所示，易加工制造，承载能力较大，安装调整方便。M 面起支承兼导向作用，起主要导向作用的 N 面磨损后不能自动补偿间隙，需要有间隙调整装置。它适用于载荷大且导向精度要求不高的机床。

　　② 三角形导轨。如图 6-49(b)所示，三角形导轨有两个导向面，同时控制了垂直方向和水平方向的导向精度。这种导轨在载荷的作用下，自行补偿消除间隙，导向精度较其他类型导轨高。

　　③ 燕尾槽导轨。如图 6-49(c)所示，这是闭式导轨中接触面最少的一种结构，磨损后不能自动补偿间隙，需用镶条调整。这种导轨能承受颠覆力矩，摩擦阻力较大，多用于高度小的多层移动部件。

　　④ 圆柱形导轨。如图 6-49(d)所示，这种导轨刚度高，易制造，外径可磨削，内孔可珩磨达到精密配合。但磨损后间隙调整困难。它适用于受轴向载荷的场合，如压力机、珩磨机、攻丝机和机械手等，数控机床上应用较少。

　　(2) 直线滑动导轨的组合形式。数控机床一般采用两条导轨来承受载荷和导向。导轨的组合形式取决于载荷大小、导向精度、工艺性、润滑和防护等因素。常见的导轨组合形式如图 6-50 所示，左侧两列与右侧两列分别是相互配合的动导轨和支承导轨。

　　① 双三角形导轨。如图 6-50(a)所示为双三角形导轨，又称为双 V 形导轨，导轨面同时起支承和导向作用。该导轨磨损后能自动补偿，导向精度高，但装配时要对四个面进行刮研，其难度很大。由于超定位，所以制造、检验和维修都很困难，它适用于精度要求高的机床，如坐标镗床、丝杠车床。

　　② 双矩形导轨。如图 6-50(b)所示为双矩形导轨。双矩形导轨使用侧边导向，当采用一条导轨的两个侧边导向时称为窄式导向，若分别用两条导轨的两个侧边导向则称为宽式导向。双矩形导轨易加工制造，承载能力大，但导向精度差。侧导向面需要设置调整镶条和压板，常用于普通精度的数控机床。

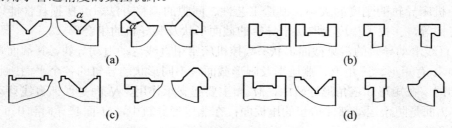

图 6-50　直线滑动导轨的组合形式

③ 三角形和平导轨组合。如图 6-50(c)所示为三角形和平导轨的组合，其导轨组合不需要用镶条调整间隙，导向精度高，加工装配较方便，温度变化也不会改变导轨面的接触情况，但热变形会使移动部件水平偏移，两条导轨磨损也不一样，因而对位置精度有影响，通常用于数控磨床、精密镗床。

④ 三角形和矩形导轨组合。如图 6-50(d)为三角形和矩形导轨的组合，三角形导轨做主要导向面。该组合导向精度高，承载能力大，易加工制造，刚度高，广泛应用于数控机床。

3. 滚动导轨

滚动导轨是在导轨工作面间放入滚动体，使导轨面间形成滚动摩擦。滚动体可采用滚珠、滚柱或滚针等，滚动体为滚珠的滚动。该导轨结构紧凑，容易制造，运动轻便，成本较低，但刚度低，承载能力小，适用于运动部件重量不大、切削力和抗颠覆力矩都较小的机床；滚动体为滚柱的滚动导轨承载能力和刚度大，适用于载荷较大的机床；滚动体为滚针的滚动导轨尺寸小，结构紧凑，与滚柱导轨相比，在同样长度内可以排列更多的滚针，因而承载能力较大，但摩擦力大一些，适用于导轨尺寸受到限制的机床。

滚动导轨的优点：摩擦系数小，一般为 0.0025～0.005，且动、静摩擦系数接近，几乎不受运动速度变化的影响，因而运动轻便灵活，所需驱动功率小；摩擦发热少，磨损小，可以使用油脂润滑，润滑容易，精度保持性好；低速运动平稳性好，不易出现爬行现象，移动精度和定位精度高。滚动导轨的缺点是抗振性差，结构比较复杂，制造成本较高，对脏物较为敏感，并需要良好的防护措施。

滚动导轨也分为开式和闭式两种。开式用于加工过程中载荷变化较小、颠覆力矩较小的场合。当颠覆力矩较大、载荷变化较大时则用闭式，此时采用预加载荷，能消除其间隙，减小工作时的振动，并大大提高导轨的接触刚度。数控机床常用的滚动导轨有滚动导轨块和直线滚动导轨副。这种导轨组件本身制造精度很高，对机床的安装基面要求不高，安装、调整都非常方便。

1) 滚动导轨块

滚动导轨块由专业厂家生产，具有较高的承载能力和较高的刚性，在往复运动频率较高的情况下，可减少整机驱动力；具有较高的灵敏度，在重载或变载的情况下，弹性变形较小，运动平稳且没有爬行；滚动体在滚动时导向好，能自动定心，可提高机床的定位精度；滚动导轨块便于拆装，不受机床床身长度的限制，可直接装在任意行程长度的运动部件上。滚动导轨块广泛应用于各类数控机床，尤其适用于中等负荷的数控机床。

(1) 滚动导轨块的结构。如图 6-51 所示为滚动导轨块的结构示意图，滚动导轨块主要由中间导向块 3、保持器 2、滚柱 4 等组成。在精密研磨的中间导向块 3 周围有一系列滚柱 4，并由保持器 2 维持其循环运动不致脱落。滚动导轨块通过螺钉安装在机床的运动部件上，当机床运动部件移动时，滚柱 4 在支承导轨面与滚动导轨块之间滚动，同时又在滚动导轨块中沿封闭轨道进行循环运动，并承受载荷。

(2) 滚动导轨块的安装。滚动导轨块一般安装在机床的运动部件上。为了使导轨块获得均衡的载荷，应选择具有相同分组选号的滚动导轨块安装。每一导轨上使用导轨块的数量可根据导轨的长度和负载的大小确定，如果运动部件长度大时，要用更多的导轨块。与滚动导轨块相配的导轨多用镶钢淬火导轨，钢导轨经热处理后硬度很高，可大幅度提高耐磨性，且有较大的承载能力。镶钢导轨一般采用正方形或长方形两种，为便于热处理，减少变形，多把镶钢导轨分段装在床身上，这在行程较大的数控机床上常常使用。如图 6-52 所示为滚动导轨块和镶钢导轨的一种组合安装形式之一，是闭式安装，窄式导向，可承受倾覆载荷。正方形镶钢导轨镶嵌在床身上，它的两侧面和上面安装滚动导轨块，来为移动部件起支承和导向作用，下面用滚动导轨块或贴塑压板，来承受颠覆力矩。

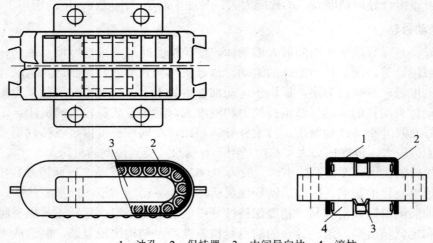

1—油孔；2—保持器；3—中间导向块；4—滚柱

图 6-51　滚动导轨块结构示意图

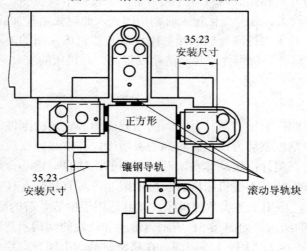

图 6-52　滚动导轨块和镶钢导轨的组合闭式安装

（3）滚动导轨块的调整。为了保证导轨的导向精度和刚度，滚动导轨块和支承导轨间不但不能有间隙，而且还要有适当的预紧压力，因此滚动导轨块在安装时应能调整。主要的调整的方法有：用调整垫调整，用调整螺钉调整，用楔铁调整及用弹簧垫压紧等。如图 6-53 所示为滚动导轨块楔铁间隙调整装置，楔铁 1 固定不动，滚动导轨块 2 固定在楔铁 4 上，可随楔铁 4 移动，拧动调整螺钉 5 和 7 可使楔铁 4 相对楔铁 1 运动，因而可调整滚动导轨块对支承导轨压力的大小。

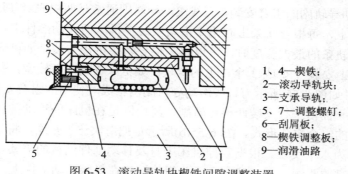

1、4—楔铁;
2—滚动导轨块;
3—支承导轨;
5、7—调整螺钉;
6—刮屑板;
8—楔铁调整板;
9—润滑油路

图 6-53　滚动导轨块楔铁间隙调整装置

2) 直线滚动导轨副

直线滚动导轨副由专业厂家生产,又称为单元直线滚动导轨。它随动性极好,驱动信号与机械动作滞后的时间间隔极短,有益于提高数控系统的响应速度和灵敏度;能实现无间隙运动,定位精度和重复定位精度高,机械系统的运动刚度高;电动机的驱动功率大幅度下降,实际所需要的功率仅为普通导轨的 1/10 左右;可适应高速直线运动,其瞬时速度比滑动导轨提高约 10 倍;成对使用直线滚动导轨副时,具有"误差均化效应",从而降低基础件(导轨安装面)的加工精度要求,降低基础件的机械制造成本与难度;它除导向外还能承受颠覆力矩,制造精度高,可高速运行,并能长时间保持高精度,通过预加负载可提高刚性,具有自调的能力,安装基面允许误差大。

(1) 直线滚动导轨副的结构。图 6-54 所示为直线滚动导轨副外形和结构示意图。导轨条 7 是支承导轨,使用时一般安装在数控机床的床身或立柱等支承件上,滑块 5 安装在工作台或滑座等移动部件上。滑块 5 中装有四组滚珠 1,四组滚珠各有自己独立的回珠孔 2,分别处于滑块的四角。当滑块 5 沿导轨条 7 移动时,滑块 5 中的四组滚珠 1 在导轨条 7 和滑块 5 之间的圆弧形直线滚道内滚动,当滚珠滚动到滑块的端部,见图 6-54(b)左端,就会经合成树脂制造的端面挡板 4 内的滚道和滑块中的回珠孔 2,从工作负荷区滚动到非工作负荷区,然后再滚动,最后经过另一端的挡块回到工作负荷区,如此不断循环。为防止灰尘和脏物进入导轨滚道,滑块两端及下部设有塑料密封垫 3 和 8。滑块上还有注润滑脂的油嘴 6,只要定期将锂基润滑脂注入油嘴即可实现润滑。滑块内的四组滚珠和滚道相当于四个角接触球轴承,接触角为 45°,滑块 5 相对支承导轨条 7 完全定心,只允许两者沿导轨长度方向相对运动。因此,直线滚动导轨副除导向外还能承受颠覆力矩。

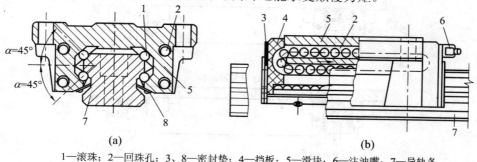

(a)　　　　　　　　(b)

1—滚珠;2—回珠孔;3、8—密封垫;4—挡板;5—滑块;6—注油嘴;7—导轨条
图 6-54　直线滚动导轨副的外形和结构

(2) 直线滚动导轨副的组合安装。直线滚动导轨副通常是两根成对使用的，导轨条安装在机床支承部件上，每根导轨条上有两个滑块安装在机床的移动部件上。当机床所需导轨长度超过单根导轨条的最大长度时，可以将多根导轨条拼接安装；如机床移动部件较长则可在一根导轨条上安装 3 个或 3 个以上的滑块；如机床移动部件较宽，也可以用 3 根或 3 根以上的导轨条。如图 6-55 所示为直线滚动导轨副两根成对使用的组合安装形式。图 6-55(a)所示为在同一水平面内平行安装两根导轨副，滑块固定在机床的移动部件上，称为水平正装，这是最常用的组合安装形式。图 6-55(b)所示是把滑块作为基座，将导轨固定在机床的移动部件上，称为水平反装。根据数控机床床身及移动部件结构的需要，直线滚动导轨副还可以安装在床身的两侧，图 6-55(c)所示为滑块固定在机床移动部件上；图 6-55(d)所示为导轨固定在机床移动部件上。

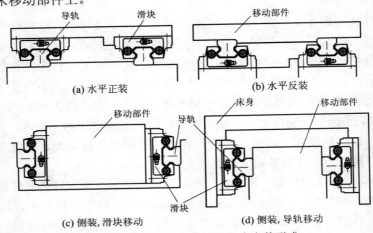

图 6-55　直线滚动导轨副的组合安装形式

在同一水平面内平行安装两根导轨副时，为保证两条导轨平行，通常把一条导轨作为基准导轨，也称为基准侧导轨。基准侧导轨和滑块的侧面均要定位，而另一侧导轨和滑块的侧面是开放的，称该组合安装形式为单导轨定位。如图 6-56(a)所示，单导轨定位易于安装，容易保证平行度，非基准侧对床身没有侧向定位面平行的要求。当非基准侧导轨的侧面也需要定位时，称该组合安装形式为双导轨定位。如图 6-56(b)所示，双导轨定位侧向定位面平行度要求高，调整难度较大，适合于振动和冲击较大、精度要求较高的场合。

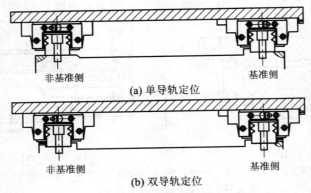

图 6-56　单导轨定位和双导轨定位的安装形式

(3) 直线滚动导轨副的安装调整。如图 6-57 所示为单导轨定位的安装形式，两条导轨中，右侧导轨为基准导轨。安装时，将基准导轨条 1 的基准面靠在床身 6 的定位面上，通过楔块 2 顶靠，然后用螺栓固定在床身 6 上。滑块的基准面则靠在机床工作台 4 的定位面上，通过楔块 3 顶靠，然后用螺栓固定在机床工作台 4 上。左侧导轨为非基准导轨，安装时调整非基准导轨条 5 的位置，使工作台 4 能在两条导轨上轻快移动，无干涉即可，调整后用螺栓把导轨条 5 和滑块分别固定在床身 6 和工作台 4 上。

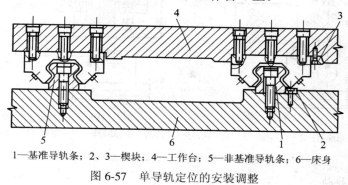

1—基准导轨条；2、3—楔块；4—工作台；5—非基准导轨条；6—床身

图 6-57　单导轨定位的安装调整

4．静压导轨

静压导轨根据导轨面间的介质不同分为液体静压导轨和气体静压导轨两类。

1) 液体静压导轨

液体静压导轨在两个相对运动的导轨工作面上开有油腔，将具有一定压力的润滑油，经节流器输入到导轨面上的油腔中，形成承载油膜，使动导轨微微浮起。在工作过程中，导轨面油腔中的油压能随外加负载的变化自动调节，以平衡外加负载，保证导轨工作面始终处于纯液体摩擦状态。液体静压导轨的摩擦系数极小(约为 0.0005)、功率消耗少、导轨不会磨损，因而导轨的精度保持性好、寿命长。油膜厚度几乎不受速度的影响，油膜承载能力大、刚性高、吸振性好，导轨运行平稳，既无爬行，也不会产生振动。油膜具有误差均化作用，导轨面的加工精度要求不高，但液体静压导轨结构复杂，对油液纯净度要求高，并需要有一套过滤效果良好的液压装置，制造成本较高，调整也比较繁琐。目前，液体静压导轨主要应用于大型、重型数控机床和高精度的数控磨床。

液体静压导轨按导轨形式和承载的要求不同，可分为开式和闭式两种。

(1) 开式液体静压导轨。开式液体静压导轨的工作原理与静压轴承完全相同。如图 6-58(a)所示为开式液体静压导轨的工作原理，液压油泵 2 启动后，油经滤油器 1 吸入，用溢流阀 3 调节供油压力 p_s，再经滤油器 4，通过节流器 5 降压到 p_r(油腔压力)进入导轨的油腔，并通过支承导轨 7 与动导轨 6 之间的间隙向外流出，回到油箱 8。油腔压力 p_r 形成浮力将动导轨 6 浮起，形成一定的导轨间隙 h_0。当载荷增大时，运动部件下沉，导轨间隙减小，回油阻力增加，流量减小，油腔压力 p_r 增大，直至与载荷 W 平衡时为止。

(2) 闭式液体静压导轨。开式静压导轨只能承受垂直方向的负载，承受颠覆力矩的能力差。闭式静压导轨能承受较大颠覆力矩，导轨刚度也较高。如图 6-58(b)所示为闭式液体静压导轨的工作原理。当动导轨 6 受到颠覆力矩 M 后，油腔的间隙 h_3、h_4 增大，h_1、h_6 减小。由于各相应的节流器的作用，使油腔压力 p_{r3}、p_{r4} 减小，p_{r1}、p_{r6} 增大，由此作用在动导轨 6

上的力，形成一个与颠覆力矩方向相反的力矩，从而使动导轨 6 保持平衡。而在承受载荷 W 时，则油腔间隙 h_1、h_4 减小，h_3、h_6 增大。由于各相应的节流器的作用，使油腔压力 p_{r1}、p_{r4} 增大，p_{r3}、p_{r6} 减小，由此形成使动导轨 6 向上的力，以平衡载荷 W。

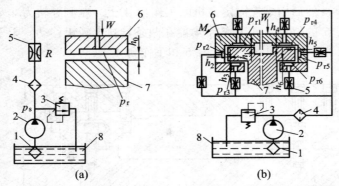

1、4—滤油器；2—液压泵；3—溢流阀；5—节流器；6—动导轨；7—支承导轨；8—油箱

图 6-58　液体静压导轨工作原理图

2) 气体静压导轨

气体静压导轨在两个相对运动的导轨工作面间，通入具有恒定压力的气体，形成恒定压力的空气膜，使两导轨工作面均匀分离，导轨工作面始终处于气体摩擦状态，以得到高精度的运动。气体静压导轨摩擦系数小，不易引起发热变形，但会随空气压力波动而使空气膜发生变化，且承载能力小，故常用于负荷不大的场合，如数控坐标磨床和三坐标测量机。

6.7　数控机床的辅助装置

数控机床的辅助装置在机床中虽不直接进行切削加工，但为机床的正常工作起到保障作用，是机床不可缺少的部分。数控机床的辅助装置主要包括防护装置、排屑装置、润滑系统及冷却系统等。

6.7.1　数控机床的防护装置

数控机床的防护装置主要是对滚珠丝杠副、导轨以及电线、电缆、液气管的防护。

1. 滚珠丝杠副的防护装置

滚珠丝杠副的导轨内落入了污物或异物，不仅会妨碍滚珠的正常运转，而且会使滚珠丝杠副的磨损急剧增加。对于制造误差和预紧变形量以微米计的滚珠丝杠副来说，对这种磨损就特别敏感。因此必须对滚珠丝杠副进行有效的防护与密封。

(1) 密封圈。处于隐蔽位置的丝杠，通常在螺母两端安装密封圈。密封圈有接触式和非接触式，通常在没有异物但有浮尘的环境下使用。接触式密封圈是用耐油橡胶或尼龙等材料制成的，其内孔制成与丝杠螺纹滚道相配合的形状。接触式密封圈的防尘效果好，但因有接触压力，使摩擦力矩略有增加。非接触式密封圈是用聚乙烯等塑料制成的，又称为迷宫式密封圈，其内孔形状与丝杠螺纹滚道相反，并略有间隙。迷宫式密封圈在丝杠和滚道之间只有很小的间隙，并不增加摩擦力矩和发热。

(2) 防护套。对于暴露在外面的丝杠，一般采用如图 6-59 所示的钢带防护套或橡胶防护套等封闭式的防护装置，以保护丝杠表面不受尘埃、铁屑等污染。图 6-60 所示为钢带防护套缠卷装置，缠卷装置和滚珠丝杠的螺母一起固定在机床移动部件上，由支承滚子 1、张紧轮 2 和钢带 3 等零件组成。钢带的两端分别缠绕固定在丝杠的外圆表面。钢带 3 绕过支承滚子 1，并靠弹簧和张紧轮 2 将钢带张紧。当丝杠旋转时，机床移动部件相对丝杠做轴向运动，缠卷装置一端将丝杠上的钢带展开，而另一端则将钢带缠卷在丝杠上，保护丝杠表面不受尘埃、铁屑等污染。

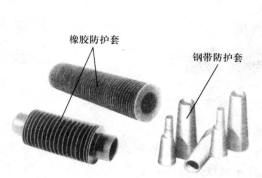

橡胶防护套

钢带防护套

图 6-59 丝杠防护装置

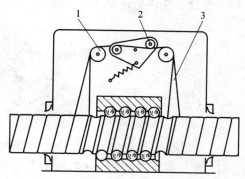

1—支承滚子；2—张紧轮；3—钢带

图 6-60 钢带防护套缠卷装置

2. 导轨的防护装置

滚动导轨副运动时，在滑块运动方向的后方将形成负压区域，这样将吸入尘埃。吸入的尘埃积聚在导轨的固定螺钉内及导轨面上，使滚动导轨副的寿命急剧下降。为保证导轨的使用寿命，防止切屑、磨粒和冷却液散落在导轨面上引起导轨磨损、擦伤和锈蚀，必须采取适当的防护措施。常用的导轨防护装置有导轨刮屑板和导轨防护罩。

(1) 导轨刮屑板。导轨刮屑板由耐油、耐摩擦的刮舌和铝合金框架组成，根据导轨的不同形状做成直角形、三角形、矩形和燕尾形等形状，安装在动导轨的两端。如图 6-61 所示为安装在机床动导轨上的导轨刮屑板，它能提高机床导轨的刮屑、除尘和防护能力，以保护机床的精度，延长机床的使用寿命。

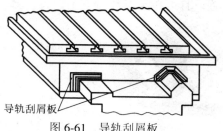

导轨刮屑板

图 6-61 导轨刮屑板

图 6-62 伸缩式导轨防护罩

(2) 导轨防护罩。数控机床导轨防护罩有伸缩式、风琴式和裙帘式等多种形式。如图 6-62 所示为钢制伸缩式导轨防护罩，适用于各类数控机床在各个移动方向上的导轨防护。它不但具有防尘、防屑、防冷却液等功能，而且还能增加机床的封闭性，保护机床精度不受切屑的影响，延长导轨的使用寿命。导轨防护裙帘适用于安装空间有限、无法安装其他形式防护罩的地方，具有体积小、外形美观等特点。

3. 电线、电缆、液气管的防护装置

数控机床上的电线、电缆、液气动管等，一般需要与机床移动部件协同移动，为防止电线、电缆、液气管路受到挤压或磨损，避免管路分布零乱，必须采用防护装置。常用的电线、电缆、液气管的防护装置有导管防护套、金属软管和金属拖链。

(1) 导管防护套。如图 6-63 所示为导管防护套，其上夹箍和下夹箍采用不锈钢材料制成，链环采用工程塑料制成，适用于移动行程较短、往复运动速度较低的各类数控机床，它移动平稳、噪声低，但不适于在高温环境下工作。

图 6-63　导管防护套

(2) 金属软管。如图 6-64 所示为金属软管，由金属薄条盘旋制成，有圆形、矩形等管形，适用于移动行程较短、往复运动速度较高的各类数控机床，它柔软适应性强、移动平稳、噪声低，可在 −40～180℃ 环境下工作。

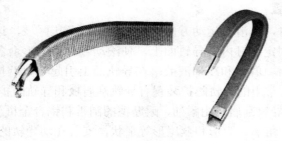

图 6-64　金属软管

(3) 金属拖链。如图 6-65 所示为金属拖链，由金属片铆接而成，适用于大型、重型数控机床，可作为质量大的电缆、液气管的防护装置，且可在高温环境下工作。

图 6-65　金属拖链

6.7.2　数控机床的排屑装置

数控机床加工效率高，排屑量大，为了保证加工的自动进行，减少机床的发热，应及时收集和输送切屑，以保证加工正常进行。数控机床排屑装置的主要作用是将切屑从加工

区域排出机床之外,将切屑与切削液分离开来,并将它们送入切屑收集箱内。数控机床常用的排屑装置有以下几种。

1. 链板式排屑装置

链板式排屑装置以滚动链轮牵引钢质平板链带在接屑箱中运转,切屑落到链带上由链带输送出机床,如图 6-66 所示。这种装置适应性强,可以收集和输送金属及非金属切屑,但不适于粉末状切屑,广泛地应用于数控车床和加工中心。该排屑装置在数控车床上使用时多与机床冷却液箱合为一体,以简化机床结构。

图 6-66　链板式排屑装置

2. 刮板式排屑装置

刮板式排屑装置的传动原理与链板式基本相同,只是链板不同,其链板中带有刮板链板,如图 6-67 所示。这种装置可以收集和输送颗粒状、粉末状的金属和非金属切屑,排屑能力较强,但因负载大,故需采用较大功率的驱动电动机。

图 6-67　刮板式排屑装置

3. 永磁式排屑装置

永磁式排屑装置是利用永磁材料产生的强磁场效应,将落入接屑箱的铁屑吸附在输送带上,由输送带将铁屑排出机床,如图 6-68 所示。这种装置可以收集和输送颗粒状、粉末状的铁屑。

图 6-68　永磁式排屑装置

4．螺旋式排屑装置

螺旋式排屑装置由电动机经减速装置驱动一根长螺杆在接屑槽中旋转，推动落入接屑槽的切屑连续向前移动，最终排入切屑收集箱中。螺杆有两种形式，一种是用扁形钢条卷成弹簧状，另一种是在细轴上焊上螺旋形钢板。如图6-69所示为螺旋式排屑装置，主要用于收集颗粒状、粉末状的金属和非金属切屑，因其体积小而适合用在安放空间比较狭窄的地方。

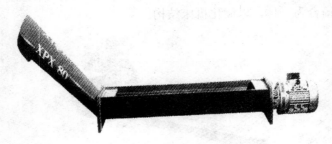

图 6-69　螺旋式排屑装置

6.7.3　数控机床的润滑系统

数控机床的润滑系统在机床整机中占有十分重要的位置，它不仅起着润滑作用，而且还起着冷却和防锈作用，可以减小机床热变形及锈蚀对加工精度的影响，并且对于提高机床加工精度、延长机床使用寿命等方面都有十分重要的作用。

数控机床的润滑系统主要对主轴传动部分、轴承、滚珠丝杠及机床导轨等运动部件进行润滑。由于数控机床在运转过程中，既有高速运动，也有低速运动，既有重载的部位，也有轻载的部位，因此通常采用分散润滑与集中润滑、油液润滑与油脂润滑相结合的综合润滑方式，对数控机床各个需要润滑的部分进行润滑。分散润滑是指在数控机床的各个润滑点用独立、分散的润滑装置进行润滑；集中润滑是指利用一个统一的润滑系统对多个润滑点进行润滑。数控机床上常用的润滑方式有油脂润滑和油液润滑两种形式。

1．油脂润滑

油脂润滑不需要润滑设备，工作可靠，不需要经常添加和更换油脂，维护方便，但磨擦阻力大。采用油脂润滑时，油脂的封入量一般为润滑空间容积的1/3，切忌随意添满。封入的油脂过多，会加剧运动部件的发热。采用油脂润滑方式时，必须在结构上采取有效的密封措施，以防冷却液或润滑油流入而使油脂失去功效。油脂润滑方式一般采用高级锂基油脂润滑。当需要添加或更换油脂时，其名称和牌号可查阅机床使用说明书。

数控机床的主轴轴承、滚珠丝杠支承轴承及低速($v < 35$ m/min)运动的直线滚动导轨常采用油脂润滑。滚珠丝杠螺母副有采用油脂润滑的，也有采用油液润滑的。

2．油液润滑

油液润滑按工作方式不同可分为油浴润滑、定时定量润滑、循环油润滑、油雾润滑及油气润滑等方式。数控机床中高速($v > 35$ m/min)运动的直线滚动导轨、贴塑导轨及变速齿轮等多采用油液润滑。

(1) 油浴润滑方式。油浴润滑就是使轴上的零件(如齿轮、甩油盘等)浸入油池中，轴回转时通过齿轮或甩油盘将润滑油带到相应的表面进行润滑。该方法简单可靠，但应注意带油零件转速不宜过高，油池油位也不宜过高，常用于数控机床主轴箱的润滑冷却。

(2) 定时定量润滑方式。定时定量润滑方式一般采用集中润滑系统。它是从一个润滑油供给源把一定压力的润滑油，通过各主、次油路上的分配器，按所需的油量分配到各润滑点。同时，系统具备润滑时间、次数的监控和故障报警以及停机等功能，以实现润滑系统的自动控制。定时定量润滑无论润滑点位置高低和距离油泵远近，各点的供油量稳定，由于润滑周期的长短及供油量可调整，减少了润滑油的消耗，易于自动报警，润滑可靠性高。如图 6-70 所示，定时定量润滑系统的工作原理为：油泵启动后，将高压润滑油送到各定量阀，定量阀为各润滑支路存储定量润滑油。当油路中的压力达到某一值时，油泵停止工作，定量阀中的润滑油在弹簧的作用下将定量润滑油经支路油管送至各润滑点。每次润滑间隔时间由电器控制系统自动控制，各润滑点的润滑油量由定量阀调定。

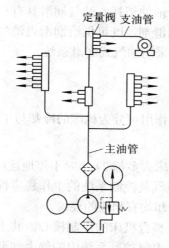

图 6-70　定时定量润滑系统原理图

在定时定量润滑系统中，由于供油量小，润滑油不重复使用，无热量带回油箱等原因，油箱体积一般较小。如图 6-71 所示为定时定量润滑油箱及定量阀。定时定量润滑油箱通常由油泵、单向阀、滤油器、溢流阀及流量继电器等组成，流量继电器用于润滑油量少于规定值时，向机床数控系统提供润滑系统缺油报警信号。

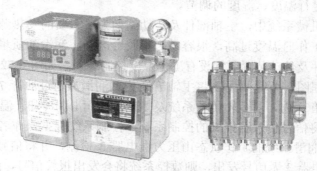

图 6-71　定时定量润滑油箱及定量阀

定时定量润滑系统润滑效率高，定时、定量准确，使用方便可靠，润滑油不被重复使用，有利于提高机床寿命，广泛地应用于各类数控机床。

(3) 循环油润滑方式。数控机床发热量大的部件常采用循环油润滑方式。这种润滑方式是利用油泵把油箱中的润滑油经管道和分油器等元件送至各润滑点上，用过的润滑油液返回油箱，在返回途中或在油箱中油液经冷却和过滤后再供循环使用。这种润滑方式供油充足，便于润滑油压力、流量和温度的控制与调整，常用于加工中心等数控机床主轴箱的润滑冷却。

(4) 油雾润滑方式。油雾润滑是利用经净化处理的高压气体将润滑油雾化后，经管道输送，喷射到润滑部位的润滑方式。雾状油液吸热性好，能以较少的油液获得较充分的润滑，常用于数控机床高速主轴轴承的润滑。但是油雾易被吹出而污染环境。

(5) 油气润滑方式。油气润滑是利用压缩空气，经管道将小油滴输送到需润滑部位。油气润滑中的润滑油未被雾化，而是呈滴状进入润滑点，避免了油雾润滑对环境的污染；润滑油可回收，有效地降低了润滑油的消耗。油气润滑具有良好的降低润滑点温度的效果，并能保持摩擦副总是有新鲜的润滑剂，既可供给润滑点油气，也可单纯提供润滑油。数控机床和加工中心的高速主轴适合采用油气式润滑系统。

6.7.4　数控机床的冷却系统

数控机床的冷却系统按照其作用可分为机床的冷却与工件切削的冷却两部分。

1. 机床的冷却

为了提高生产效率，数控机床大多都 24 小时不停地连续工作。为保证在长时间工作状态下机床加工精度的一致性、电气及控制系统的工作稳定性和机床的使用寿命，数控机床对环境和机床各部位的发热及冷却均有相应的要求。

数控机床的电气控制系统是整台机床的控制核心，其工作的可靠性及稳定性对数控机床的正常工作起着决定性作用。电气控制系统中的绝大部分元器件在通电工作时均产生热量，如果散热不好，容易造成整个系统温度过高，从而影响其可靠性、稳定性及元器件的寿命。为降低整个电气控制系统的温度，数控机床一般都在发热量较大的元器件上加装散热片与采用风扇强制循环通风来散热冷却。但这种冷却方式具有灰尘、湿空气易进入电控箱，温度控制稳定性差的缺点。因此，在一些高档数控机床上，一般采用专门的电控箱冷气机，对电控系统进行温度、湿度的调节。

在数控机床的机械系统中，主轴部件及传动结构为最主要的发热源。主轴轴承和传动齿轮等零件，如果工作时温度过高，很容易产生胶合磨损、润滑油质量降低等后果，所以数控机床的主轴部件及传动装置通常设有工作温度控制装置。如图 6-72 所示为加工中心主轴温控机的工作原理图。循环油泵 2 将主轴箱 9 内的润滑油通过油管 7 抽出，经滤油器 4 过滤后再送入主轴箱 9 内，对主轴传动系统及主轴进行润滑和冷却。温度传感器 5 检测润滑油液的温度，并将信号传入温控机的控制系统，控制系统根据操作者的设置来控制冷却器 1 的开关。冷却润滑系统的工作状态由压力继电器 3 检测，并将信号传送到机床的数控系统。如果压力继电器 3 无信号发出，则数控系统将会发出报警信号，同时禁止主轴启动。

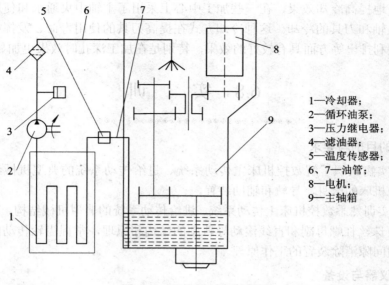

1—冷却器；
2—循环油泵；
3—压力继电器；
4—滤油器；
5—温度传感器；
6、7—油管；
8—电机；
9—主轴箱

图 6-72 温控机工作原理图

2. 工件切削的冷却

数控机床在进行高速大功率切削时产生大量的切削热，使刀具、工件和床身温度升高，从而影响刀具的使用寿命、工件的加工质量和机床精度。为保证工件的加工质量，提高刀具的使用寿命，数控机床需对工件切削进行冷却。数控机床一般采用喷射冷却液的方法来进行工件切削冷却。冷却液也叫切削液，在机床中不仅起冷却作用，而且具有排屑、防锈和对刀具与工件之间进行润滑的作用。如图 6-73 所示为 **HK714** 型加工中心工件切削冷却系统原理图。冷却泵 3 将冷却液经过滤器 2 从冷却液箱 1 中抽出，并经电磁阀 5、分流阀 7 和两个冷却液喷嘴 8 喷射到刀具和工件 9 上进行冷却，用过的冷却液由冷却液收集箱 10 收集后，流回到冷却液箱 1 再循环使用。不需要切削液时，可通过冷却液开关按钮或相应的 M功能指令关闭冷却液。

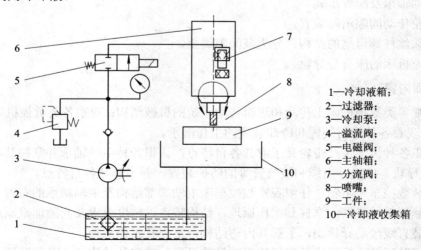

1—冷却液箱；
2—过滤器；
3—冷却泵；
4—溢流阀；
5—电磁阀；
6—主轴箱；
7—分流阀；
8—喷嘴；
9—工件；
10—冷却液收集箱

图 6-73 工件切削冷却系统原理图

为了更好地提高冷却效果，在一些加工中心上采用了主轴中央通水和使用内冷却刀具的方式进行主轴和刀具的冷却。这种冷却方式在提高刀具的使用寿命、发挥机床的切削性能、使切屑顺利排出等方面具有较好的效果，特别是在加工深孔时效果更加显著。

6.8　实　　训

1. 实训的目的与要求

(1) 对照实物认识了解数控机床主传动系统、进给传动系统的典型机械结构和功能部件，以及数控机床的床身、导轨和辅助装置。

(2) 通过实训熟悉数控机床主传动系统、进给传动系统的典型机械结构，理解数控机床主轴轴承、滚珠丝杠螺母副和直线滚动导轨副的结构和原理，掌握齿轮传动间隙消除装置和滚珠丝杠副间隙消除装置的工作原理。

2. 实训仪器与设备

(1) 数控车床主轴和轴承一套。

(2) 滚珠丝杠螺母副一套。

(3) 直线滚动导轨副一套。

(4) 贴塑导轨模型一副，塑料软带(50 mm × 1000 mm)一条。

(5) 双齿轮消除间隙装置一套。

(6) 变齿厚蜗轮蜗杆一副。

(7) 同步齿形带及带轮一套。

(8) 锥环无键连接装置一套。

(9) 通用工具：活动扳手两把；内六角扳手一套；木质手锤一把；齿厚卡尺一把。

3. 相关知识概述

(1) 主轴轴承及配置形式。

(2) 齿轮传动间隙消除装置。

(3) 滚珠丝杠螺母副的结构、分类及间隙调整。

(4) 数控机床的床身与导轨。

4. 实训内容

(1) 参观各类数控机床主传动和进给传动系统的机械结构；观察各类数控机床床身、导轨的配置；观看各种排屑装置和冷却装置的工作演示。

(2) 认识各种齿形带及带轮并了解其各自特点；认识各种主轴轴承并掌握其各自特点；认识丝杠、导轨、电线、电缆和液气管等的防护装置，并了解其各自特点。

(3) 拆装数控车床主轴，仔细观察数控车床主轴端部结构及主轴轴承的布置。

(4) 拆装滚珠丝杠副，掌握其工作原理、结构特点、精度要求及间隙调整原理。

(5) 拆装直线滚动导轨副，了解其内部结构，掌握其工作原理。

(6) 利用贴塑导轨模型进行塑料软带的粘贴操作，掌握其结构特点及粘贴要求。

(7) 拆装双齿轮消除间隙装置及锥环无键连接装置，掌握其工作原理及结构特点。

(8) 观察并测量变齿厚蜗轮蜗杆，理解其工作原理。

5. 实训报告

(1) 写出观看各类数控机床主传动和进给传动系统的机械结构，以及各种排屑装置和冷却装置工作演示的感受。

(2) 绘制双齿轮消除间隙装置、锥环无键连接装置、滚珠丝杠螺母副及其间隙调整的工作原理简图。

(3) 测绘变齿厚蜗杆的齿形图。

(4) 描述塑料软带的粘贴操作过程。

(5) 文字说明齿轮传动间隙消除装置、滚珠丝杠螺母副及其间隙调整的工作原理。

按照上述实训内容的过程顺序写出实训报告。

6.9 自 测 题

1. 判断题(请将判断结果填入括号中，正确的填"√"，错误的填"×")

(1) 数控机床主轴上的角接触球轴承一般采用面对面组合方式。(　　)

(2) 滚珠丝杠螺母副垂直布置时，机床移动部件容易下滑，必须加设制动装置。(　　)

(3) 滚珠丝杠螺母副的标准公差等级中，1级精度最低，依次增高。(　　)

(4) 在数控机床床身内腔填充混凝土等阻尼材料，有明显的消振作用。(　　)

(5) 液体静压滑动轴承与液体静压导轨工作原理相同。(　　)

(6) 在数控机床中冷却液只起冷却作用。(　　)

2. 选择题(请将正确答案的序号填写在括号中)

(1) 数控铣床和加工中心主轴前端设有(　　)的锥孔。

　　A. 1∶12　　　　　B. 1∶24　　　　　C. 7∶12　　　　　D. 7∶24

(2) 数控机床中采用双导程蜗杆传递运动是为了(　　)。

　　A. 提高传动效率　　　　　　　　B. 增加预紧力

　　C. 增大减速比　　　　　　　　　D. 调整传动副的间隙

(3) 在滚珠丝杠螺母副消除间隙的方法中，调整精度最高的是(　　)。

　　A. 垫片调隙式　　　　　　　　　B. 螺纹调隙式

　　C. 齿差调隙式　　　　　　　　　D. 单螺母调隙式

(4) 中小型数控机床的滚珠丝杠螺母副多采用接触角为(　　)的双向推力角接触球轴承。

　　A. 15°　　　　　　　　　　　　B. 30°

　　C. 45°　　　　　　　　　　　　D. 60°

(5) 数控机床中应用最广泛的直线滑动导轨组合形式为(　　)。

　　A. 双三角形导轨　　　　　　　　B. 双矩形导轨

　　C. 三角形和矩形导轨组合　　　　D. 三角形和平导轨组合

(6) 下列排屑装置中，不能排出粉末状切屑的是(　　)。

　A. 链板式排屑装置　　　　　　B. 永磁式排屑装置
　C. 刮板式排屑装置　　　　　　D. 螺旋式排屑装置

(7) 数控机床一般采用(　　)来为电器箱散热、冷却。
　A. 风扇　　　　　　　　　　B. 冷却液
　C. 冷气机　　　　　　　　　D. 敞开箱门

3. 名词解释

(1) 多楔带
(2) 电主轴
(3) 滚珠丝杠螺母副
(4) 贴塑导轨

4. 问答题

(1) 数控机床主传动系统有哪些特点？
(2) 主轴系统的传动方式有哪几种？各有何特点？
(3) 何谓电主轴？电主轴一般应用在哪些场合？
(4) 数控机床主轴轴承配置形式有哪几种？各有何特点？
(5) 主轴的主要参数有哪些？
(6) 数控机床进给传动系统有哪些特点？
(7) 齿轮消除间隙的方法有哪些？各有何特点？
(8) 滚珠丝杠螺母副的工作原理及特点是什么？何为内循环和外循环方式？
(9) 常用的滚珠丝杠螺母副的轴向间隙调整方式有哪几种？各有何特点？
(10) 滚珠丝杠螺母副的支承有哪几种？特点是什么？各适用于什么情况下？
(11) 数控机床对导轨有哪些基本要求？
(12) 滑动导轨按截面形状可分为哪几种？分析其结构特点和使用场合。
(13) 滑动导轨的组合形式有哪些？各自的结构特点和使用场合分别是什么？
(14) 简述数控机床常用的塑料滑动导轨的种类及特点。
(15) 何谓滚动导轨？它包括的种类以及特点、适用场合分别是什么？
(16) 数控机床的排屑装置有哪几种？各有什么特点？
(17) 数控机床上常用的润滑方式有哪几种？各有什么特点？
(18) 数控机床上定时定量润滑是如何实现的？

学习情境三

数控机床的选用

* *

项目 7　数控机床的应用

7.1　技 能 解 析

(1) 熟悉选择数控机床的基本原则，掌握数控机床开箱检查的内容和步骤，了解不同类型数控机床对安装环境的不同要求，掌握数控机床安装就位的具体要求和方法。

(2) 了解数控机床使用前调试的基本内容，熟悉数控机床调试的基本方法，结合实训掌握数控机床精度检查的内容、使用的工具和检查的常用方法。

(3) 通过实训熟悉机床保养与维护的对象，理解并掌握数控机床日常保养和维护的要求及方法。

7.2　项目的引出

目前在数控机床的使用中，不合理的加工方法及落后的管理手段极大地影响了数控机床效率的发挥。数控加工操作人员在对数控设备的应用中不能合理地按照生产需要选用合适的数控机床，对数控机床特性的掌握、数控刀具的选择、数控系统性能的选择缺乏科学性，不能完全按照实际情况的需求对机床进行合理维护和保养，这就导致了数控机床在实际应用中不能充分发挥其高速度、高精度和高效率的特点，造成了企业资金和技术人才的浪费。

不同的生产加工环境，对数控设备的选择和使用以及如何保证机床正常的运行有着不同的要求。同时，不同的加工对象、不同的加工数量以及不同的加工材料都对数控机床操作人员提出了新的要求，他们不但要掌握机床操作的基础技能，还要具备扎实的机床维护、维修及保养知识，以保证数控机床这种高精度加工设备能够长时间正常运转，充分利用数控机床的高性能以提高生产效率。

7.3　数控机床的选择

7.3.1　确定被加工工件

考虑到数控机床种类繁多，每一种机床都只适合在一定范围内使用，且只有在一定的条件下，加工一定类型的工件才能达到最好的效果，因此选用数控机床首先必须确定用户要加工的典型零件。

用户在确定典型加工零件时，应根据设备技术部门的技术改造或生产发展要求，确定有哪些零件的哪些工序在数控机床上完成，然后采用成组技术把这些零件进行归类。在归类中往往会遇到零件的规格大小相差很多，各类零件的综合加工工时超过机床满负荷工时的问题。因此，就要做进一步的选择，确定比较满意的典型零件后，再来挑选适合加工的机床。

每一种加工机床都有其最佳加工的典型零件。如卧式加工中心适合加工箱体类零件——箱体、泵体、阀体和球体等；立式加工中心适用于加工板类零件——箱盖、盖板、壳体和平面凸轮等单面加工的零件。如果卧式加工中心的典型零件在立式加工中心上加工，则要不断地更换夹具和倒换工艺基准，这就会降低生产效率和加工精度；若立式加工中心的典型零件在卧式加工中心上加工，一般情况下需要使用弯板夹具，这会降低工件加工工艺系统的刚性和工效。同类规格的机床，一般卧式机床的价格要比立式机床贵 80%～100%，所需加工费用也要高，所以这样的加工是不经济的。然而卧式加工中心的工艺性比较广泛，据国外资料介绍，在工厂车间设备配置中，卧式机床约占 60%～70%，而立式机床只占 30%～40%。

7.3.2　机床规格的选择

数控机床上最主要的规格就是数控坐标的行程和主轴电动机功率。机床的三个基本直线坐标(X、Y、Z)行程反映了该机床允许的加工空间。一般情况下，加工工件的轮廓尺寸应在机床的加工空间范围之内，如典型零件是 450 mm × 450 mm × 450 mm 的箱体，那么应选取工作台面尺寸为 500 mm × 500 mm 的加工中心。选用的工作台面比典型零件稍大一些是考虑到安装夹具所占用的空间。加工中心的工作台面尺寸和三个直线坐标行程都有一定的比例关系，如上述工作台为 500 mm × 500 mm 的机床，X 轴行程一般为 700～800 mm，Y 轴为 550～700 mm，Z 轴为 500～600 mm。因此，工作台面的大小基本上确定了加工空间的大小。个别情况下也可以有工件尺寸大于机床坐标行程，这时必须要求零件上的加工区处在机床的行程范围之内，而且要考虑机床工作台的允许承载能力，以及工件是否与机床换刀空间相干涉，及其在工作台上回转时是否与机床保护罩附件干涉等一系列问题。

数控机床的主轴电动机功率在同类规格机床上也可以有各种不同的配置，例如，轻型机床比标准型机床主轴电动机功率就可能小 1～2 级。目前一般加工中心主轴转速在 4000～8000 r/min，高速型机床立式机床可达 20 000～70 000 r/min，卧式机床达到 10 000～20 000 r/min，其主轴电动机功率也成倍加大。主轴电动机功率反映了机床的切削效率，从另一个侧面也反映了切削刚性和机床的整体刚度。在现代中小型数控机床中，主轴箱的机械变速已较少采用，往往都采用功率较大的交流可调速电动机直联主轴。为了确保低速输出扭矩，就需采用大功率电动机，所以同规格机床中，数控机床主轴电动机比普通机床大好几倍。当使用单位的一些典型工件上有大量的低速加工时，也必须对选择机床的低速输出扭矩进行校核。轻型机床价格比较便宜，要求用户根据自己的典型工件毛坯余量大小、切削能力(单位时间内的金属切除量)、要求达到的加工精度、实际能配置什么样的刀具等因素综合选择机床。

7.3.3　机床精度的选择

影响零件加工精度的因素很多，但主要有两个，即机床因素和工艺因素。在一般情况下，零件的加工精度主要取决于机床。在机床因素中，主要有主轴回转精度、导轨导向精度、各坐标轴间的相互位置精度、机床的热变形特性等。

不同类型的机床，对精度的侧重点是不同的。车床、磨床类机床主要以尺寸精度为主，镗铣类机床主要以位置精度为主。选择机床的精度等级，应根据典型零件关键部位加工精度的要求来确定。数控机床按照精度通常可分为普通型和精密型两种。以加工中心为例，最重要的精度为定位精度、重复定位精度和铣圆精度。加工中心主要精度项目如表 7-1 所示。

表 7-1　加工中心主要精度项目

精 度 项 目	普 通 型	精 密 型
定位精度/mm	±0.01/全程	±0.005/全程
重复定位精度/mm	±0.006	±0.003
铣圆精度/mm	0.03～0.05	0.02

数控机床的定位精度是最具数控机床特征的精度项目，其他精度项目(如机床切削精度)与定位精度都有十分密切的关系。定位精度和重复定位精度综合反映了该轴各运动部件的综合精度。尤其是重复定位精度，它反映了该控制轴在行程内任意定位点的定位稳定性，是衡量该控制轴能否稳定可靠工作的基本指标。目前的数控机床一般都具有控制轴的螺距误差补偿功能和反向间隙补偿功能，能对进给传动链上各环节系统误差进行稳定的补偿，但这是一种理想的做法。实际上，造成反向运动量损失的原因是存在驱动元件的反向死区、传动链各环节的间隙、弹性变形和接触刚度变化等因素。其中有些误差是随机误差。控制系统的补偿功能只对机床传动各环节的系统误差进行有效补偿，而对随机误差则无能为力。随机误差往往随着工作台的负载变化、移动距离长短、移动定位的速度变化而反映出不同的运动损失量，这些误差因素最后都能在定位重复性误差上综合反映。所以一台数控机床进给传动链的高质量集中反映在它的高重复定位精度上。数控机床的定位精度也要求反映机床多次使用的实际定位状况。

铣圆精度是综合评价数控机床有关控制轴的伺服跟随运动特性和数控系统插补功能的指标。由于数控机床具有一些特殊功能，因此在加工中等精度的典型工件时，一些大孔径、圆柱面和大圆弧面可以采用高切削性能的立铣刀铣削。测定机床铣圆精度的方法是用一把精加工立铣刀铣削一个标准圆柱试件(中小型机床圆柱试件的直径一般在 200～300 mm)，将该试件放到圆度仪上，测出加工圆柱的轮廓线，取其最大外圆和最小外圆，两者间的半径差即为铣圆精度。

目前，数控生产厂家在数控机床出厂前大都按照相应标准进行了严格的控制和检验。实际上机床制造精度均有相当的储备量，即实际允差值比标准允差值压缩 20%左右。一般批量生产的零件实际加工出的精度数值为机床定位精度的 1.5～2 倍。

7.3.4　数控系统的选择

目前，世界各国使用的数控系统的种类、规格繁多，价格不一，几乎每种数控系统都具有其独特的优势。为了能使数控系统与所需机床相匹配，充分发挥其性能，最大程度上满足用户的需求，在选择数控系统时应遵循以下几条基本原则：

(1) 根据数控机床类型选用相应的数控系统。多数数控系统生产商都开发出了适用于不同类型机床使用的数控系统，如日本 FANUC 公司开发的 Power mate 0 系列数控系统具有较高的可靠性，适用于 2 轴小型数控车床，0D 系列普及型数控系统中 0TC 型数控系统适用于数控车床，0MD 型适用于数控铣床和加工中心。用户可以根据机床的不同类型配置适合机床功能的数控系统。

(2) 根据数控机床的设计指标选择数控系统。机床的设计指标不同，它们的性能高低差别很大。如日本 FANUC 公司的 FANUC-15 系统，它的最高切削进给速度可达 240 m/min，而 FANUC-0 系统，最高只能达到 24 m/min，它们的价格也相差数倍。因此，应对选用的数控系统的性能和价格综合分析，选用合适的系统。一般情况下，数控机床选用的最高切削速度为 20 m/min 的数控系统就可以满足日常生产的需求。

(3) 根据数控机床的性能选择数控系统功能。一个数控系统具有多个功能，有的属于基本功能，即在选定的数控系统中已经具备；有的属于选用功能，只有当用户有特定需要时，制造商才会提供。数控系统厂家对系统的定价往往是具备基本功能的数控系统比较便宜，而具备选用功能的比较昂贵。所以，对数控系统的选择一定要根据数控机床的性能需要来确定，这样才不会大幅增加产品成本。

(4) 全面考虑生产需要。选择数控系统时，应当全面考虑生产的具体要求，尤其是对于生产效率和加工精度的要求。同时，还要考虑到未来产品的生产工艺复杂程度是否对数控系统有特定的要求。应当根据需要将所需的数控系统功能一次订购完整，不能遗漏，避免由于遗漏造成的损失。在能够满足生产要求的情况下，应尽可能配备更高级的数控系统。

(5) 尽量选择市场认可度好、易于维护、可靠性高的产品。每一种数控系统都需要有一系列技术支持，才能够稳定运行。选择数控系统时，要充分考虑到系统维护是否简便易行，所选择的数控系统是否已经充分被市场认可、具有较高的可靠性，是否具有完善的维修网络，维修服务的提供是否方便快捷等方面。

7.3.5　换刀装置的选择

自动换刀装置(简称 ATC)可以使数控机床加工工序更加集中，从而大幅提高生产效率。但自动换刀装置的工作质量直接关系到数控机床的整体质量和性价比。对于一台数控机床来讲，ATC 装置的成本往往占到整机成本的 30%～40%，而经验表明，数控加工中心发生的故障约有 50% 与 ATC 的工作质量有关。ATC 装置的工作指标主要是换刀时间和故障发生率。所以，用户应在能够满足需要的前提下，尽量选择结构相对简单、可靠性高的 ATC，以提高数控机床整机质量，减少资金投入。

1. 选择合适的刀库容量和换刀时间

常见数控车床的转塔刀架通常有 4～12 把刀，大型机床还会更多一些。有的机床还会使用双刀架或者三刀架，一些柔性加工单元(FMS)配备中央刀库后刀具储存量可以达到近千把。按照加工零件的要求，一般的数控车床选择 8～12 把刀的刀架就已经足够；加工中心的刀库有 10～40 把、60、80、120 把不等，选用时应参照加工要求，以够用为原则。通常对于常见典型零件的生产加工，立式加工中心选用 20 把左右刀具的刀库，卧式加工中心选用 40 把左右刀具的刀库就可以满足要求。

加工中心的换刀时间因换刀方式和换刀机构不同而不同，一般为 0.5～15 s 之间。数控车床的换刀时间，由于其结构较加工中心简单，相邻刀具更换时间一般为 0.3 s，对角线换刀一般为 1 s 左右。

通常用户从提高生产率角度出发，希望换刀速度越快越好，而对于加工中心来讲，换刀时间小于 5 s 时对换刀装置的要求就已经很高了，会直接影响到机床的整机造价，所以应根据机床性能要求和资金投入综合考虑换刀时间。

2. 选择配备适合数控机床使用的刀具系统

数控机床工具系统是随着数控机床对刀具要求的逐步提高而发展起来的，是刀具与机床的接口。它除了刀具本身外，还包括实现刀具快速更换所必需的定位、夹紧、抓拿及刀具保护等机构。数控机床工具系统分为镗铣类数控工具系统和车床类数控工具系统。它们主要由两部分组成：一是刀具部分，二是工具柄部(刀柄)、接杆(接柄)和夹头等装夹工具部分。20 世纪 70 年代，工具系统以整体结构为主，80 年代初，开发出了模块式结构的工具系统(分车削、镗铣两大类)，80 年代末，开发出了通用模块式结构(车、铣、钻等万能接口)的工具系统。模块式工具系统将工具的柄部和工作部分分割开来，制成各种系统化的模块，然后经过不同规格的中间模块，组成各种不同用途、不同规格的工具。目前世界上模块式工具系统有几十种结构，其区别主要在于模块之间的定位方式和锁紧方式不同。

(1) 车削类数控工具系统。我国大多数数控车床上所使用的车刀，除采用可转位车刀的比率和可转位车刀刀体、刀片的精度略高外，与卧式车床上使用的车刀区别不大，因此至今未能形成我国的车削类工具系统。目前在我国已较为普及、在国际上被广泛采用的一种整体式车削工具系统，按照国内行业命名方法可称为 CZG 车削工具系统，它等同于德国标准 DIN69880。

(2) 镗铣类数控刀具系统。镗铣类数控工具系统采用 7∶24 锥柄与机床连接。它具有不能自锁、换刀方便、定心精度高等优点。它可分为整体式和模块式两大类。

(3) 高速铣削用的工具系统。高速铣削有许多优点，近年来国内外已使用转速达 20 000～60 000 r/min 的高速加工中心。7∶24 锥度刀柄镗铣类工具系统存在某些缺点，不能满足高速铣削要求。刀柄与主轴连接中存在的主要问题是连接刚度、精度、动平衡等性能变差。目前改进的最佳途径是将原来的仅靠锥面定位改为锥面与端面同时定位。这种方案最有代表性的是德国 HSK 刀柄、美国的 KM 刀柄等。

7.3.6　技术服务的选择

选用数控机床不仅要重视机床的整机质量，同时还要注意是否能够配套周到的技术服务。目前，多数的数控机床用户都具备较高的机床操作水平，或配备有一批高水准的机床操作人员，但多数用户普遍缺少专业的技术服务人员。因此，在选用合适的数控机床后，应该充分考虑设备安装调试、维护维修人员的培训、工艺装备设计、程序编制等问题。目前大多数生产厂家普遍开始重视产品的售前、售后服务，并协助用户进行工艺分析、加工试验，并承担全套的技术服务，为机床用户培训技术人员。

7.4 数控机床的安装与调试

7.4.1 数控机床的安装

1. 数控机床对安装地基和安装环境的要求

数控机床属于高精度、自动化机床，安装调试时应严格按机床制造厂提供的使用说明书及有关的技术标准进行。机床安装质量的好坏将直接影响到机床的正常使用和寿命。

机床在安装之前，应先做好地基的处理。为增大阻尼、减少机床振动，地基应有足够的强度和刚度。对于精密和重型机床，当有较大的加工件需在机床上移动时，会引起地基的变形，此时就需加大地基刚度并压实地基土以减小地基的变形。精密机床或 50 t 以上的重型机床，其地基加固可用预压法或采用桩基。在数控机床确定的安放位置上，根据机床说明书中提供的安装地基图进行施工。同时要考虑机床重量和重心位置，与机床连接的电线、管道的铺设，预留地脚螺栓和预埋件的位置。

一般中小型数控机床无需做单独的地基，只需在硬化好的地面上，采用活动垫铁稳定机床的床身，用支承件调整机床的水平即可。大型、重型机床需要专门做地基，精密机床应安装在单独的地基上，在地基周围设置防振沟，并用地脚螺栓紧固。地基平面尺寸应大于机床支承面积的外廓尺寸，并考虑安装、调整和维修所需尺寸。此外，机床旁应留有足够的工件运输和存放空间。机床与机床、机床与墙壁之间应留有足够的通道。

机床的安装位置应远离各种干扰源，避免阳光照射和热辐射的影响，其环境温度应控制在 0～45℃，必要时应采取适当措施加以控制。机床不能安装在有粉尘的车间里。

2. 机床的安装步骤

数控机床的安装可以按照图 7-1 所示的流程进行。

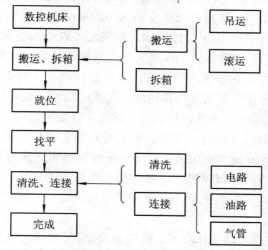

图 7-1 数控机床安装流程图

（1）搬运及拆箱。拆箱前先应仔细检查机床包装箱外观是否完好无损，若包装有明显的损坏应及时通知发运单位，查明原因，分清责任。拆箱后，找出随机附带的各种文件，按其中的装箱清单一一核对，看实物与装箱清单是否相符合。尤其是要按照清单清点机床零部件和连接电缆的数量。

数控机床的搬运通常采用单点吊运，以防止冲击振动。如果使用滚子搬运，应选择滚子直径在 70～80 mm 为宜，地面斜坡度不得大于 15°。

（2）就位。机床的吊装应该严格按照机床说明书上的吊装图进行，要严格注意机床的重心和起吊位置。起吊时，先将机床顶盖拆掉，然后拆除箱壁。将尾座移至机床右端锁紧，同时注意使机床底座呈水平状态，防止损坏漆面、加工面及突出部件。使用钢丝绳时，要垫上垫板，以防打滑。等到机床吊离地面约 100～200 mm 时，检查机床悬吊是否稳固，再将机床缓缓吊至安装位置，并使机床垫铁、地脚螺栓等对号入位。图 7-2 为机床吊装示意图。

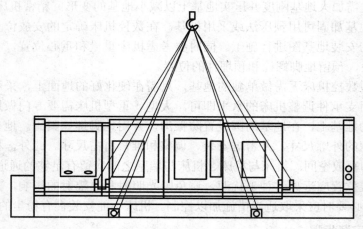

图 7-2　机床吊装示意图

（3）找平。将数控机床吊放在地基上以后，应在自由状态下按照机床说明书的要求调整床身水平，再将地脚螺栓均匀锁紧。找正安装水平的基准面，应当在机床的主要工作面（如床身导轨面）上进行。对于中型以上数控机床，应采用多点垫铁支承，将床身在自由状态下调成水平。垫铁应尽量靠近地脚螺栓，以最大程度减少螺栓紧固时对机床水平精度的影响。测量床身水平应使用水平仪在安装车间温度比较稳定时测量。对安装的数控机床，考虑到地基水泥干燥的过程，应在安装半年后再检测一次水平精度，以保证机床的几何精度。

（4）清洗和连接。机床各个部件在组装前，首先去除安装连接面、导轨面和各运动面上的防锈涂料或防锈油，做好表面清洁工作，然后把机床各部件组装成整机。组装时要尽量使用原来的定位元件，使安装的机床最大程度地恢复到拆卸之前的状态。

机床各部件组装完成后就可以进行电缆、油管和气管的连接。机床说明书中有电气接线图和气、液压管路图，应据此把有关电缆和管道按标记一一对号接好。此阶段注意事项如下：

① 连接时特别要注意清洁工作和可靠的接触及密封，并检查有无松动和损坏。机床电缆插上以后一定要拧紧紧固螺钉，保证连接可靠。

② 油管、气管连接中要特别防止异物从接口中进入管路，造成整个液压系统故障，管路连接时每个接头都要拧紧。电缆和油管连接完毕后，要做好各管线的就位固定和防护罩壳的安装，保证外观的整齐。

③ 按照机床说明书的要求给机床润滑油箱、润滑点加注规定的油液和油脂，清洗液压油箱及过滤器，经过滤器注入规定标号的液压油。

3．数控系统的连接

(1) 数控系统的开箱检查。无论是单个购入的数控系统还是与机床配套整机购入的数控系统，到货开箱后都应进行仔细检查。检查包括系统本体和与之配套的进给速度控制单元、伺服电动机、主轴控制单元、主轴电动机。

(2) 外部电缆的连接。外部电缆连接是指数控装置与外部 MDI/CRT 单元、强电柜、机床操作面板、进给伺服电动机动力线与反馈线、主轴电动机动力线与反馈信号线的连接及与手摇脉冲发生器等的连接。这些连接应符合随机提供《连接手册》的规定。最后还应进行地线连接。

(3) 数控系统电源线的连接。应在切断数控柜电源开关的情况下连接数控柜电源变压器原边(一次侧)的输入电缆，检查电源变压器和伺服变压器的绕组抽头连接是否正确。尤其是进口的数控机床，由于国外使用电压等级与我国的不一致，更应该仔细检查。

(4) 机床设定的确认。数控系统内的印刷线路板上有许多用跨接线短路的设定点，需要对其适当设定以适应各种型号机床的不同要求。通常情况下，这项设定已经有生产厂家完成，用户只需要确认一下即可。不同的数控机床设定的内容不一样，应根据随机附带的《机床维修说明书》进行设定和确认。

(5) 输入电源电压、频率及相序的确认。检查变压器的容量是否满足控制单元和伺服系统的电能消耗，检查电源电压波动范围是否在数控系统的允许范围之内。对于采用晶闸管控制元件的速度控制单元和主轴控制单元的供电单元，一定要检查相序。检查相序常用的方法有：相序表测量法和用双线示波器观察二相间波形法。

(6) 确认直流电源单元的电压输出端是否对地短路。各种数控系统内部都有直流稳压电源，为系统提供所需的直流电压。因此，在系统通电前，应检查这些电源的负载是否有对地短路现象。可用万用表来进行确认。

(7) 接通数控柜电源，检查各输出电压。在接通电源之前，为了确保安全，可先将电动机动力线断开。接通电源之后，首先检查数控柜中各个风扇是否旋转，就可确认电源是否已接通。

(8) 数控系统各中参数的设定。一般可以通过按压 MDI/CRT 单元上的参数键(PARAM)来显示已经存入系统存储的参数，所显示的参数内容应与机床安装调试后的参数表一致。

(9) 确认数控系统与机床侧的接口。数控系统一般都具有自诊断功能，可以在 CRT 上显示数控系统与机床接口以及数控系统内部的状态。

完成上述步骤后，可以认为数控系统已经调整完毕，具备了与机床联机通电试车的条件。此时，可切断数控系统的电源，连接电动机的动力线，恢复报警设定。

4．通电试机

按机床《使用说明书》要求给机床润滑点灌注规定的油液和油脂，清洗液压油箱及过滤器，灌入规定标号的液压油(液压油事先要经过过滤)，接通外界输入的气源。

机床通电操作可以是一次各部分全面供电或各部件分别供电，再做总供电试验。分别供电比较安全，但时间较长。通电后首先观察有无报警故障，然后用手动方式陆续启动各部件。检查安全装置是否作用，能否正常工作，能否达到额定的工作指标。总之，根据机床《说明书》资料粗略检查机床主要部件和功能是否正常、齐全，使机床各环节都能操作运动起来。然后调整机床的床身水平，粗调机床的主要几何精度，再调整重新组装的主要运动部件与主机的相对位置，用快干水泥灌注主机和各附件的地脚螺栓，把各个预留孔灌平，直至水泥完全干燥凝固。

在数控系统与机床联机通电试车时，尽管数控系统已经确认工作正常且无任何报警，但仍应在接通电源的同时，作好按压急停按钮的准备，以便随时切断电源。

在检查机床各轴的运转情况时，应用手动连续进给移动各轴，通过 CRT 的显示值检查机床部件移动方向是否正确，然后检查各轴移动距离是否与移动指令相符。如不符，则应检查有关指令、反馈参数，以及位置控制环增益等参数设定是否正确。随后，再用手动进给以低速移动各轴，并使它们碰到超程开关，以检查超程限位是否有效，数控系统是否在超程时发出报警。

最后，还应进行一次返回基准点动作。机床的基准点是以后机床进行加工的程序基准位置，因此，必须检查有无基准点功能及每次返回基准点的位置是否完全一致。

7.4.2　数控机床的调试

1. 机床精度和功能的调试

在已经固化的地基上用地脚螺栓和垫铁精调机床主床身的水平，找正水平后移动床身上的各运动部件(主轴、溜板箱和工作台等)，观察各坐标全行程内机床的水平变换情况，并相应调整机床几何精度使之在允许误差范围之内。使用的检测工具有精密水平仪、标准方尺、平尺、平行光管等。在调整时，主要以调整垫铁为主，必要时可稍微改变导轨上的镶条和预紧滚轮等。

让机床自动运动到刀具交换位置，用手动方式调整装刀机械手和卸刀机械手相对主轴的位置。在调整中采用一个校对检验棒进行检测，有误差时可调整机械手的行程，移动机械手支座和刀库位置等，必要时还可以修改换刀位置点的设定(改变数控系统内的参数设定)。调整完毕后紧固各调整螺钉及刀库紧固螺栓，然后装上几把接近规定允许重量的刀柄，进行多次从刀库到主轴的往复自动交换，要求动作准确无误，无撞击，不掉刀。

对于带 APC 交换工作台的机床，要把工作台运动到交换位置，调整托盘与交换台面的相对位置，达到工作台自动换刀时动作平稳、可靠、正确，然后在工作台面上装上 70%～80% 的允许负载，进行多次自动换刀动作，达到正确无误后再紧固各有关螺钉。

仔细检查数控系统和 PLC 装置中参数设定值是否符合随机资料中的规定数据，然后试验各主要操作功能、安全措施、常用指令执行情况等，再用手动进给，让机床各轴在低速运行的情况下触碰超程开关，检查系统有无超程报警。最后，还要进行一次回基准点操作。

检查辅助功能及附件的正常工作，例如机床的照明灯、冷却防护罩和各种护板是否完整，往切削液箱中加满切削液时试验喷管是否能正常喷出切削液，在使用冷却防护罩时切削液是否外漏，排屑器能否正确工作，机床主轴箱的恒温油箱能否起作用等。

2．机床试运行

数控机床安装调试完毕后，要求整机在带一定负载条件下经过一段较长时间的自动运行，较全面地检查机床的各项功能及工作的可靠性。国家标准 GB/T 9061—2006 中规定，数控车床自动运行为 16 小时，数控加工中心自动运行为 32 小时，都要求连续运转。一般采用每天运行 8 小时，连续运行 2～3 天；或每天 24 小时，连续运行 1～2 天。这个过程称作安装后的试运行。

试运行中采用的程序叫做考机程序，可以采用随机附带技术文件中的程序，也可以自行编制一个程序。考核程序中应包括：主要数控系统的功能使用，自动更换刀库中 2/3 的刀具，主轴的最高、最低及常用的转速，快速和常用的进给速度，工作台面的自动交换，主要 M 指令的使用等。试运行时机床刀库上应插满刀柄，取用刀柄重量应接近规定重量，交换工作台面上也应加上负载。在试运行时间内，除操作失误引起的故障以外，不允许机床有其他故障出现，否则表明机床的安装调试存在问题。

7.5 数控机床的检查与验收

对每个工厂来讲，购买数控机床都是一笔相当可观的投资。使投资的设备在生产中真正发挥作用，保证加工出合格的零件，尽快回收成本是至关重要的。因此在新机床验收时，要进行相关项目的检查验收，使机床一开始安装就能保证达到其技术指标及预期的质量和效率。

7.5.1 机床外观的检查

数控机床到厂后，设备管理部门要及时组织有关人员开箱检验。参加检验的人员应包括设备管理人员和设备安装人员、设备采购人员等。如果是进口设备，还应有进口商务代理、海关检验人员等。验收工作分为以下两步。

1．开箱检查

开箱检查的主要内容包括：

(1) 装箱单。

(2) 核对随机床附带的《操作、维护维修说明书》、图样资料、合格证等技术文件。

(3) 按照合同规定，对照装箱单清点附件、备件、工具的数量、规格以及完好状况。

(4) 检查主机、数控柜、操作台等有无明显的碰撞损伤、变形、受潮、锈蚀等问题，逐项如实填写"设备开箱验收登记卡"并存档。

2．外观检查

(1) 机床电器检查。打开机床电控箱，检查继电器、接触器、熔断器、伺服电动机速度控制单元插座、主轴电机速度控制单元插座等有无松动，如有松动应恢复正常状态，有锁紧机构的接插件一定要锁紧，有转接盒的机床一定要检查转接盒上的插座、接线有无松动，有锁紧机构的一定要锁紧。

(2) CNC 电箱检查。打开 CNC 电箱门，检查各类接口插座、伺服电动机反馈线插座、主轴脉冲发生器插座、手摇脉冲发生器插座、CRT 插座等，如有松动要重新插好，有锁紧机构的一定要锁紧。按照说明书检查各个印刷线路板上短路端子的设置情况，一定要符合机床生产厂设定的状态，确实有误的应重新设置。

(3) 接线质量检查。检查所有的接线端子，包括强、弱电部分在装配时机床生产厂自行接线的端子及各电机电源线的接线端子，每个端子都要用旋具紧固一次，直到用旋具拧不动为止，各电机插座一定要拧紧。

(4) 电磁阀检查。所有电磁阀都要用手推动数次，以防止长时间不通电造成的动作不良，如发现异常，应作好记录，以备通电后确认修理或更换。

(5) 限位开关检查。检查所有限位开关动作的灵活性及固定是否牢固，发现动作不良或固定不牢的应立即处理。

(6) 操作面板上按钮及开关检查。检查操作面板上所有按钮、开关、指示灯的接线，发现有误应立即处理，检查 CRT 单元上的插座及接线。

(7) 地线检查。要求有良好的地线，测量机床地线的接地电阻不能大于规定值。

(8) 电源相序检查。用相序表检查输入电源的相序，确认输入电源的相序与机床上各处标定的电源相序应绝对一致。

有二次接线的设备，如电源变压器等，必须确认二次接线的相序的一致性。要保证各处相序的绝对正确。此时应测量电源电压，作好记录。

7.5.2　机床几何精度的检查

数控机床的几何精度又称静态精度。机床几何精度的检验能够综合地反映出机床各个关键零部件经组装后的几何形状误差。由于几何精度各个检验项目是互相联系的，所以机床的几何精度检验应在机床精度调整后一次检测完成，不能调整一项检测一项，同时还要严格按照规定使用合适的检测设备和测量方法，注意避免由于操作、表架刚性问题、重力影响等原因造成的误差。

常用的检测工具有：平尺、直角尺、千分表或测微仪、刚性好的千分表表架、精密水平仪、平行光管、高精度检验棒等。可以根据具体的检测项目适当选用一个或多个配合使用，使用的检测工具的精度必须比被检测零部件的几何精度高出一个数量级。

按照 GB/T 17421.1—1998《机床检验通则—第 1 部分—在无负荷或精加工前提下机床的几何精密度》国家标准的申明，常见的数控机床几何精度参照检验项目有如下几类。

1. 直线度

(1) 一条线在一个平面或空间内的直线度，如数控卧式车床床身导轨的直线度。

(2) 器件的直线度，如数控升降台铣床工作台纵向基准 T 形槽的直线度。

(3) 运动的直线度，如立式加工中心 X 轴轴线运动的直线度。

长度测量要领：平尺和指示器法，钢丝和目镜法，准直望远镜法和激光干涉仪法。

角度测量要领：紧密水平仪法，自准直仪法和激光干涉仪法。

2．平面度

该项目主要检测导轨面、工作台等表面的平面度。

测量要领：平板法，平板和指示器法，平尺法，紧密水平仪法和光学法。

3．平行度、等距度、重合度

(1) 线和面的平行度，如数控卧式车床顶尖轴线对主刀架移动的平行度。

(2) 运动的平行度，如立式加工中心工作台面和 X 轴轴线间的平行度。

(3) 等距度，如立式加工中心定位孔与工作台回转轴线的等距度。

(4) 同轴度或重合度，如数控卧式车床东西孔轴线与主光轴轴线的重合度。

测量要领：平尺和指示器法，紧密水平仪法，指示器和检验棒法。

4．垂直度

(1) 直线和平面的垂直度，如立式加工中心主光轴轴线和 X 轴轴线运动间的垂直度。

(2) 运动的垂直度，如立式加工中心 Z 轴轴线和 X 轴轴线运动间的垂直度。

测量要领：平尺和指示器法，角尺和指示器法，光学法(如自准直仪、光学角尺)。

5．扭转

(1) 径向跳动，如数控卧式车床主光轴轴端的卡盘定位锥面的径向跳动，或主光轴定位孔的径向跳动。

(2) 周期性轴向窜动，如数控卧式车床主光轴的周期性轴向窜动。

(3) 端面跳动，如数控卧式车床主光轴的卡盘定位端面的跳动。

测量要领有：指示器法，检验棒和指示器法，钢球和指示法。

由于机床安装地基的水泥完全固化达到稳定需要半年左右的时间，同时机床在使用过程中产生的振动、环境温度、湿度的变化会对机床几何精度产生不同程度的影响，所以机床的几何精度应在安装使用半年后复检一次，以确定是否符合生产使用的要求。

7.5.3　机床定位精度的检查

数控机床的定位精度有其特殊意义，它是表明所测量的机床各运动部件在数控装置控制下运动所能达到的精度。因此，根据实测的定位精度数值，数控车床可以判断出这台机床以后自动加工中能达到的最好的工件加工精度。

定位精度主要检查内容有：直线运动定位精度(包括 X、Y、Z、U、V、W 轴)；直线运动重复定位精度；直线运动同机械原点的返回精度；直线运动失动量的测定；回转运动定位精度；回转运动的重复定位精度；回转轴原点的返回精度；回转运动失动量测定。

测量直线运动的检测工具有：数控机床测微仪和成组块规，标准长度刻线尺和光学读数显微镜及双频激光干涉仪等。标准长度测量以双频激光干涉仪为准。数控车床回转运动检测工具有：360°齿精确分度的标准转台或角度多面体、高精度圆光栅及平行光管等。

1．直线运动定位精度检测

直线运动定位精度一般都在机床和工作台空载条件下进行。

按国家标准和国际标准化组织的规定(ISO 标准)，对数控机床的检测应以激光测量(见图 7-3)为准。但在目前国内激光测量仪较少的情况下，大部分数控机床生产厂的出厂检测及用户验收检测还是采用标准尺进行比较测量。而用激光测量，测量精度可较标准尺检测方法提高一位。

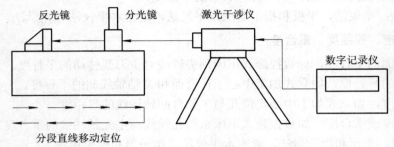

图 7-3　直线运动定位精度的测量

目前，数控机床现有定位精度都通过快速定位测定。但是在一些进给传动链刚度不太好的数控机床上，采用各种进给速度定位时会得到不同的定位精度曲线和不同的反向死区(间隙)。因此，对一些质量不高的数控机床，即使有很好的出厂定位精度检查数据，数控机床也不一定能成批加工出高加工精度的零件。

2. 直线运动重复定位精度的检测

使用的仪器与检测定位精度所用的相同。一般检测方法是在靠近各坐标行程中点及两端的任意三个位置进行测量，每个位置用快速移动定位，在相同条件下重复做 7 次定位，数控机床测出停止位置数值并求出读数最大差值(见图 7-4)。以三个位置中最大一个差值的1/2，附上正、负符号，作为该坐标的重复定位精度。它是反映轴运动精度稳定性最基本的指标。

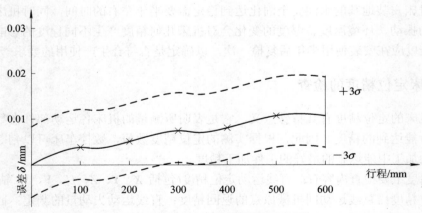

图 7-4　直线运动重复定位精度测量

3. 直线运动的原点返回精度

原点返回精度实质上是该坐标轴上一个特殊点的重复定位精度，因此它的测定方法与定位精度完全相同。

4. 直线运动失动量的测定

失动量的测定方法是在所测量坐标轴的行程内，数控机床预先向正向或反向移动一个距离并以此停止位置为基准，在同一方向给予一定移动指令值，驱动机床使之移动一段距离，然后再往相反方向移动相同的距离，测量停止位置与基准位置之差。在靠近行程的中点及两端的三个位置分别进行多次测定(一般为 7 次)，求出各个位置上的平均值，以所得平均值中的最大值为失动量测量值。

5. 回转工作台的定位精度

以工作台某一角度为基准，然后向同一方向快速转动工作台，每隔 30° 锁紧定位，选用标准转台、角度多面体、圆光栅及平行光管等测量工具进行测量，正向转动和反向转动各测量一周。普通机床各定位位置的实际转角与理论值(指令值)之差的最大值即为分度误差。如工作台为数控回转工作台，数控机床则应以每 30° 为一个目标位置，再对每个目标位置正、反转进行快速定位 5 次。

6. 回转工作台的重复分度精度

测量方法是在回转工作台的一周内任选 3 个位置正、反转重复定位 3 次，实测值与理论值之差的最大值为重复分度精度。对数控回转工作台，以每 30° 取一个测量点作为目标位置，正、反转进行 5 次快速定位。

7. 数控回转工作台的失动量

数控回转工作台的失动量又称数控回转工作台的反向误差，其测量方法与回转工作台的定位精度测量方法一样。

8. 回转工作台的原点返回精度

回转工作台回原点的作用同直线运动回原点的作用一样。数控机床回原点时，从 7 个任意位置分别进行一次回原点操作，测定其停止位置的数值，普通机床以测定值与理论值的最大差值为原点返回精度。

7.5.4　机床切削精度的检查

机床的切削精度又称动态精度，是一项综合精度，它不仅反映了机床的几何精度和定位精度，同时还包括了试件的材料、环境温度、数控机床刀具性能以及切削条件等各种因素造成的误差和计量误差。为了反映机床的真实精度，要尽量排除其他因素的影响。切削试件时可参照 GB/T 2095.9—2007 "精加工试件精度检验"规定的有关条文的要求进行，或按机床厂规定的条件，如试件材料、刀具技术要求、主轴转速、背吃刀量、进给速度、环境温度以及切削前的机床空运转时间等。机床切削精度的检测可以是单项加工，也可以是加工一个标准的综合性试件，如 NAS 试件("圆形－菱形－方形"标准)，其中单项加工检查内容主要有孔加工精度、平面加工精度、直线加工精度、斜线加工精度、圆弧加工精度等。被切削加工试件的材料除特殊要求外，一般都采用一级铸铁，使用硬质合金刀具按标准的切削用量切削。

对于普通立式加工中心来说，其主要单项加工有：镗孔精度、端面铣刀铣削平面的精度、镗孔的孔距精度和孔径分散度、直线铣削精度、斜线铣削精度、圆弧铣削精度。

对于普通卧式加工中心则还应增加几个项目：箱体掉头镗孔同轴度、水平转台回转 90° 铣四方加工精度。

对于数控卧式车床，单项加工精度有外圆车削、端面车削和螺纹车削。

7.5.5　机床性能及数控系统性能的检查

1. 机床性能的检查

机床性能检验的项目包括主轴系统、进给系统、自动换刀系统、机床噪声、数字控制系统、安全装置、润滑装置、液压气动装置及各种附属装置的性能。下面以立式加工中心为例说明一些主要的检验项目及其检验方法。

(1) 主轴系统。

① 用手动方式。选择高、中、低三种转速，连续进行 5 次正转和反转的启停动作，检查主轴动作的灵活性和可靠性。

② 用数据输入方式。主轴从最低一级转速开始运动，逐级提高到允许的最高转速，测量各级转速速度，允许误差为 ±10%，同时观察机床有无振动。主轴在长时间高速运动后(一般为 2 小时)允许温度上升 15℃。

③ 主轴准停。连续操作主轴准停装置 5 次，检验动作的可靠性和灵活性。

(2) 进给系统。

① 分别对各坐标进行手动操作，检验正、反方向的低、中、高进给和快速移动的启动、停止、点动等动作的平稳性和可靠性。

② 用数据输入方式或者 MDI 方式，测定 G00 和 G01 条件下的各种进给速度，允许误差为 ±5%。

(3) 自动换刀系统。

① 检查自动换刀装置的可靠性和灵活性，包括手动操作和自动运行时刀库满载条件下运动的平稳性、刀库内刀号选择的准确性。

② 测定刀具自动交换的时间。

(4) 机床噪声。机床空运行时的总噪声不得超过 80 dB。

(5) 数字控制系统。检查数控柜的各种指示灯、操作面板、冷却风扇和密封性是否正常可靠。

(6) 安全装置。检查对操作者的安全性和机床保护功能的可靠性，如各种安全保护罩、行程开关、电流过载保护器和机床紧急停止功能等。

(7) 润滑装置。检查定时定量润滑装置的可靠性，检查润滑油路有无渗漏、各润滑点的油量分配功能的可靠性。

(8) 附属装置。检查机床各个附属装置的工作可靠性，如冷却液装置能否正常工作、排屑器的工作状况、工作台是否正常等。

(9) 连续无负荷运转试验。让机床长时间运行是检验机床整体性能的最好方法。目前，数控机床在出厂前都经过 80 小时的自动连续运行试验，但是由用户进行的连续 8～16 小时的自动运行还是非常有必要的。

2. 数控系统性能的检验

数控系统的功能随机床类型的不同而不尽相同，数控功能的检测验收要按照机床配备的数控系统说明书和订货合同的规定，用手动方式或自动运行程序的方式检测该机床应具备的主要功能。数控功能检验的主要内容如下：

(1) 运动指令功能。检验快速移动指令和直线插补、圆弧插补指令的正确性。

(2) 准备指令功能。检验坐标系选择、平面选择、刀具长度补偿、刀具半径补偿、螺距误差补偿、反向间隙补偿、极坐标功能、固定循环和用户宏程序等指令的准确性。

(3) 操作功能。检验回原点、单程序段、程序段跳读、主轴和进给倍率调整、进给保持、紧急停止、主轴的启停功能的准确性。

(4) CRT 显示功能。检验位置显示、程序显示、各菜单显示及编辑修改功能的正确性。

(5) 运行考机程序。用户可以使用随机附带的程序，也可以自己编制程序。考机程序一般要包括以下内容：

① 主轴转速的设定要包括最低、中等和最高转速在内的各 5 分钟以上正、反转启停控制。

② 各坐标轴运动的设定要包括最低、中等和最高进给速度及快速移动，移动范围要达到各全坐标轴行程的一半以上。

③ 自动加工常用的功能要尽量包括在内。

④ 使用自动换刀功能实际交换刀库中 2/3 以上的刀，刀具应装上中等重量的刀柄。

⑤ 必须包含特殊功能，如测量功能、用户宏程序等。

考机时应让机床在空载情况下连续运行 16 小时或 32 小时，运行时间内不能出现故障。

7.6 数控机床的维护与保养

7.6.1 数控系统的维护

数控系统是数控机床电气控制系统的核心。机床的数控系统在运行一定时间后，某些元器件难免出现一些损坏或者故障。为了尽可能地延长元器件的使用寿命，防止各种故障，特别是恶性事故的发生，就必须对数控系统进行日常的维护。主要包括数控系统的使用检查和数控系统的日常维护。

为了避免数控系统在使用过程中发生一些不必要的故障，数控机床的操作人员在使用数控系统以前，应当仔细阅读有关操作说明书，要详细了解所用数控系统的性能，要熟练掌握数控系统和机床操作面板上各个按键、按钮和开关的作用以及使用注意事项。一般说来，数控系统在通电前后都要进行检查。

1. 数控系统在通电前的检查

为了确保数控系统正常工作，当数控机床在第一次安装调试或者是在机床搬运后第一次通电运行之前，可以按照下述顺序检查数控系统：

(1) 确认交流电源的规格是否符合 CNC 装置的要求，主要检查交流电源的电压、频率和容量。

(2) 检查 CNC 装置与外界之间的全部连接电缆是否符合随机提供的《连接技术手册》的规定，正确而可靠地连接。数控系统的连接是针对数控装置及其配套的进给和主轴伺服驱动单元而进行的，主要包括外部电缆的连接和数控系统电源的连接。在连接前要认真检查数控系统装置与 MDI/CRT 单元、位置显示单元、电源单元、各印刷电路板和伺服单元等，如发现问题应及时采取措施或更换。同时要注意检查连接中的连接件和各个印刷线路板是否紧固，是否插入到位，各插头有无松动，紧固螺钉是否拧紧。

(3) 确认 CNC 装置内各种印刷线路板上的硬件设定是否符合 CNC 装置的要求。

(4) 认真检查数控机床的保护接地线。数控机床要有良好的接地线，以保证设备、人身安全和减少电气干扰，伺服单元、伺服变压器和强电柜之间都要连接保护接地线。

只有经过上述各项检查，确认无误后，CNC 装置才能投入通电运行。

2. 数控系统通电后的检查

数控系统通电后的检查包括以下内容：

(1) 检查数控装置中各个风扇是否正常运转，这会影响到数控装置的散热问题。

(2) 确认各个印刷线路或模块上的直流电源是否正常，是否在允许的波动范围之内。

(3) 进一步确认 CNC 装置的各种参数，包括系统参数、PLC 参数、伺服装置的数字设定等，这些参数应符合随机所带说明书的要求。

(4) 当数控装置与机床联机通电时，应在接通电源的同时，作好按压紧急停止按钮的准备，以备出现紧急情况时随时切断电源。

(5) 在手动状态下，低速移动各个轴，注意观察机床移动方向和坐标值显示是否正确。

(6) 进行几次返回机床基准点的动作，这是用来检查数控机床是否有返回基准点的功能，以及每次返回基准点的位置是否完全一致。

(7) CNC 系统的功能测试。按照数控机床数控系统的使用说明书，用手动或者编制数控程序的方法来测试 CNC 系统应具备的功能。例如：快速点定位、直线插补、圆弧插补、刀具半径补偿、刀具长度补偿、固定循环、用户宏程序等功能以及 M、S、T 辅助机能。

只有通过上述各项检查，确认无误后，CNC 装置才能正式运行。

3. 数控装置的维护

CNC 系统的日常维护主要包括以下几方面：

(1) 严格制定并且执行 CNC 系统日常维护的规章制度。根据不同数控机床的性能特点，严格制定 CNC 系统日常维护的规章制度，并且在使用中要严格执行。

(2) 应尽量少开数控柜和强电柜的门。由于在机械加工车间的空气中往往含有油雾、尘埃，它们一旦落入数控系统的印刷线路板或者电气元件上，很容易引起元器件的绝缘电阻下降，甚至导致线路板或者电气元件的损坏。所以，在工作中应尽量少开数控柜门和强电柜的门。

(3) 定时清理数控装置的散热通风系统，以防止数控装置过热。散热通风系统是防止数控装置过热的重要装置。为此，应每天检查数控柜上各个冷却风扇运转是否正常，每半年或者一季度检查一次风道过滤器是否有堵塞现象，如果有则应及时清理。

(4) 注意 CNC 系统的输入/输出装置的定期维护。如 CNC 系统的输入装置中磁头的清洗。

(5) 定期检查和更换直流电机电刷。20 世纪 80 年代生产的数控机床多数采用直流伺服电动机，这就存在电刷的磨损问题，为此对于直流伺服电动机需定期检查和更换直流电动机电刷。

(6) 经常监视 CNC 装置的电网电压。CNC 系统对工作电网电压有严格的要求。例如 FANUC 公司生产的 CNC 系统，允许电网电压在额定值的 85%～110% 范围内波动，否则会造成 CNC 系统不能正常工作，甚至会引起 CNC 系统内部电子元件的损坏。为此要经常检测电网电压，并控制电网电压波动范围在额定值的 85%～110% 内。

(7) 存储器用电池的定期检查和更换。通常，CNC 系统中部分 CMOS 存储器中的存储内容在断电时靠电池供电保持。一般采用锂电池或者可充电的镍镉电池。当电池电压下降到一定值时，就会造成数据丢失，因此要定期检查电池电压。当电池电压下降到限定值或者出现电池电压报警时，就要及时更换电池。更换电池时一般要在 CNC 系统通电状态下进行，这样才不会造成存储参数丢失。一旦数据丢失，在调换电池后，可重新输入参数。

(8) CNC 系统长期不用时的维护。当数控机床长期闲置不用时，也要定期对 CNC 系统进行维护保养。在机床未通电时，用备份电池给芯片供电，保持数据不变。机床上电池在电压过低时，通常会在显示屏幕上给出报警提示。在长期不使用时，要经常通电检查是否有报警提示，并及时更换备份电池。经常通电可以防止电器元件受潮或印刷线路板受潮短路或断路。长期不用的机床，每周至少通电两次以上。具体做法是：

首先，应经常给 CNC 系统通电，在机床锁住不动的情况下，让机床空运行。其次，在空气湿度较大时应天天给 CNC 系统通电，这样可利用电器元件本身的发热来驱走数控柜内的潮气，以保证电器元件的性能稳定可靠。

此外，对于采用直流伺服电动机的数控机床，如果闲置半年以上不用，则应将电动机的电刷取出来，以避免由于化学腐蚀作用而导致换向器表面的腐蚀，确保换向性能。

(9) 备用印刷线路板的维护。对于已购置的备用印刷线路板应定期装到 CNC 装置上通电运行一段时间，以防损坏。

(10) CNC 发生故障时的处理。一旦 CNC 系统发生故障，操作人员应采取急停措施，停止系统运行，保护好现场，并且协助维修人员做好维修前期的准备工作。

7.6.2　机械部件的维护

数控机床的机械部件结构较普通机床已大大简化，但机械部件的精度提高了，所以数控机床的维护要求更高。同时，数控机床还增加了液压和气动系统、自动换刀装置，使得维护内容更大，范围更广。数控机床机械部件的维护主要包括以下内容。

1. 主传动链的维护

(1) 定期调整主轴驱动带的松紧程度，防止因带打滑造成的丢转现象。

(2) 定期检查主轴润滑的恒温油箱、调节温度范围，及时补充油量，并清洗过滤器。

(3) 主轴中刀具夹紧装置长时间使用后，会产生间隙，影响刀具的夹紧，需及时调整液压缸活塞的位移量。

2. 滚珠丝杠螺纹副的维护

(1) 定期检查、调整滚珠丝杠螺纹副的轴向间隙，保证反向传动精度和轴向刚度。

(2) 定期检查丝杠与床身的连接是否有松动，丝杠防护装置有损坏时要及时更换，以防灰尘或切屑进入。

3．刀库及换刀机械手的维护

(1) 严禁把超重、超长的刀具装入刀库，以避免换刀时掉刀或与工件、夹具发生碰撞。

(2) 经常检查刀库的回零位置是否正确，检查机床主轴回换刀点时是否到位，并及时调整。

(3) 开机时，应使刀库和换刀机械手空运行，检查各部分工作是否正常，特别是各行程开关和电磁阀能否正常动作。

(4) 经常检查刀具在机械手上锁紧是否可靠，发现不正常应及时处理。

4．液压系统维护

(1) 定期对液压油箱内的油液进行取样化验，检查油液质量，定期过滤或更换油液。

(2) 定期检查冷却器和加热器的工作性能，控制液压系统中油液的温度在规定范围内。

(3) 定期检查或更换密封件，防止液压系统泄露。

(4) 定期清洗或更换液压件、滤芯，定期清洗油箱和液压管路。

5．气动系统维护

(1) 定期检查、清洗或更换气动元件及滤芯，及时清除压缩空气中的杂质和水分。

(2) 注意检查系统中油雾器的供油量，保证空气中含有适量的润滑油来润滑气动元件，防止生锈磨损造成的空气泄漏和元件动作失灵。

(3) 注意调节工作压力，保证气动装置具有合适的工作压力和运动速度。

(4) 定期检查、更换密封件。

6．机床精度的维护

定期进行机床水平和机床精度检查并校正。机床精度的校正方法有软、硬两种，其软方法主要是通过系统参数补偿，如丝杠反向间隙补偿、各坐标定位精度定点补偿、机床回参考点位置校正等；硬方法一般要在机床大修时进行，如进行导轨修刮、滚珠丝杠螺母副预紧调整反向间隙等。

7.6.3　使用数控机床的注意事项及维修准备工作

1．使用数控机床需要注意的问题

使用数控机床之前，应仔细阅读机床使用说明书以及其他有关资料，并注意以下几点：

(1) 机床操作、维修人员必须是掌握相应机床专业知识的专业人员或经过技术培训的人员，且必须按安全操作规定操作机床。

(2) 非专业人员不得打开电柜门，打开电柜门前必须确认已经关掉了机床总电源开关。只有专业维修人员才允许打开电柜门，进行通电检修。

(3) 除一些供用户使用并可以改动的参数外，其他系统参数、主轴参数、伺服参数等，用户不能私自修改，否则将可能给操作者带来设备、工件、人身等伤害。

(4) 修改参数后，进行第一次加工时，机床在不装刀具和工件的情况下用机床锁住、单程序段等方式进行试运行，确认机床正常后再使用。

(5) 机床的 PLC 程序是机床制造商按机床需要设计的，通常不需要修改。不正确的修改、操作可能会造成机床的损坏，甚至伤害操作者。

(6) 建议机床连续运行最多 24 小时,如果连续运行时间太长会影响电气系统和部分机械器件的寿命,从而会影响机床的精度。

(7) 机床全部连接器、接头等,不允许带电拔、插操作,否则将会引起严重的后果。

2. 做好机床故障维修准备工作

为了能及时排除数控机床故障,应在平时做好维修前的一系列准备工作,主要包括如下几个方面:

(1) 技术文件的准备,主要指有关数控系统的操作和维修说明书、有关系统参数资料及机床电气方面的资料。要充分了解数控系统的性能、系统框图、结构布置及系统内需要经常维护的部分,保存好数控系统和可编程序控制器(PLC)的参数文件。如有条件,维修人员还应备有一套数控系统所用的各种元器件手册,以备随时查阅。

(2) 制定有关的规章制度防止无关人员操作数控系统,以避免造成事故。数控机床的操作人员、编程人员和维修人员也应明确各自的职责范围,各类文件资料也都应由专人保管。

(3) 准备好维修用器具。维修器具有: ① 交流电压表,用于测量交流电源电压,表的测量误差应在 ±2% 以内; ② 直流电压表,用于测量直流电源电压,电压表的最大量程分别为 10 V 和 30 V,其误差应在 ±2% 以内; ③ 万用表,有机械式和数字式两种,而机械式万用表是必备的,用来测量晶体管的性能; ④ 相序表,用于检查三相输入电源的相序,这只在维修晶闸管伺服系统时才是必需的; ⑤ 示波器,示波器的频带宽度应在 5 MHz 以上,有两个通道; ⑥ 逻辑分析仪,利用逻辑分析仪查找故障时,可以将故障范围缩小到某个元器件; ⑦ 各种规格的螺钉旋具。

(4) 必要的备件准备。当数控机床发生故障时,为能及时排除故障,需要更换部件或元器件,以便机床能尽快恢复正常。因此用户应准备一些必要的备件,如一定数量的各种保险、电刷、晶体管模块及易出故障的印刷线路板等。

7.6.4　数控机床的日常保养

数控机床设备是一种自动化程度较高、结构较复杂的先进加工设备,做好数控机床设备的日常维护保养,可使设备保持良好的技术状态,延缓机床的老化进程,及时发现和清除故障隐患,保证安全运行。

1. 数控机床的日常检查

由于数控机床集机、电、液、气等技术为一体,所以对它的维护要有科学的管理,有目的地制定出相应的规章制度。对维护过程中发现的故障隐患应及时清除,避免停机待修,从而延长设备的平均无故障时间,增加机床的利用率。

开展点检是数控机床维护的有效办法。点检就是按有关维护文件的规定,对设备进行定点、定时的检查和维护。其优点是可以把出现的故障和性能的退化消灭在萌芽状态,防止过修或欠修,缺点是定期点检工作量大。我国自 20 世纪 80 年代初引进日本的设备点检定修制,把设备操作者、维修人员和技术管理人员有机地组织起来,按照规定的检查标准和技术要求,对设备可能出现问题的部位进行检查、维修和管理,保证了设备持续、稳定地运行。

数控机床的点检主要包括下列内容：

(1) 定点。确定一台机床有多少个维护点，科学地分析设备，找准可能发生故障的部位。

(2) 定标。对每个维护点要逐个制定标准，例如间隙、温度、压力、流量、松紧度等，都要有明确的数量标准，只要不超过规定标准就不算故障。

(3) 定期。多长时间检查一次，要定出检查周期。有的点可能每班要检查几次，有的点可能一个月或几个月检查一次，要根据具体情况确定。

(4) 定项。规定每个维护点检查的项目。每个点可能检查一项，也可能检查几项。

(5) 定人。确定由谁进行检查，是操作者、维修人员还是技术人员。

(6) 定法。规定检查的具体方法，是人工观察还是仪器测量，用普通仪器还是精密仪器。

(7) 检查。检查的环境、步骤要有规定，是在生产运行中检查还是停机检查，是解体检查还是整体检查。

(8) 记录。检查要详细做记录，并按规定格式填写清楚。要填写检查数据及其与规定标准的差值、状况判断、处理意见，检查者要签名并注明检查时间。

(9) 处理。检查中间能处理和调整的要及时处理和调整，并将处理结果详细记录。没有能力或没有条件处理的，要及时报告。任何人、任何时间处理都要填写处理记录。

(10) 分析。检查记录和处理记录都要定期进行系统分析，找出薄弱"维护点"，即故障率高的点或损失大的环节，提出意见，交设计人员进行改进设计。

2. 数控机床的保养项目

预防数控机床出现故障的关键是加强日常保养，数控机床主要保养项目见表7-2。

(1) 日检。其主要项目包括液压系统、主轴润滑系统、导轨润滑系统、冷却系统、气压系统。日检就是根据各系统的正常情况来加以检测。例如，当进行主轴润滑系统的过程检测时，电源灯应亮，油压泵正常运转，若电源灯不亮，则应保持主轴停止状态，与机械工程师联系，进行维修。

(2) 周检。其主要项目包括机床零件、主轴润滑系统，应该每周对其进行正确的检查，特别是对机床零件要清除铁屑，进行外部杂物清扫。

(3) 月检。月检主要是对电源和空气干燥器进行检查。电源电压在正常情况下的额定电压为 180～220 V，频率为 50 Hz，如有异常，要对其进行测量、调整。空气干燥器应该每月拆一次，然后进行清洗、装配。

(4) 季检。季检应该主要从机床床身、液压系统、主轴润滑系统三方面进行检查。例如，对机床床身进行检查时，主要看机床精度、机床水平是否符合手册中的要求，如有问题，应马上和机械工程师联系。对液压系统和主轴润滑系统进行检查时，如有问题，应分别更换新油，并对其进行清洗。

(5) 半年检。半年后，应该对机床的液压系统、主轴润滑系统以及 X 轴进行检查，如出现毛病，应该更换新油，然后进行清洗工作。

(6) 年检。数控机床使用满一年后，要检查直流伺服电动机电刷功能，如果电刷过度磨损，则要更换新的电刷。同时还要检查机床液压油路，更换新的液压油并清洗油缸和阀门。

(7) 不定期检查。机床在使用过程中，要经常注意检查冷却装置、排屑装置的状况，由于排屑装置在加工时常常会留有余屑，所以要不定期地检查有无卡住，还应经常清理切屑和机床废油。

表 7-2 数控机床日常维护保养一览表

序号	检查周期	检查部位	检查要求
1	每天	导轨润滑油箱	检查油量，及时添加润滑油，检查油泵是否定时启停
2	每天	主轴润滑恒温油箱	工作是否正常，油量是否充足，温度是否合适
3	每天	机床液压系统	油箱油泵有无噪声，工作油面是否合适，压力表指示是否正常，管路及接头有无泄漏
4	每天	压缩空气气源压力	气动控制系统压力是否在正常范围内
5	每天	气源自动分水滤气器及空气干燥器	确保空气滤杯中的水完全排出，保证自动空气干燥器工作正常
6	每天	气液转换器和增压器油面	检查油量是否足够，不够时要及时补足
7	每天	X、Y、Z轴导轨面	清除切屑和污染物，检查导轨面有无划伤，润滑油是否足够
8	每天	液压平衡系统	平衡压力指示是否正常，快速移动时平衡阀是否正常
9	每天	CNC输入/输出单元	清洁输入/输出装置
10	每天	各类防护装置	机床防护罩是否齐全有效，开关是否顺畅
11	每天	电气柜散热通风装置	电气柜风扇工作是否正常，通风道是否堵塞
12	每周	各电气柜过滤网	清洗附着在过滤网上的杂质和灰尘
13	不定期	冷却油箱和水箱	检查液面高度，及时加油(水)，太脏时要清洗滤网
14	不定期	废油池	及时清理积存的废油
15	不定期	排屑器	经常清理切屑，检查有无切屑卡住排屑装置的现象
16	半年	主轴驱动皮带	按照说明书要求调整皮带松紧程度
17	半年	各轴导轨上的镶条、压紧滚轮	按照说明书要求调整松紧程度
18	一年	直流伺服电动机电刷	检查换向器表面，去除毛刺，吹净碳粉，及时更换磨损过短的电刷
19	一年	液压油路	清洗溢流阀、减压阀、滤油器、油箱，过滤或更换液压油
20	一年	主轴润滑恒温油箱	清洗过滤器和油箱，更换润滑油
21	一年	润滑油泵和过滤器	清洗润滑油池和过滤器
22	一年	滚珠丝杠	清洗丝杠上旧的润滑脂，涂上新的润滑油脂

7.7 实　　训

❖❖❖❖❖❖❖❖❖❖❖❖❖❖❖❖❖❖❖❖❖❖❖❖❖❖

1．实训的目的与要求

(1) 对照数控机床实物，了解机床的结构，分析机床的拆卸、安装方法，熟悉机床调试的一般步骤。

(2) 熟悉机床常见精度的检测方法及检测工具的使用。

(3) 掌握数控机床日常维护保养的要求，掌握机床机械部件、数控装置、液压气动装置和辅助装置的日常保养方法。

2．实训仪器与设备

CKA6150 卧式数控车床一台，水平仪、千分表(配表杆和表座)、标准方尺各一个，固定扳手、活动扳手、卡簧钳各一把，各类螺钉旋具一套，清洗用的柴油和润滑油。

3．相关知识概述

(1) 数控机床的安装和连接。

(2) 数控机床几何精度的检查。

(3) 数控机床主传动系统的维护保养。

4．实训内容

(1) 观看数控加工中心拆装和连接调试动画演示。

(2) 测量数控机床的几何精度。

(3) 拆卸数控机床主传动系统并进行清洗和润滑。

5．实训报告

(1) 按照机床安装和调试的演示步骤写出数控机床的安装调试过程。

(2) 分析数控机床几何精度检验过程，写出测量工具的使用方法和检测过程，对比机床说明书要求分析测量结果。

(3) 画出机床主传动系统润滑点示意图，简要说明拆装过程。

按照上述实训内容的过程顺序写出实训报告。

7.8 自 测 题

❖❖❖❖❖❖❖❖❖❖❖❖❖❖❖❖❖❖❖❖❖❖❖❖❖❖

1．判断题(请将判断结果填入括号中，正确的填"√"，错误的填"×")

(1) 同规格的机床，数控机床的主轴电机比普通机床的要大。　　　　　　( )

(2) 数控机床首次通电试机时必须要连接动力线，以检查是否正常运转。　( )

(3) 检查数控机床切削精度时必须加工一个标准的综合性试件才能准确检测。( )

(4) 数控系统性能检查时必须将刀库中的刀具实际交换 2/3 以上。　　　　( )

(5) 数控机床使用的电网电压允许波动范围为 $-15\%\sim10\%$ 之间。　　　(　)

(6) 当电池断电时数控机床存储器中的数据仍然会保留。　　　(　)

(7) 数控机床的主轴润滑系统和导轨润滑系统应每半年检查一次。　　　(　)

2．选择题(请将正确答案的序号填写在括号中)

(1) 我国较为普及的整体式车削工具系统是_____工具系统。

　　A. CZG　　　　　B. TMG　　　　　C. CMG　　　　　D. TSG

(2) 滚动搬运数控机床时地面斜坡倾斜度不得大于_____。

　　A. $30°$　　　　　B. $15°$　　　　　C. $25°$　　　　　D. $45°$

(3) 检查数控机床主轴性能时各级转速的允许误差范围是_____。

　　A. $\pm10\%$　　　　B. $\pm5\%$　　　　C. $\pm3\%$　　　　D. $\pm15\%$

3．名词解释

(1) 铣圆精度

(2) 点检

4．问答题

(1) 数控机床安装的步骤有哪些?

(2) 简述数控机床开箱检查和外观检查的内容。

(3) 简述数控机床精度检查的内容和方法。

(4) 如何检查数控机床和数控系统性能?

(5) 简述数控装置和机械部件的维护要点。

(6) 数控机床的保养有哪些具体要求?

参 考 文 献

[1] 严峻. 数控机床安装调试与维护保养技术. 北京：机械工业出版社，2010.

[2] 娄锐. 数控机床. 大连：大连理工大学出版社，2008.

[3] 李雪梅. 数控机床. 北京：电子工业出版社，2010.

[4] 刘瑞已. 现代数控机床. 西安：西安电子科技大学出版社，2006.

[5] 晏初宏. 数控机床与机械结构. 北京：机械工业出版社，2005.

[6] 孙小捞. 数控机床及其维护. 北京：人民邮电出版社，2009.

[7] 于万成. 数控机床结构及维修. 北京：人民邮电出版社，2009.

[8] 罗学科. 数控机床. 北京：中央广播电视大学出版社，2008.

[9] 熊光华. 数控机床. 北京：机械工业出版社，2009.

[10] 王爱玲. 数控机床结构及应用. 北京：机械工业出版社，2009.

[11] 雷林均. 特种加工技术. 重庆：重庆大学出版社，2007.

[12] 罗学科. 数控电加工机床. 北京：化学工业出版社，2007.

[13] 刘晋春. 特种加工. 北京：机械工业出版社，2004.

[14] 晏初宏. 数控机床. 北京：机械工业出版社，2002.

[15] 卓迪仕. 数控机床及应用. 北京：国防工业出版社，1995.

[16] 李思桥. 数控机床与应用. 北京：北京大学出版社，2006.

[17] 夏凤芳. 数控机床. 北京：高等教育出版社，2005.

[18] 孙慧平. 数控机床调试安装技术. 北京：电子工业出版社，2008.

[19] 全国数控培训网络天津分中心. 数控机床. 北京：机械工业出版社，2007.